京津冀区域
科技进步贡献率测算研究

The Research on Measurement of Contribution of Regional Scientific and
Technological Progress in Beijing-Tianjin-Hebei

李子彪　王　韬　聂永川　李银生◎著

经济管理出版社
ECONOMY & MANAGEMENT PUBLISHING HOUSE

图书在版编目（CIP）数据

京津冀区域科技进步贡献率测算研究/李子彪等著．—北京：经济管理出版社，2022.2
ISBN 978 – 7 – 5096 – 8309 – 5

Ⅰ.①京…　Ⅱ.①李…　Ⅲ.①技术进步—关系—区域经济发展—研究—华北地区
Ⅳ.①G322.72②F127.2

中国版本图书馆 CIP 数据核字（2022）第 030101 号

组稿编辑：申桂萍
责任编辑：杨　娜
责任印制：黄章平
责任校对：陈　颖

出版发行：经济管理出版社
　　　　　（北京市海淀区北蜂窝 8 号中雅大厦 A 座 11 层　100038）
网　　址：www. E – mp. com. cn
电　　话：（010）51915602
印　　刷：北京晨旭印刷厂
经　　销：新华书店
开　　本：720mm×1000mm/16
印　　张：16.25
字　　数：309 千字
版　　次：2022 年 5 月第 1 版　　2022 年 5 月第 1 次印刷
书　　号：ISBN 978 – 7 – 5096 – 8309 – 5
定　　价：78.00 元

前　言

　　传统生产要素投入对依靠数量扩张的外延式经济发展模式效果明显，对内涵式高质量发展模式则显得"力不从心"。特别是在当前信息时代，数字经济背景下，传统生产要素投入难以满足经济高质量发展的要求。依靠科技资源投入，提升科技进步，逐渐成为经济高质量发展的动力源泉。科技进步提高了人类认识自然和改造自然的能力，并驱动生产方式转变，使得经济发展螺旋前进，可以说科技进步为经济发展提供了新方向。

　　随着知识经济时代向智能经济时代的推进，科技进步与经济发展之间的关系愈发密切，科技元素已经渗透到经济发展的各个阶段、各个领域。科学知识、技术发明、原始创新、模仿创新、商业模式创新、科技推广，以及引进与消化吸收再创新等科技进步和成果转化形式对于新兴产业的产生、发展和原有产业的改造、升级均起到不可替代的促进作用，是整个经济系统新旧动能转化和新动能培育的发力点。科技进步对于经济社会发展的作用越来越重要，科技进步愈发成为经济高质量发展的决定性因素。

　　京津冀区域作为国家经济三大增长极之一，在全国经济格局中具有极其重要的战略地位。近几年京津冀区域协同发展更是被纳入到国家战略层面，足见其重要性。京津冀区域拥有丰富的科技资源和技术资源，三地经济协同发展，探索出一条区域创新发展路径，既能够带动周边地区，甚至是整个北方地区经济发展，又能够为全国其他地区起到引领和示范作用。京津冀区域科技协同发展对促进区域经济高质量发展以及推进区域创新驱动发展战略，都发挥着重要支撑作用。

　　基于此，本书致力于从科技进步贡献率视角研究京津冀地区科技进步与经济增长之间的关系，分析三地之间科技支撑经济发展的区别和联系，探索京津冀科技创新在区域经济发展过程中发挥的贡献和作用，以期为提升京津冀区域科技协同效果，深入贯彻落实创新驱动发展战略，更好地为全国其他地区发挥示范和引领作用提供经济机制层面的分析和建议。

　　基于这个目的，课题组进行了前期研究，通过对京津冀三地经济、产业和科技发展的总结和梳理，从科技创新角度找到了一些规律。前期研究得到了河北省社会科学基金重大项目"新时代河北省区域创新驱动发展机制建设研究"（HB19ZD03）、河北省科学技术情报研究院课题"京津冀科技创新协同新动能监测研究"（HW1802）和河北省创新能力提升计划项目"京津冀协同发展背景下河北省区域创新体系建设研究"（19457678D）的支持。

课题形成研究计划后，河北工业大学、河北省科学技术情报研究院组成专班开展研究，河北省科学技术情报研究院专门立项"京津冀科技进步贡献率测算及科技协同效应研究"（HF2004）对课题相关内容进行资助研究，体现了本研究的实践意义。研究临近尾声时课题组发现科技进步贡献率是区域宏观经济高质量发展的一个总体表征指数，区域内的高质量发展机制和区域的新动能培育机制是探明如何依靠科技提升经济高质量发展的内在规律的核心。因此，课题又申请了河北省教育厅人文社会科学研究重大课题攻关项目"创新生态系统发展理念引领的河北省高质量发展机制研究"（ZD202004）、河北雄安新区哲学社会科学研究课题"基于产业链和创新链视角的雄安新区数字经济创新发展路径研究"，对京津冀特别是河北的高质量发展机制进行研究，也期望研究能形成系列，增加对京津冀科技促进经济发展的更为深入的了解，提高关于京津冀科技进步对经济发展贡献机制的认知。

在研究与成书过程中，本书借鉴了大量国内外专家学者关于科技进步理论、科技进步贡献率测度等方面的理论和方法，在此未能一一列出，对未能列入的表示歉意，对所有参考的文献和资料作者表示衷心的感谢，但本书中的错误之处皆由课题组承担。参与本书撰写的还有河北工业大学李少帅博士、孙可远博士、李晗博士，河北省科技情报研究院张蝶博士、张朝宗副研究员等。河北工业大学鲁雪、陈迪、刘元元、张莉、温艺曼、赵宝宝、张亚男、陈丽娜、李红阳、王佳晨、邢明雪、刘霁晴、吕晓静、赵玉帛、王宏、李彩月、刘思思、孙晨晨、张帆、王立新等博士研究生、硕士研究生也参与了本研究资料收集与数据整理工作，为成果的出版提供了极大帮助。南开大学张贵教授对成果的完善提出了很好的建设性意见，在此表示衷心感谢。此外也非常感谢中国科学技术发展战略研究院、河北省科技厅、河北省科技情报研究院、河北工业大学经济管理学院和京津冀发展研究中心在专家指导、数据资料方面给予的支持。各位专家学者的鼎立支持使本书入选河北省人文社会科学重点研究基地、河北省新型智库"河北工业大学京津冀发展研究中心"的"智库丛书专辑"，并得到出版资助。

全书共分为六章对京津冀区域科技进步与经济发展之间关系进行描述，其中第一章为绪论；第二章为科技进步贡献率的理论基础；第三章为科技进步贡献率测算方法综述；第四章为京津冀科技进步贡献率测算指标的选取与描述；第五章为京津冀科技进步贡献率的测算及未来预测；第六章为结论与政策建议。

　　希望本成果能够为京津冀区域深入贯彻落实创新驱动发展战略、京津冀区域创新协同发展提供绵薄之力，为政策制定者和学界提供参考，这将激励我们继续前行。本书参考了国内外学者的相关文献，有种站在巨人肩膀的感觉，在此对各位专家学者表示感谢，本书行文仓促，文中错误之处皆由作者承担。

课题组

2021 年 3 月 4 日

目　录

第一章　绪论

第一节　研究背景

21 世纪以来，世界各国纷纷出台战略计划，明确科技创新在经济发展中的支撑和引领作用。美国政府为应对 2008 年经济危机造成的经济衰退，促进美国经济的复苏与繁荣，于 2009 年首次发布《美国创新战略》，2011 年对其进行修订，2015 年发布了新版的《美国创新战略》[1]。该战略的每一次更新和改版都越发强调创新的重要性，旨在依靠创新驱动经济增长和国家繁荣。在成员国受到国际金融危机的影响且自身面临债务危机的背景下，欧盟委员会于 2011 年推出了"欧洲 2020 战略"，其中包括"2020 战略创新计划"（又称"地平线 2020"），该计划目的在于通过科技创新促进经济增长，进而实现"智能型增长"[2]。英国政府于 2014 年发布《我们的增长计划：科学与创新》战略文件，明确科学与创新在经济发展计划中的核心地位[3]。2014 年 6 月，日本政府通过了《科学技术创新综合战略 2014——为了创造未来的创新之桥》，该战略指出"科学、技术与创新"是日本迈向未来的"救命稻草"和"生命线"[4]。2016 年 12 月，俄罗斯政府发布《俄罗斯联邦科学技术发展战略》，其地位与《俄联邦国家安全战略》同等重要[5]。2019 年 4 月，俄罗斯政府出台了新一期的《国家科学技术发展计划》，旨在通过科技创新活动，完成技术升级和经济结构转型，进而实现知识型经济发展模式[6]。

改革开放以来，我国越发重视科技创新对于经济发展的支撑和引领作用。1978 年 3 月，邓小平在全国科学大会开幕式的讲话中指出："科学技术是生产力。"1988 年 9 月，邓小平又提出了"科学技术是第一生产力"的重要论断。1997 年 9 月，党的十五大报告指出："科学技术是第一生产力，科技进步是经济发展的决定性因素。"[7] 2002 年 11 月，党的十六大报告中指出："走新型工业化道路，必须发挥科学技术作为第一生产力的重要作用，注重依靠科技进步和提高劳动者素质，改善经济增长质量和效益。"[8] 2007 年 10 月，党的十七大报告中指出："提高自主创新能力，建设创新型国家是国家发展战略的核心，是提高综合国力的关键。"[9] 2012 年 7 月召开的全国科技创新大会明确提出"创新驱动发展战略"，凭借创新引领经济社会发展，建设创新型国家[10]。2012 年 11 月，党的十八大报告中明确提出："科技创新是提高社会生产力和综合国力的战略支撑，必须摆在国家发展全局的核心位置。"[11] 党的十九大报告明确指出："创新是引领经济高质量发展的根本动力，是创新型国家建设的重要战略支撑，决定着中国经济的前途和命运。"[12]

长期以来，经济和社会发展大多依靠传统生产要素的持续投入和消耗，例如劳动力、资本、土地和自然资源等。这种经济发展方式在短期内确实能够带动经济发展，但是随着人口红利的消失、资源环境约束的加强，其发展模式难以为继。因此，必须要转变经济发展方式，减少对传统生产要素的过度依赖，依靠科技进步和创新推动经济社会发展。在这一背景下，测度科技进步和创新对经济增长的贡献就显得尤为重要。测度科技进步和创新对经济增长的贡献，对于深入研究科技进步与经济增长的关系，评价科技发展水平，指导未来科技工作的开展，为有关部门制定和调整政策提供决策依据。

京津冀区域是国家重要的政治、经济、文化与科技中心。2018 年，京津冀区域以占全国 2.3% 的土地容纳了 8.1% 的人口，并创造出占全国 9.3% 的国内生产总值（Gross Domestic Product，GDP），是国家三大经济增长极之一。京津冀区域协同发展是重大国家战略，在我国新时代区域协同发展战略中处于极其重要的地位。同时，京津冀区域作为国家创新战略的重要组成部分，在我国创新驱动经济发展的过程中担负着重要使命。深入研究京津冀科技进步和经济增长之间的关系，有利于京津冀增加科技创新活动投入力度，提升科技进步对经济增长的贡献，有利于贯彻落实京津冀区域协同发展战略，为全国其他区域起到引领和示范作用，推动全国经济高质量发展。

第二节　研究意义

在理论方面，本书对于科技进步与经济增长之间的关系以及科技进步对经济增长的促进作用的研究，为京津冀贯彻创新驱动发展战略提供了理论支撑。在充分理解科技进步概念的基础上，深入探究科技进步与经济增长之间的关系，系统梳理科技进步理论演变过程和科技进步影响因素，归纳科技进步对经济增长的促进作用，分析造成京津冀区域科技进步贡献率差异和京津冀区域协同发展效果较差的原因。本书研究有利于京津冀区域贯彻落实创新驱动发展战略，调整生产要素投入，提升今后科技进步对经济增长的促进作用，促进京津冀区域科技协同发展。

在实践方面，本书研究系统演示了科技进步贡献率的测算过程，并对未来趋势进行预测，为京津冀区域地方政府持续测算科技进步贡献率以及制定相应政策提供科学指导和重要参考。在梳理科技进步贡献率诸多测算方法的基础上，选择与我国经济发展现状与数据统计情况最为匹配的索洛余值法进行测算，详细整理和描述该方法涉及的各种指标要素与计算过程，学术界和相关单位可以直接参考本书研究和计算过程，客观评价科技进步贡献率是否达到预期目标，并预测未来科技进步对经济增长的促进作用，因而本书研究是当前评估区域发展战略和发展政策的基础和重要依据，为制定京津冀区域科学发展规划提供了重要参考，有利于贯彻落实创新驱动发展战略和促进京津冀区域科技协同发展。

第三节　研究内容

本书在整理科技进步相关概念和理论的基础上，对目前测算科技进步贡献率的诸多方法进行梳理和评述，确定一种与京津冀区域科技进步与经济发展现状最匹配的方法，以测度京津冀区域科技进步贡献率并预测未来演变趋势，分析造成京津冀区域科技进步贡献率差异的原因，进而对目前京津冀区域科技协同发展现状进行评价。本书详细整理和描述测算过程，科学、客观地评价京津冀区域科技发展对经济增长的贡献、作用，为学术界和相关单位持续测度科技进步贡献率，制定和落实区域创新驱动发展战略和区域协同发展战略提供有效建议和参考。全书内容安排如下：

第一章是对本书的研究背景、研究意义、研究内容和研究的创新之处进行介绍，说明本书研究产生的背景、理论价值和实践价值等内容。第二章是论述科技进步贡献率的理论基础，包括科技进步概念、科技进步理论，以及与之相关的经济增长理论、科技进步与经济增长之间的关系、影响科技进步的要素等。第三章是对目前计算科技进步贡献率方法进行概述。第四章是对京津冀科技进步贡献率测算涉及的要素和指标的描述。第五章是对京津冀科技进步贡献率的测算结果与未来预测，以及描述京津冀区域科技协同现状并进行差异分析。第六章是有关启示，包括研究结论、对未来研究的思考及相关政策建议。

第四节 研究创新之处

本书的研究成果具有一定的理论和实践意义，对于学术界和相关部门或单位测算科技进步贡献率并在此基础上制定相关政策具有一定的启示，同时也丰富了科技进步贡献率领域的研究成果。本书的创新之处主要体现在以下几个方面：

在理论方面，归纳、整合了学术界有关科技进步概念、科技进步理论、科技进步影响因素以及科技进步与经济增长之间的关系等研究成果，形成科技进步理论体系，使学术界和相关部门或单位能够更系统、更全面地认识科技进步及其对经济增长的贡献。

在方法方面，归纳、描述了科技进步贡献率的诸多测算方法，利用势分析方法、经验估计法和比值法改进传统科技进步贡献率测算方法中弹性系数的确定方法；引入无形资本概念，估算京津冀区域无形资本存量，并测算无形资本对经济增长的贡献。引入区位熵概念，测算、评价京津冀区域范围内多种科技进步要素的集聚情况与京津冀区域协同创新发展现状。

在研究对象方面，以往科技进步贡献率测算一般是以一个省区市或全国作为整体来研究，本书以京津冀区域为研究对象，充分考虑京津冀地区间差异，测算三地科技进步贡献率，并分析产生差异的原因，描述当前京津冀区域科技协同发展状况。

参考文献

［1］高洋，刘春艳. 新版《美国创新战略》述评［EB/OL］. http：//www. sipo. gov. cn/gwyzscqzlssgzbjlxkybgs/zlyj_ zlbgs/1062613. htm，2015 - 12 - 25.

［2］方陵生. 欧盟 2020 年战略创新计划（摘编）［J］. 世界科学，2012（1）：10 - 14，18.

［3］刘润生. 英国发布科学和创新战略［EB/OL］. 科学中国人，http：//www. sci-chi. cn/content. php？id = 1231，2015 - 04 - 16.

［4］田恬. 国外科技创新政策概览［J］. 科技导报，2016，34（4）：111 - 113.

［5］张丽娟，袁珩. 2017 年俄罗斯科技创新政策综述［J］. 全球科技经济瞭望，2018，33（1）：14 - 19.

［6］袁珩，张丽娟. 俄罗斯发布面向 2030 年的《国家科学技术发展计划》［J］. 科技中

国，2019（8）：100 - 102.

［7］中国共产党第十五次全国代表大会报告［EB/OL］. 央视网，http：//www. cctv. com/special/777/1/51883. html，1997 - 09 - 19.

［8］江泽民在中国共产党第十六次全国代表大会上的报告［EB/OL］. 中华人民共和国中央人民政府，http：//www. gov. cn/test/2008 - 08/01/content_ 1061490_ 4. htm，2008 - 08 - 01.

［9］在中国共产党第十七次全国代表大会上的报告［EB/OL］. 中国社学科学网，http：//www. cssn. cn/zt/zt _ xkzt/mkszyzt/mksdc/ddlx/hjt/201804/t20180426 _ 4215669. shtml，2007 - 10 - 15.

［10］全国科技创新大会在京召开［EB/OL］. 中华人民共和国科学技术部，http：//www. most. gov. cn/ztzl/qgkjcxdh/qgkjcxdhttxw/201207/t20120704_ 95383. htm，2012 - 07 - 06.

［11］胡锦涛在中国共产党第十八次全国代表大会上的报告［EB/OL］. 中国共产党新闻网，http：//cpc. people. com. cn/n/2012/1118/c64094 - 19612151 - 4. html，2012 - 11 - 08.

［12］习近平在中国共产党第十九次全国代表大会上的报告［EB/OL］. 中国共产党新闻网，http：//cpc. people. com. cn/n1/2017/1028/c64094 - 29613660. html，2017 - 10 - 28.

第二章 科技进步贡献率的理论基础

第一节 相关概念界定

一、科技进步

科技，一般指科学技术。科学是反映自然、社会、思维等客观规律的学科和知识体系，技术是人类在利用自然和改造自然的过程中积累起来并在生产劳动中体现出来的经验和知识，也泛指其他方面的技巧。科学理论往往需要技术这一中介发挥转化作用，才能促进生产力；而技术进步往往需要科学理论的指导，才能促进生产力的发展。

科技进步，一般指科学技术统一的、相互联系、相互促进的发展过程。而科学和技术之间的关系是动态变化的，并非始终保持紧密联系，两者依次经历了"混沌的同一——分化—更高的统一"三个阶段[1]。在人类社会发展的最初阶段，一切都处于萌芽状态。然而就是这种萌芽状态孕育着我们今天"各种观点的胚胎"[2]，此时，包括科学和技术在内的任何观点都呈现一种混沌、同一的形态，还未分化。

自古希腊时期起，科学和技术的关系进入另一种状态，两者之间开始出现明显的差异，主要体现在科学被当作无私利的兴趣和娱乐活动，而技术则是谋生手段，科学进步和技术进步是两种相对独立的人类活动。自从 16 ~ 18 世纪制造业迅速发展以来，科学与技术活动再次开始融合统一。具体来说，在 16 世纪，由于世界航海贸易的兴起，面对贸易、航海和大型制造业的需求，当时的科学需要解决一些现实问题，于是就在文艺复兴思想的指引下，打破学术传统，由理论研究转向实践研究，随后涌现出诸多应用于航海贸易和工厂生产的发明创造。18

世纪后期，大量的发明创造使机器生产的兴起成为可能，如瓦特的蒸汽机。在这个阶段，技术的进步越来越取决于科学的进步，同时科学的进步也在技术领域有了更广泛的应用空间，例如应用研究、实验设计工作和生产研究的产生与发展。

近代以来，科技进步则与科技革命有关。在它的影响下，面向技术发展的科学学科的范围正在扩大，生物学家、生理学家、心理学家、语言学家和逻辑学家都参与解决工程问题。社会科学的许多领域也直接或间接地影响着技术进步的加速，这些领域包括生产经济学和组织、经济和社会过程的科学管理、社会研究、生产美学、技术创造的心理学和逻辑以及预测。科学在技术方面的主导作用越来越明显。整个生产部门，如电子、原子能、合成材料化学和计算机生产，都是新科学方向和新发现的结果。科学正在成为一股不断革新技术的力量。反过来，技术也通过提出新的要求和任务，通过越来越精确和复杂的实验设备来支持科学，不断地促进科学进步。现代科学技术进步的一个显著特征是它不仅包括工业，而且还包括其他许多社会重要活动，如农业、交通、通信、医学、教育和日常生活等。

二、广义的科技进步和狭义的科技进步

科技进步是一个系统、综合的概念，提高科技活动自身规模与水平，增强科技对经济发展及社会环境的影响力是科技进步的内涵。根据科技进步的概念与内涵，可以将其划分为"狭义的科技进步"和"广义的科技进步"。所谓"狭义科技进步"，即技术进步，是指自然科学技术的进展（包括新产品和新的生产方法）及其在生产领域中的成功应用，狭义的技术又被称为生产技术、工程技术或"硬技术"。按照罗伯特·索洛（Robert Merton Solow）的思想，"广义的科技进步"是指扣除劳动力和资金投入数量增长的贡献份额后，所有"其他生产要素"贡献份额之和，主要包括以下五方面的内容：技术水平的提高、生产工艺的改进、劳动者素质的提高、管理和决策水平的提高以及经济环境的改善。由此可知，现代社会经济的快速发展，赋予了科技进步更为广泛而又深入的含义，已经不再局限于自然科学技术的进步，也包括在解决经营管理、组织协调和生产服务等各种社会科学领域问题上的进步。

再对科技进步的含义进行细分，"广义科技进步"又可以分为硬技术进步和软技术进步两个方面。属于硬技术进步的主要内容有：①采用新技术、新设备和新工艺流程；②改造旧设备和旧工艺；③采用新材料；④采用新能源；⑤研发、设计、生产新产品和改造旧产品，提高新旧产品的性能与质量；⑥增加产品的迭代速度；⑦减少生产过程物耗，提高投入产出率；⑧提高劳动者综合素质（专业素质和文化素质）；⑨合理开发和利用资源，注重可持续发展。属于软技术进步的主要内容有：①改善资金、技术、人力、原材料等生产要素的合理配置，即合理配置资源；②采用新的技术经济政策；③推行新的经济体制；④改进组织与管理方式；⑤改革旧的政治体制；⑥推行科学决策方法；⑦改进分配体制与政策，最大限度地激发组织成员的积极性；⑧面向新的细分市场。

科技进步反映着现代科学进步与技术进步的一体化进程与趋势。科技进步既包括科学理论的发展和突破，即科学进步（或科学创新）的过程，也包括技术发明的产生和应用，即技术进步（或技术创新）的过程。现代科技进步既体现在硬科学技术上的进步，也体现在软科学技术上的进步，它反映着当代硬科学技术和软科学技术的结合与统一，即其一体化进程与趋势。现代科技进步既包括科学的技术化趋势，即现代科学的发展和突破日益紧密地依赖于现代技术的最新发明，也包括技术的科学化趋势，即现代技术的发明日益紧密地依赖于现代科学理论的最新突破，它反映着现代科学的技术化和现代技术的科学化的一体化进程与趋势。

三、科技进步贡献率

《中国科技统计年鉴2019》将科技进步贡献率定义为："广义技术进步对经济增长的贡献份额，它反映在经济增长中投资、劳动和科技三大要素作用的相对关系，其基本含义是扣除了资本和劳动后计算科技等因素对经济增长的贡献份额。"[3]

在国际上，科技进步贡献率通常被称为"全要素生产率"（Total Factor Productivity，TFP）或"多要素生产率"（Multifactor Productivity，MFP），是除资本和劳动力外，对经济增长做出贡献的其他因素的综合，通常用总产出与总投入之比来衡量[4]。其概念不仅包括纯技术因素，还包括体制管理等方面的因素，是广泛意义上的技术进步。自20世纪80年代技术进步引入我国后，逐步演化为科技进步，并提出了科技进步贡献率的概念，即科技进步对经济增长的贡献份额。

"科技进步贡献率"常用来衡量科技进步对经济社会发展的贡献，是表征科技发展对经济社会支撑的重要指标。科技进步的增长被认为是经济增长的一个重要来源，它也是反映经济增长质量的核心内容。根据上文对科技进步概念的解释，科技进步贡献率是指广义技术进步对经济增长的贡献率。生产率的提高主要归因于广义的技术进步，即指除资本和劳动的增加之外，其他一切因素导致的经济增长，包括技术变革、生产布局的变化、经济结构的调整、生产管理的改善等。以比较有代表性的索洛模型为例，其将经济增长分成三个部分：资金投入引起的增长，劳动投入引起的增长，以及综合要素生产力引起的增长，这里的综合要素生产力，不仅与科技有关，还和教育、管理等"软"因素有关，可以被认为是广义的科技进步贡献率[5]。这个概念引入我国后，其表述变为"技术进步"和"科技进步"，尤其是在得到政府部门重视和认可后，"科技进步"的概念就被固化下来。

在传统的经济增长因素分析中，长期以来一直延续着资本与劳动两要素分析法。1957 年，美国著名经济学家索洛首次将技术进步因素纳入经济增长模型，在对美国 1909～1949 年的经济增长进行实证分析时，他估算出总产出的增长率为 2.9%，其中 0.32% 可归因于资本，1.09% 可归因于劳动，索洛将剩余的 1.49% 归结为技术进步的作用，因此得名为"索洛余值"[6,7]。这种测算方法被称为索洛余值法。

索洛科学地解释了在劳动和资本增长有限的情况下，经济仍能高速增长的经济现象，其成果在全球经济学界产生重大影响。此后，各国政府加大了对科技创新的重视程度，并进一步提高科技创新投入。鉴于索洛为世界经济发展做出的重要贡献，其于 1987 年获得了诺贝尔经济学奖。

第二节　科技进步理论

"科技进步"理论起源于 20 世纪初美籍奥地利经济学家熊彼特的经典著作《经济发展理论》中"创新"的概念及对五种创新形式的论述，即引进新产品、采用新技术、开辟新市场、拓展新的原料供应、发展新的工业组织形式[8]。熊彼特关于创新的论述主要集中在技术创新上，技术创新的结果反映在以上五个方面。正是由于技术创新这一中介因素的存在，商品市场的需求推进了科学理论进入生产领域及消费市场的脚步，并指明科学理论发展的方向；同时，科学理论进步也通过技术创新对生产领域和消费市场进行升级，最终促进经济发展。

与科技进步相关的理论有很多，研究内容也很丰富，比较有代表性的理论有马克思主义科技观、熊彼特的创新理论等。

一、马克思主义科技观

马克思主义科技观，由马克思、恩格斯创立于 19 世纪，揭示了当时社会状况下，科学技术与经济之间的关系；列宁、斯大林等人丰富和发展了马克思主义科技观；中国各代领导人在不同的社会阶段，将马克思主义科技观与中国实际相结合，形成了与时俱进的中国化的马克思主义科技观。

马克思通过考察劳动过程中发生在人与自然之间的物质交换活动，第一次科学地揭示了科学技术的本质，即反映了人对自然的能动关系，这归属于生产力的范畴，同时表现为对物质生产、社会生活和精神生产等多方面的作用。科学技术是推动社会生产力发展的根本动力，其中，科学是人对自然能动关系的认识和理解，即知识，属于间接生产力[9]；而技术则是对这种能动关系的实践和改造，属于直接生产力。马克思主义科技观还讨论了关于科学技术进步与发展的规律，即科学技术是怎样进化发展的，以及是怎样转化为生产力的。工业革命之前，生产与技术先于科学发展，而工业革命之后，"生产过程成了科学的应用，而科学反过来成了生产过程的因素即所谓职能。每一项发现都成为新的发明或生产方法的改进基础。资本主义生产方式才第一次使自然科学为直接的生产过程服务，同时，生产的发展反过来又为从理论上征服自然提供了手段"[10]。科学、技术和生产的转化过程发生了变化，在生产力系统中呈现双向转化并行的过程。马克思、恩格斯认为：现代自然科学和现代工业一起变革了整个自然界[11]。

马克思论述了科技进步与经济增长之间的辩证关系，认为科学技术的发展归根结底是由经济生产决定的，推动科学技术发展首要的社会条件是生产的需要。同时，劳动生产力是随着科学技术的不断进步而发展的，生产力的这种发展，归根结底总是来源于发挥作用的劳动的社会性质，来源于社会的内部分工，来源于智力劳动，特别是自然科学的发展。因此，两者是相互影响、相互促进、相互决定的辩证关系[12]。

综上所述，马克思、恩格斯的科技观，揭示了科学技术的本质以及科技进步的规律，还解释了科技进步与经济增长之间的关系，即科学技术的进步是经济增长的基本动力，同时经济增长又促进了科学技术的发展。

中国马克思主义科技观，是在继承马克思主义科技观的前提下，与中国科学技术实践相结合的产物，是中国化的马克思主义科技观，是在中国共产党领导下中国科学事业发展和进行社会主义现代化建设的伟大实践中，逐步形成、发展和完善的，是中国共产党人集体智慧的结晶，是对毛泽东、邓小平、江泽民、胡锦涛、习近平等党和国家领导人科学技术思想的概括和总结，是他们科学技术思想的理论升华和飞跃，是他们科学技术思想的凝练和精髓。

二、熊彼特的创新理论

熊彼特（1912）在其著作《经济发展理论》中首次提出"创新"的概念，并以"创新"解释经济发展现象，运用创新理论分析经济周期的形成和特点，又相继在《经济周期》《资本主义、社会主义与民主主义》等著作中加以阐述。

创新是经济发展的动力，创新理论是熊彼特经济发展理论的核心内容。在熊彼特看来，创新就是建立一种新的生产函数，把一种从未有过的关于生产要素和生产条件的新组合引入生产体系，而企业家的职能就是实现创新，引进新组合。所谓经济发展就是指整个资本主义社会不断地实现新组合。熊彼特将创新分为以下五种情况：①采用一种新的产品；②采用一种新的生产方法；③开辟一个新的市场；④拓展原材料的新供应来源；⑤发展企业的新组织形式。

创新并不等同于技术进步。只有当一项新的技术或工艺发明被应用于经济活动并带来了利润和潜在的经济增长前景时，才能形成创新。当时流行的新古典经济学认为经济发展是静态均衡的过程，"静态的分析不仅不能预测传统的行事方式中的非连续性变化的后果；它还既不能说明这种生产性革命的出现，又不能说明伴随着它们的现象。它只能在变化发生以后去研究新的均衡位置"[13]。熊彼特认为新古典经济理论无法解释创新及经济发展，他提出创新是一个动态非均衡的过程，因而经济发展是一个创新、扩散、再创新的动态非均衡过程。

在熊彼特看来，经济增长的过程实际上是通过经济周期的变动实现的，经济增长与经济周期是不可分割的。经济周期的形成与创新是直接相关的，推动经济增长周期波动的力量来自创新，由于创新活动的不均衡，导致经济发展的不均衡，呈现出一定的周期性特征。

熊彼特创新理论的意义在于，首次提出了创新的概念，并指出了创新在经济增长过程中的决定性作用，而且分析了创新、经济增长与经济周期之间的关系。

三、其他科技进步理论

除马克思和熊彼特在科技进步方面进行了相对系统的论述，美国经济学家曼斯菲尔德、卡曼和施瓦茨等学者分别从技术创新与扩散、技术创新与市场结构等角度对科技进步进行了论述，均是对熊彼特创新理论的继承和创新。

1. 技术创新和扩散理论

美国经济学家曼斯菲尔德对"模仿"和"守成"的研究是他对熊彼特创新理论的重要发展。他认为，引起科技进步的重要动力来自技术创新和新技术的不断扩散[14]。为了考察同一部门内技术扩散的速度和影响技术扩散的各种经济因素的关系，曼斯菲尔德提出了四个假定：完全竞争的市场，专利权的影响很小，在技术扩散过程中新技术本身不发生变化，企业规模的差异不至于影响新技术的采用[15]。在以上四个假定的基础上，曼斯菲尔德指出，在一定时期内一定部门中采用某项新技术的速度受三个因素影响：模仿比例，采用新技术的企业的相对盈利率，采用新技术需要的投资额[16]。尽管曼斯菲尔德的理论能够在一定程度上有助于对技术模仿和推广的解释，但是因其理论假设的前提条件与实际相差太大，例如完全竞争市场、专利权对模仿者的限制等，从而对现实经济的解释能力十分有限。

2. 技术创新与市场结构

美国经济学家卡曼、施瓦茨基于垄断竞争理论，研究了技术创新和市场结构的关系。竞争程度、企业规模和垄断力量是决定技术创新的三个重要因素。竞争程度引发技术创新的必要性，企业规模影响技术创新所开辟的市场前景的大小，垄断力量影响技术创新的持久性。最有利于创新的市场结构是介于垄断市场与完全竞争市场之间的市场结构，既有竞争对手的威胁，又能维持技术创新的持久收益。与以上两点相一致，技术创新可以分为两类：一类是垄断前景推动的技术创新，即企业因预期能够获得垄断利润的前景而采取的创新；另一类是竞争前景推动的技术创新，即企业担心自己目前产品可能在竞争对手模仿或创新条件下丧失利润而采取技术创新[17]。

四、技术进步及其分类

正如上文所述，技术进步，即"狭义的科技进步"，是指新的自然科学技术本身（包括新产品和新的生产方法）及其在生产领域中的成功应用，狭义的技术又被称为生产技术、工程技术或"硬技术"。根据上文生产函数的定义可知，技术发生变化，生产函数会随之变化，技术进步的结果使生产函数向外移动。不同学者基于不同角度，对技术进步进行分类，比较有代表性的是希克斯、哈罗德和索洛等分别提出的分类和判断标准。

1. 希克斯中性

英国经济学家希克斯在 1932 年出版的《工资理论》一书中指出：按照要素比例标准，假设投入要素的价格不变，技术进步将导致资本—劳动比例变动；按照边际产品比例标准，假设资本—劳动比不变，技术进步将导致要素的边际产品比例变动，表现为要素相对价格的变动[18]。希克斯分类假设投入要素主要是资本和劳动，两者的价格比率稳定，并且不论如何，投入的生产要素有限。按照希克斯的描述，可以把技术进步分为：节约资本的技术进步、中性技术进步和节约劳动的技术进步三种模型。如果技术进步使投入资本减少或者技术进步后劳动边际生产力的提高大于资本边际生产力的提高，则这是节约资本的技术进步；如果技术进步使劳动效率提高和劳动量减少或技术进步后的劳动边际生产力的提高小于资本的边际生产力的提高，则这是节约劳动的技术进步；如果包含技术进步后的资本和劳动的边际替代率不变，表现为既节约劳动，又节约资本，则这种技术进步叫作中性技术进步。中性技术进步体现了这样一种状态：在投入固定比例的生产要素的情况下，技术进步使产出增加。希克斯中性的基本形式为：

$$Y = A(t)F(K, L) \qquad\qquad (2-1)$$

Y 是产出，A 是技术进步，K、L 分别是资本和劳动投入，t 是时间，下同。

2. 哈罗德中性

哈罗德假设技术进步是依附于劳动的。由于教育水平的提升，劳动者的各方面能力都有显著提升，促使生产能力的提升。哈罗德假设资本产出比不断变动并且利润率保持不变，不管资本产出比如何变化或者生产函数如何变动，资本的边际产出不变，则称这种状态为哈罗德中性技术进步。若技术进步使资本—产出比上升，则称为劳动节约型技术进步；若技术进步使资本—产出比下降，则称为资本节约型技术进步。哈罗德假设中资本—劳动比提升缓慢，资本深化程度较深，但利润占总收入的比重并未发生变化。哈罗德中性的基本形式为：

$$Y = F[K, A(t)L] \tag{2-2}$$

3. 索洛中性

索洛假定技术的进步依附在机器设备上，由于技术进步，机器设备会被改良，提升生产效率，为下一次技术进步奠定基础。如果劳动的边际产出不变，劳动—产出比也不变，则称这种状态为索洛中性技术进步。若劳动—产出比上升，则为资本节约型技术进步；若劳动—产出比下降，则为劳动节约型技术进步。索洛中性的基本形式为：

$$Y = F[A(t)K, L] \tag{2-3}$$

4. 双要素扩张型中性

双要素扩张型中性是从要素收入份额与要素替代弹性的关系出发加以定义的，如果要素收入份额一定，则替代弹性也一定，即替代弹性是要素收入份额的函数，该函数实际上是希克斯中性与哈罗德中性和索洛中性的组合。该函数的基本形式为：

$$Y = F[A(t)K, B(t)L] \tag{2-4}$$

式（2-4）已经不再是资本和劳动投入的简单函数了，$A(t)K$ 与 $B(t)L$ 分别指有效资本和有效劳动。如果 $A(t)$ 的变化率为正，则随着时间的推移，即使实际资本存量不变，有效资本存量也会增加。同样地，如果 $B(t)$ 的变化率为正，则随着时间的推移，即使实际劳动量不变，有效劳动量也会增加[19]。

5. 劳动附加型中性

劳动附加型中性是指技术进步前后，如果资本—劳动比一定，则资本的边际产出一定。这种技术进步主要体现为劳动力素质、技能、劳动熟练程度的提高。技术进步对产出的作用表现为：产出增长成为与劳动就业人口成比例的附加额形式。该函数的基本形式为：

$$Y = A(t)L + F(K, L) \tag{2-5}$$

6. 资本附加型中性

资本附加型中性是指技术进步前后，如果资本—劳动比一定，则劳动的边际产出一定。与劳动附加型相对应，此时技术进步主要表现为资本存量的改造、挖潜、效益提高。技术进步对产出的作用表现为：产出增长成为与资本存量成比例的附加额形式。该函数的基本形式为：

$$Y = A(t)K + F(K, L) \tag{2-6}$$

保罗·克鲁格曼（1999）在其著作《萧条经济学的回归》中赞扬了 20 世纪末期中国经济的高速增长，然而他指出之所以能取得如此好的成绩，是由于资源投入的结果，而非效率提升的结果[20]。

第三节　科技进步的影响因素

狭义的技术进步至少分为三个阶段：技术发明、技术创新和技术扩散[21]。技术发明是指为了实现某种特定目的，解决某些特定问题，依据某种设想和原理所提出的新方案和产生的最初的实物模型或实验室中的新产品的过程。技术创新是指应用技术发明环节提出新方案和新产品，并依靠其产生经济效益的过程。技术扩散是指能够产生经济效益的新方案和新产品通过有偿或无偿、公开或秘密的方式，扩散到别的国家、地区、组织或个人的过程。影响科技进步的因素主要通过影响技术发明、技术创新和技术扩散过程发挥作用。

一、资本投入与科技进步

1. 物质资本投入与科技进步

物质资本投入不仅是影响经济增长的重要因素，而且是技术发明和知识积累的源泉和动力。在劳动投入同质化的情况下，增加物质资本投入能够替代并节约劳动投入，降低生产成本，提高劳动生产率和经济活动的效率。在未达到临界规模前，生产、组织规模随物质资本投入的增加而扩大，形成规模经济，提高了生产要素的使用效率，使原本需要投入的资源转而服务于技术发明和创新。技术进步和生产率的提高是物质资本积累的副产品[22]。

物质资本投入对于技术发明的影响作用体现在建立了技术发明所需要的材料、条件和环境等。随着物质生活的日益丰富，人们对技术的要求越发多样，技术发明的困难程度随之升高，技术发明所需要的实验条件越发严苛，试错成本越发高昂，因此对物质资本投入的需求也越来越高。物质资本密集度对技术创新的正面作用是物质资本积累刺激创新的一个渠道[23]。

2. 人力资本投入与科技进步

人力资本是指能够对生产起促进作用或者能够产生经济和社会效益的，凝结在劳动者身上的知识、技能、健康和思维等综合素质和能力的体现。人力资本对科技进步的促进作用体现在，人力资本引起物质资本、资金、技术投资效率和数量的提升，从而促进基础科学的进步、新技术的发明和制度创新[24]。人力资本水平决定了发展中国家对发达国家先进技术的模仿能力，进而影响技术创新能力[25]。与物质资本投入的边际报酬递减不同，人力资本投入的边际报酬递增。人力资本投入是为了提升凝结在劳动者身上各种综合素质和能力的水平。人力资本积累有助于促进技术进步及其收益率，是技术进步的主要推动力量[26]。人力资本是技术发明和创新活动的主体，人力资本积累水平越高，技术发明和创新能力也就越强，在创新型企业中，这一关系尤为明显[27]。人力资本作为知识和技术的载体，在区域上的流动能够对区域技术进步产生较强的空间溢出效应。王恬发现高技术员工的流动能显著提高流入地的生产率水平[28]。徐彬和吴茜以中国30个省份为研究对象，发现人才集聚所带来的创新效应具有流动性且存在外溢可能[29]。

3. R&D 资本投入与科技进步

R&D 活动的主要内容就是生产新知识，包括但不限于新设计、新发明、新工艺、新产品和新技术。增加 R&D 资本投入，提升新知识的产出数量。通过新知识的产生，生产过程和产品得以改进升级，提高生产过程效率，减少生产要素的投入，降低产品生产成本，增加产品的市场竞争力，提升企业利润率，进而增加 R&D 活动的资本投入。张小蒂和王中兴对中国高新技术产业的研究表明，R&D 资本存量与高新技术产业的创新绩效，如专利申请受理量、新产品销售收入、利润等显著正相关[30]。严焰和池仁勇基于浙江省高技术企业的实证研究表明，企业 R&D 投入与新产品销售收入显著正相关[31]。杨武等以中国专利密集型产业 2006～2015 年数据为样本进行实证分析发现，资本投入、人员投入和研发机构数量对技术创新绩效均具有促进作用，而其对技术获取及改造呈显著抑制作用[32]。

信息和知识具有公共物品所特有的非竞争性和非排他性，因此研发活动具有显著的外部性——外溢效应。研发要素在区域间的流动不仅有利于区域空间资源的优化配置，提升研发资源的使用效率，而且可以通过"知识溢出"等途径加速创新技术与创新经验在区域间的传播，也有利于区域创新绩效的提升[33]。在创新驱动发展战略下，各地区纷纷加大对研发要素的投入，全力优化本地区的创新环境，积极吸引其他地区的研发要素流入。研发要素的流动对各地区创新系统配置具有重要作用，特别是在协同创新的战略背景下，研发要素流动对区域协同创新水平的影响具有十分重要的现实意义[34]。区域创新主体之间的合作关系为研发要素移动和知识溢出提供了渠道。Berstein 和 Nadiri 通过实证检验美国五个高技术产业间的 R&D 溢出效应，得到 R&D 溢出提高全要素生产率的结论[35]。

邹文杰基于空间异质性视角研究了研发要素集聚与区域创新效率间的非线性关系，结果发现研发要素集聚对研发效率的提升效应主要取决于研发投入强度和研发要素集聚水平，研发投入强度越大，研发要素集聚对研发效率提升作用就越明显；而研发要素集聚和研发效率之间则呈倒"U"形关系，研发要素集聚跨过一个门槛值，将抑制研发效率的提升[36]。白俊红等运用多种空间计量分析技术分析研发要素流动对经济增长的影响机制，结果发现区域间的研发要素流动不仅能促进本地区经济的增长，所伴随的空间知识溢出效应还有助于推动其他地区的经济增长[37]。王钺和刘秉镰运用空间计量模型揭示了研发资本流动对全要素生产率具有提升效应，而研发人员流动的提升效应则不显著[38]。

二、贸易因素与科技进步

国际贸易使海外知识资本对东道国产生溢出效应，促进东道国的技术进步，另外也有利于全球技术进步。

Grossman 和 Helpman 指出，通过进口贸易，东道国不仅可以进口种类多样化的中间品和资本品，模仿和学习国外更加先进的生产方法和管理经验，更加有效地配置各种资源，同时可以激励东道国企业提升自身竞争力，从而促进东道国技术水平的整体进步[39]。Keller 指出，通过出口贸易，出口国可以得到国外进口商高标准的技术援助和支持，获取国外消费者反馈的改进产品质量的信息，提高创新能力应对国外市场的激烈竞争，通过"出口中学"效应促进出口国技术水平的提升。通过外商投资渠道，东道国可以利用示范—模范、市场竞争、垂直联系和人员流动等路径促进国内技术进步；通过对外投资渠道，母国企业可以获取东道国先进的技术资源，加强与东道国技术领先者的合作，学习国外先进的制造技术，通过逆向技术溢出效应实现母国技术进步[40]。程惠芳和陈超研究海外知识资本对 G20 国家技术进步的溢出效应，结果表明进口贸易、出口贸易、外商直接投资和对外投资是 G20 国家海外知识资本技术进步溢出的重要渠道[41]。另外，贸易保护政策不利于进口国和出口国的知识产出，阻碍了两国的技术进步[42]。

三、基础设施与科技进步

基础设施作为一种公共品，具有较强的外部性，不仅能够为当地经济社会生活提供良好的环境，有助于生产的顺利进行，还有利于科研活动的进行，增强对技术溢出的吸收能力。基础设施主要通过"资本效应"和"溢出效应"影响技术进步。资本效应主要体现在，基础设施建设本身需要投入大量物质资本，而当基础设施环境得到改善时，会吸引更多社会资本投入生产，物质资本存量的提升能够直接促进全要素生产率的提高。溢出效应主要体现在，基础设施的建设不仅作用于本地经济增长，而且对周边地区的生产率和经济增长具有促进作用。

Morrison 等指出，基础设施的建设通过降低运输成本和交易费用，对周边地区的生产率和经济增长具有显著的促进作用[43]。Fedderke 和 Bogeticž 发现基础设施投资对劳动生产率具有直接影响作用，对全要素生产率存在间接影响作用[44]。Raffaello 等研究发现，基础设施对全要素生产率具有正向的空间溢出效应[45]。刘秉镰等基于 1997～2007 年中国面板数据，研究交通基础设施与全要素生产率之间的关系，结果表明，交通基础设施对中国全要素生产率具有显著的正向影响[46]。城市基础设施，如医疗卫生、通信等不仅能够促进本地区全要素生产率提升，而且对于相邻城市具有明显的溢出效应[47]。

随着网络、通信基础设施的建设，生产和科研活动受地理位置的影响被缩减，各地之间的联系大大加强，沟通成本和交易费用显著降低，有利于整体的技术进步。边志强基于 1985～2012 年中国 29 个省区市的数据，研究网络基础设施对全要素生产率的影响作用，结果表明，不仅本地通信基础设施对本地技术进步和技术效率有显著的正向影响，而且外地通信基础设施对本地的技术效率也存在显著的正向影响[48]。

四、政府支持与科技进步

1. 政府研发资助

政府研发资助对技术进步的影响作用存在较大的争议。部分学者认为，政府研发资助通过激励效应促进当地技术进步。企业是一国的技术创新主体，政府通过资助企业技术发明与创新活动，提高企业研发投资的积极性，降低企业研发投资的风险，弥补企业因技术外溢而减少的研发收益[39,49]，同时政府对企业的研发资助可大幅提高企业的利润率，能够吸引更多企业开展研发活动，增加研发投入[50]。另一部分学者认为，政府研发资助对技术进步没有影响，甚至存在负面影响，即"挤出效应"和"寻租效应"。挤出效应体现在两个方面，一方面政府资助的增加有可能会导致企业自身 R&D 经费投入的减少，另一方面政府资助会在一定程度上使得研发投入生产要素价格上涨，从而间接增加企业研发投入[51]。寻租效应主要体现在政府难以保证在选择资助对象时做到公平公正，此时国有企业或大中型企业更容易获得政府资助，不利于整体的技术进步，即寻租效应[52]。

2. 政府优惠政策

除了研发资助等财政补贴措施，政府还可通过税收优惠措施促进企业研发投入。Manual 对比了财政补贴政策和税收优惠政策，结果表明税收优惠政策在市场干预、管理成本、灵活程度等方面优于财政补贴政策[53]。通过税收优惠，可以有效降低企业研发成本，减少政府对企业研发活动的干预，提升企业研发积极性，促进企业技术进步。王俊研究发现，税收优惠对我国 1995～2008 年的 28 个制造业行业企业 R&D 支出有显著激励作用[54]。郭玉清等认为，税收优惠政策和研发资助政策均有助于提高研发创新量和经济增长率，税收优惠政策比研发资助政策对经济增长的影响力度更大，但是研发资助政策作用时滞更短[55]。另外，政府应尽量保证政策的稳定性，这有助于增强政策效果[56,57]。

五、知识产权与科技进步

由于流动性和扩散性是知识的本质特征，因此保护知识产权则是保护知识的创造者和拥有者所掌握的知识不主动流出和扩散。知识产权保护是保证技术创新成果权利化、资本化、商品化和市场化的基本前提之一。技术创新成果需要知识产权的保护，知识产权保护的完善反过来又大大激励和推动了技术创新，成为技术创新促进科技进步的关键。Freeman 和 Nordhaus 最早在专利制度保护框架下对知识产权保护制度进行了规范研究，他指出知识产权制度具有双重效应：知识产权保护一旦实施将在短期内阻碍市场竞争，但从长远看会促进发明者的创新积极性[58]。胡善成和靳来群在测算 2009～2015 年中国各省份知识产权保护水平的基础上，分析了知识产权保护对创新产出的作用，研究发现知识产权保护与创新效率之间存在显著的倒"U"形关系，而当今我国的知识产权保护水平基本处在拐点的左侧，知识产权保护对创新效率的提高有着重要作用[59]。如果不对知识产权进行保护，则无法保护研发企业因研发产生的巨额成本和利润，降低企业研发活动的意愿。Lin 等使用世界银行 2003 年对我国 18 个城市 2000 多家企业的调查数据，估计了产权保护对企业研发决策的影响，结果表明两者存在显著的正相关关系[60]。知识产权保护对知识流动过程产生影响，进而影响创新。通过公开专利申请的信息以促进技术传播，从而既可以避免重复投资，又可以让社会其他成员"站在巨人的肩膀上"发展新技术，加快技术的创新和进步。叶静怡等通过对 1993～2007 年中国发明专利数据的研究发现，提前公开专利申请有利于技术知识的快速传播，进而促进整个社会的技术进步[61]。尹志锋等的实证研究支持了这一结论[62]。

第四节 经济增长理论

一、经济增长的概念

经济增长（Economic Growth）是指在一段较长的时间跨度内，一个国家或地区实际总产出或人均实际产出的持续增长。经济增长速度反映产出的变化程度，一般采用末期国内生产总值与基期国内生产总值的比较来衡量。

二、经济增长理论的演变

1. 古典经济增长理论

作为古典经济学体系的开创者，亚当·斯密在其发表的著作《国民财富的性质和原因的研究》的开篇写道："劳动生产力上的最大的增进，以及运用劳动时所表现的更大的熟练、技巧和判断力，似乎都是分工的结果"。[63]亚当·斯密认为，经济人假设、产业分工、劳动分工、资本积累、制度和法律都是促进经济增长的重要因素。托马斯·罗伯特·马尔萨斯（1798）强调，人口因素是影响经济增长不可忽视的重要因素，人口数量内生于人均产出，因此必须利用外生手段遏制人口增长以实现经济增长。该学派的另一位代表人物大卫·李嘉图（1817）从分配角度研究经济增长，认为工资、利润和地租分配格局会影响资本积累，进而影响经济增长。从纯经济角度来看，经济增长的约束因素是土地、资本、劳动和技术进步。亚当·斯密和大卫·李嘉图都坚持劳动价值论，认为劳动是价值的唯一源泉，也是财富的唯一源泉。在探究经济增长机制和途径过程中，大卫·李嘉图和托马斯·罗伯特·马尔萨斯提出了给定土地上追加劳动的边际生产力递减规律和"自然工资"决定机制，由此引发了经济学的一场"革命"——边际革命，成为新古典经济学研究经济增长的起点[64]。

古典经济增长理论认为，决定经济增长的因素是土地、资本和劳动力，但由于土地是相对固定的，而资本和劳动力是相对可变的，所以古典经济学派特别强调资本和劳动力对经济增长的作用。然而古典经济学派并未认识到科技进步对于经济增长的作用。

2. 新古典经济增长理论

（1）哈罗德—多马模型。新古典经济增长理论中，最早流行的是英国经济学家哈罗德1939年发表的《论经济动态》和1948年撰写的《动态经济导论》，以及美国经济学家埃弗塞·多马分别发表于 1946 年的《资本扩充、增长率与就业》和 1947 年发表的《扩充与就业》，共同标志了新古典经济增长理论的形成，由于他们两人的结论基本一致，故通常将其合称为哈罗德—多马模型。

哈罗德—多马模型是建立在凯恩斯《就业、利息和货币通论》中有效需求理论的基础上，对其理论进行动态化和长期化的分析，并由此提出了一个新的经济增长理论，不仅其理论内容与古典经济增长理论遥相呼应，而且其研究方法和视角成为现代经济增长理论研究的起点。

哈罗德模型的基本假定有：假定储蓄 S 与国民收入 Y 呈现一种简单比例函数——$S = sY$，s 表示储蓄在国民收入中的比率。此处哈罗德放弃了凯恩斯关于边际储蓄倾向递增的假定，假设边际储蓄倾向等于平均储蓄倾向。假定劳动（L）以不变的外生比率 n 增长，且 $n = \Delta L/L$。假定没有技术进步（技术是不变的），不存在折旧。假定生产函数具有固定系数的性质（资本—产出比是固定不变的），即 $Y = \min [K/v, L/u]$，其中 u 是劳动对总产出的比率，v 是不变的资本—产出比，即 $v = K/Y$。

根据凯恩斯理论，我们可知投资 I 等于储蓄 S，即 $I = S$。由于假定不存在折旧问题，则投资（K）为资本存量的变动，即 $\Delta K = I = S$，左右两边同除 ΔY，可得：

$$\frac{\Delta K}{\Delta Y} = \frac{S}{\Delta Y} = \frac{sY}{\Delta Y} \tag{2-7}$$

$$\frac{\Delta K}{\Delta Y} = \frac{K}{Y} = v \tag{2-8}$$

$\Delta Y/Y$ 为产量增量与总产出的比，即产量增长率，用 G 来表示：

$$G = \frac{\Delta Y}{Y} \tag{2-9}$$

经过变化可得：

$$G = \frac{s}{v} \tag{2-10}$$

式（2-10）即为哈罗德的基本方程式，该方程式表明国民收入或国民生产总值 Y 的增长，取决于两个因素，一个是储蓄率 s，另一个是资本—产出比 v。

多马（1946，1947）独立地提出了与哈罗德的经济增长模型、结构、结论相似但出发点不同的经济增长模型。

$$\frac{\Delta I}{I} = \alpha\sigma \tag{2-11}$$

其中，α 为储蓄倾向，即哈罗德模型里的 s；σ 为潜在的社会平均生产力，也就是每单位投资所带来的生产能力的增加，也就是产出—资本比，即 $\sigma = 1/v$。

因此，多马模型可以表示为 $\Delta I/I = s/v$，在多马模型中如果能保持均衡，那么哈罗德模型和多马模型在形式上基本一致。

由于哈罗德经济增长模型和多马经济增长模型都是以凯恩斯理论为基础，且他们的结论基本相似，所以人们常常把这两个模型合称为哈罗德—多马模型[65]。哈罗德—多马模型开创了现代经济增长理论的先河，但这一理论却存在诸多缺陷。首先，该模型立足于假设 $S = I$，认为国家每一时刻的储蓄都会且全部转化为投资，而在实际生活中储蓄往往是不等于投资的，一般来说投资往往要小于储蓄，因而这会影响该模型的解释能力；其次，固定比例的生产函数的假设是不合理的，固定比例的生产函数意味着投入的生产要素是不可替代的，即资本—产出比是固定不变的，这本身就是不现实的；再次，该模型假定没有技术进步，但实际生产中是存在技术进步的，故该模型忽视了技术进步在经济增长中的作用；最后，该模型中均衡增长的不稳定性，要求持久的政府干预，这忽略了市场机制的作用。

（2）索洛模型。在吸收和改进哈罗德—多马模型的基础上，美国经济学家索洛（1956）于《对经济增长理论的一个贡献》一文中提出了一个新古典经济增长模式。同年，索洛和英国经济学家斯旺在《经济增长和资本积累》一文中也提出了相似的模型，因此两者的理论被合称为索洛—斯旺模型。

新古典增长理论是在对哈罗德—多马经济增长模型的不满和批判中建立起来的，索洛以柯布—道格拉斯（Cobb – Douglas，C – D）生产函数为基础，推导出一个新的增长模型。索洛模型在哈罗德—多马的经济增长模型的基础上，放宽了固定不变的资本—产出率及劳动—产出率的假定，并且资本和劳动两个生产要素都能得到充分利用，把技术创新纳入分析因素。

另外，索洛于1957年发表了《技术变化和总量生产函数》，文中提出全要素生产率分析方法，他用这一方法检验新古典增长模型时发现：资本和劳动对总增长率的贡献大约为12.5%，科技进步对总增长率的贡献约为87.5%。索洛据此确立了科技进步决定经济增长的观点。

这个模型假定：资本和劳动的边际替代率不变，这也就意味着技术进步是希克斯中性；市场是完全竞争的，价格机制发挥主要调节作用；引入柯布—道格拉斯生产函数（简称"C – D 生产函数"），该函数是线性齐次函数，即当资本和劳动都增加1倍时，产量也增加1倍，既没有规模收益递增，也没有规模收益递减，规模报酬保持不变，而且该函数还遵从欧拉定理，即按照劳动和资本的边际贡献来分配产品，刚好将产品分配尽净；技术是外生的，它仅仅是时间的函数，企业总是使用最好的技术进行生产。

若不考虑技术进步的经济增长，Y 表示产出，K 表示资本，L 表示劳动者，

a、b 分别表示资本和劳动对产出增长的相对作用的权重，则有：

$$\frac{\Delta Y}{Y} = a \times \frac{\Delta K}{K} + b \times \frac{\Delta L}{L} \qquad (2-12)$$

同时，规模报酬不变，即 $a+b=1$，式（2-12）可以表示为：

$$\frac{\Delta Y}{Y} = a \times \frac{\Delta K}{K} + (1-a) \times \frac{\Delta L}{L} \qquad (2-13)$$

式（2-13）两端同时减 $\frac{\Delta L}{L}$，得：

$$\begin{aligned}
\frac{\Delta Y}{Y} - \frac{\Delta L}{L} &= a \times \frac{\Delta K}{K} + (1-a) \times \frac{\Delta L}{L} - \frac{\Delta L}{L} \\
&= a \times \frac{\Delta K}{K} + (1-a-1) \times \frac{\Delta L}{L} \\
&= a \times \frac{\Delta K}{K} - a \times \frac{\Delta L}{L} \\
&= a \times \left(\frac{\Delta K}{K} - \frac{\Delta L}{L} \right) \qquad (2-14)
\end{aligned}$$

如果资本增长率和劳动增长率相同，即 $\frac{\Delta K}{K} - \frac{\Delta L}{L} = 0$，那么人均收入的增长率也为零，所以，为了使人均收入的增长率大于零，资本增长率必须大于劳动增长率。

索洛将技术进步引入生产函数，提出希克斯中性技术进步函数：

$$Y = A(t)F(K, L) \qquad (2-15)$$

其中，$At = A_0 e^{\lambda t}$，A_0 为基期的科技水平，是常量，λ 为科技进步系数或技术进步率，α、β 分别代表资本弹性和劳动弹性。对式（2-15）取对数，可以得到：

$$\ln Y = \ln A_0 + \lambda t + \alpha \ln K + \beta \ln L \qquad (2-16)$$

对时间 t 求导，得：

$$\frac{1}{y} \times \frac{\mathrm{d}Y}{\mathrm{d}t} = \lambda + \frac{\alpha}{K} \times \frac{\mathrm{d}K}{\mathrm{d}t} + \frac{\beta}{L} \times \frac{\mathrm{d}L}{\mathrm{d}t} \qquad (2-17)$$

由于实际经济活动及统计数据的非连续性，所以用差分替代微分，且 $\mathrm{d}t = 1$，得：

$$\frac{\Delta Y}{Y} = \lambda + \alpha \times \frac{\Delta K}{K} + \beta \times \frac{\Delta L}{L} \qquad (2-18)$$

令 $y = \frac{\Delta Y}{Y}$，$k = \frac{\Delta K}{K}$，$l = \frac{\Delta L}{L}$，即得到索洛增长速度方程：

$$y = \lambda + \alpha k + \beta l \qquad (2-19)$$

索洛对哈罗德—多马模型进行了修正，后来又开创性地将技术进步作为一个影响因素加入生产函数中，并且在函数模型中也提出了技术进步率，但在其创造的模型中仅将技术进步作为外生变量，并未考虑其内在效应。首先，一方面将技术进步看作经济增长的决定性因素，另一方面又假定技术进步是外生变量而将其排除在考虑范围之外，这一假定无疑使该经济增长模型的说服力减弱。其次，新古典增长理论认为政府的经济政策并不会影响经济的长期增长，这一观点与现实情况严重脱节，严重降低了该理论模型的说服力。最后，新古典增长理论认为发展中国家将比发达国家增长速度更快，最终各国增长率将趋同，而现实中各国的经济增长率却存在明显的差异，并不存在增长率趋同的倾向[66]。索洛模型的局限性在于假设条件过于苛刻，较为理想。

假设条件 1：推导索洛增长速度方程的生产函数是关于 t 的连续可微函数，且 Y 是 A、K、L 的单调递增函数。这一假设在数学理论上保证了增长速度方程推导过程的进行。在经济上，它说明经济增长 Y 随投入要素技术 A、资本 K、劳动 L 的连续增长而增长，这种假设就排除了 K 和 L 浪费的情况，要素都是充分利用的，这是一种理想的最佳状态。另外，它也说明生产要素对产出所起的作用是相互独立的，而实际上，生产要素是相互影响的。

假设条件 2：生产函数规模报酬不变。规模报酬不变意味着经济效益不会随生产规模的变化而变化，而外延扩大再生产的手段已不能提高产出效益。也就是说，此时的经济规模已达到一定科技水平下的最佳规模，然而在经济运行中规模报酬难以保持不变。

假设条件 3：技术进步为希克斯中性技术进步。这说明各生产要素在一定时期内具有固定不变的弹性系数，而实际情况是生产要素的弹性系数不会是固定不变的。

包括以上假设条件在内的索洛模型本身存在的局限性，使模型的理论依据存在一定的缺陷。

新古典经济增长理论的局限性主要体现在将技术进步看作外生变量。第一，技术进步如果是外生变量，技术进步单方面对经济增长产生作用，经济增长对其不产生作用，那技术进步则具有很大的偶然性，难以持续，这就与经济增长实际不符。第二，作为外生变量的技术进步，不需要资本和劳动投入，是一种无成本的资源，这显然也不符合实际。

3. 新增长理论

（1）理论背景。20 世纪 70 年代左右，西方经济发达国家陷入了滞胀状态，经济发展停滞，严重通货膨胀，而同期一些发展中国家经济高速发展，与发达国家的差距逐渐减小，这种鲜明的反差引起了学者的广泛关注，并导致了新增长理论的产生。该学派的主要代表人物有保罗·罗默、罗伯特·卢卡斯、琼斯、雷贝洛、杨小凯和博兰德等。

（2）理论内容。新增长理论产生于 20 世纪 80 年代，其产生的标志主要是美国经济学家保罗·罗默在 1986 年发表的《递增收益和长期增长》以及美国经济学家卢卡斯在 1988 年发表的《论经济发展机制》。学者们通过研究发现，促进经济增长的因素并非来自外部，而是来自经济体系的内部，特别是内生的技术变化，并由此重新阐释了经济增长。

由于不满新古典增长理论将技术看作外生变量，美国经济学家肯尼斯·约瑟夫·阿罗最早将技术进步看作经济增长的内生变量，试图提出一个知识积累的内生理论。他假定技术进步或生产率的提高是资本积累的产物，即投资溢出效应，并且阿罗认为知识的获得是经验的产物，而不仅仅是时间的函数，企业在投资和生产的同时，会逐步积累起有效的生产知识；反之，这些知识可以提高企业的生产效率，即"从干中学"。

假定 A 代表知识存量，K 代表资本总量，并假定 v 是小于 1 的常数，则可以表示为：

$$A = K^v \tag{2-20}$$

该方程表明知识是资本积累的函数，若假定科技进步对产出的影响是通过生产效率的提高而实现的，则这种影响可以用式（2-21）表示：

$$Y = F(K, AL) \tag{2-21}$$

其中，Y 和 L 分别代表总产量和劳动力总量，AL 为有效劳动力。该模型中经济表现为规模效益递增，而每个厂商的规模收益不变（K^v 看作给定的）。假定人口增长率为 n，经济将沿一条平衡路径增长，总产出和资本增长率都是 $\dfrac{n}{(1-v)}$，则人均产出增长率为 $\dfrac{vn}{(1-v)}$。也就是说，这一模型的均衡增长率仍然是由人口和劳动力自然增长率所决定的。

阿罗模型将技术进步内生化，这突破了新古典增长理论的研究范式，为新增长理论模型的诞生奠定了基础。然而，阿罗模型也存在缺陷，首先，"从干中学"只能反映经验积累的一部分，经验积累是多方面的，不仅限于此；其次，阿罗认为技术进步是渐进的过程，但他忽略了技术进步也有可能是突进式的，而且在某些情况下，突进式技术进步要比渐进式技术进步的收益更高。另外，在该模型中，经济增长取决于外生的人口增长，当人口增长率为零时，经济增长不会产生，这一结论显然与现实不相符。

罗默的知识溢出模型基于完全竞争市场的分析框架，假定收益递增而且是采取外部经济的形式，认为技术进步取决于知识资本或人力资本的积累和溢出，因而技术进步是内生的，内生的技术进步保证了经济均衡增长路径的存在。

罗默认为，知识和技术进步是促进经济增长的主要因素，其模型建立在以下三个基本假设之上：对经济增长起根本推动作用的是技术水平的变化，即如何在生产过程中将投入转化为产出的知识技能的改进；技术进步是由经济系统内给定的，即由受利益驱动的厂商和个人的有意识行为所决定的；新知识和新思想是非竞争性的产品，同时也具备部分排他性。

　　知识溢出模型中将技术看作知识，技术是由知识的溢出所决定的。每单位的投资不仅增加了物质资本的存量，而且通过知识的溢出作用，提高了整个经济的技术水平。然而简单劳动的增加对整个经济的技术水平的提高却会产生不利影响，因为增加简单劳动会降低厂商应用节约劳动的技术革新的刺激，所以技术水平 A 是资本 K 和劳动 L 的函数。该模型还认为对每个厂商而言，产量是资本和劳动的齐次函数，但是通过知识的溢出作用使整个经济的技术水平提高，这就是通常所说的技术内生化模型[67]。

　　罗默的理论中存在两个缺陷：第一，该模型是扩散的，因而不存在均衡解；第二，该模型认为知识是资本积累的函数，这就意味着一个国家资本越多，知识也就越多，增长也就越快，这与经济现实不相吻合[68]。

　　卢卡斯在其《论经济发展的机制》一文中用人力资本概念来解释持续的经济增长。该文中主要存在两种思想：一是通过强调"边干边学"获得人力资本积累模型，可称之为阿罗型人力资本积累模型；二是强调通过学校正规教育来获得人力资本积累的模型，称为舒尔茨型人力资本积累模型[69]。"边干边学"产生的是人力资本的外部效应。人力资本的外部效应是指个人的人力资本有助于提高生产要素的生产率，但个人并不因此而受益，因而人力资本的外部效应就是指人力资本所产生的正的外部性。但由于人力资本的外部效应不能给人力资本拥有者带来收益，个人在进行人力资本积累决策和时间分配决策时不会考虑对其生产率的影响。人力资本的内部效应是指个人拥有的人力资本可以为其带来收益[70]。卢卡斯认为，通过学校教育获得人力资本，所产生的是人力资本的内部效应。

　　一类新增长模型不同于上述罗默和卢卡斯的观点，被称为资本积累性新增长理论。该理论强调资本积累是决定经济增长的关键因素，而不是技术进步。该类型的代表模型有琼斯—真野惠里模型、雷贝洛模型等。

　　在介绍这类新增长模型之前，需要先引入 AK 模型的概念。AK 模型假定生产函数采取最简单的线性形式：

$$Y = A \cdot K \qquad\qquad (2-22)$$

　　其中，A 为技术进步，设定为常数，K 为资本积累，Y 为经济增长。该模型中并未明确区分技术进步和资本积累。由于经济增长是资本积累的线性函数，资本的边际收益不变，用资本积累就可以解释经济的持续增长。根据这一模型，经济增长是沿一条平衡路径进行的，人均消费、人均资本都以不变的比率增长，经济增长率既与生产技术有关，又受消费者偏好的影响。增长率的国际差异可以归结为各国技术参数 A、储蓄意愿和折旧率等方面的差异。

近年来，关于 AK 模型的拓展性研究朝着动态化、精密化方向发展，如在 AK 模型中引入龄级资本变量、习惯形成等经济变量，将风险、不确定性等因素加入了模型分析，以全面探索影响经济增长的因素[70]。

琼斯和真野惠里（1990）将 AK 模型和新古典增长模型结合起来，认为即使不存在技术进步，资本的不断积累也能使经济实现持续增长。尽管资本的不断积累会导致资本边际产品递减，但资本边际产品不会像新古典增长模型假定的那样趋近于零，而是趋近于一个正数，因此资本积累过程不会终止，经济可以实现持续的内生增长。雷贝洛模型假设经济中存在一类边际收益不变的核心资本，核心资本的存在将确保经济能实现内生增长。

上文提及的诸多理论，皆在完全竞争市场的框架下研究经济增长，由此形成的结论在其他市场框架下并不适用。鉴于此，一些学者开始研究垄断竞争市场框架下的经济增长，比较有代表性的模型有：罗默的知识驱动模型、格罗斯曼—赫尔普曼模型和阿格亨—豪伊特模型等。此类模型着重研究技术商品的特征和技术进步的类型等。

罗默（1987）假定最终产品的生产函数可以表示为：

$$Y_i = A \cdot L_i^{1-\alpha} \cdot \sum_{j=1}^{N} x_{ij}^{\alpha}, \ 0 < \alpha < 1 \tag{2-23}$$

其中，Y_i 表示第 i 个最终产品生产者的产量，L_i 是所用的劳动投入，x_{ij} 是厂商 i 所用的第 j 种中间产品的数量。后来，罗默又改进了该模型，引入了人力资本要素 H_i，并假定生产函数可以表示为：

$$Y_i = A \cdot K_i^{1-\alpha-\beta} \cdot H_i^{\beta} \cdot \sum_{j=1}^{N} x_{ij}^{\alpha}, \ 0 < \alpha < 1, \ 0 < \beta < 1 \tag{2-24}$$

该生产函数表明，一种中间投入的边际产品与其他中间投入的数量无关，各种中间产品是相互独立的，当中间产品品种增多时，新产品的引入不会导致任何已有的中间产品遭到淘汰。

罗默（1990）的知识驱动模型假定经济中存在三个部门：研究部门、中间产品部门和消费品部门。研究部门提供新型中间产品的设计，由于技术具有非竞争性和排他性的特征，研究部门可以借此获得专利保护，并拥有新设计永久的垄断权利和利润。假设研究部门出售新设计的生产许可证给中间产品部门，并以竞争性价格买回实际的中间产品，然后研究部门将中间产品出租给所有的制造部门以获取最大的垄断利润。

格罗斯曼、赫尔普曼（1991）研究了消费品的增加与技术进步。他们提出的模型是一个两部门模型，即研究部门和消费品部门，都是垄断竞争部门。研究部门研制关于新型消费品的设计，消费品部门购买研究部门的新设计并据此生产消费品，两部门具有不同的生产技术。研究部门掌握其设计技术垄断，消费品部门掌握其生产技术垄断，并且两部门都进行垄断定价。另外，他们研究了消费品质量的提高与经济增长的关系，认为消费品质量的提高促进了经济增长，并使用创新和模仿共同解释经济增长，两者都是追求利润最大化的厂商进行意愿投资的结果，相互影响，相互促进，共同代表了技术进步[71]。

　　阿格亨—豪伊特模型研究的是技术进步对经济产生的影响。两人受到熊彼特思想的影响，认为经济周期与经济增长两者密不可分，两者都是技术进步的产物。在阿格亨—豪伊特模型中，经济的动态均衡既可能表现为平衡增长路径，也可能表现为非增长陷阱。他们提出的模型是一个三部门模型：消费品部门、中间产品部门、研究部门。研究部门的设计和创新不仅使其获取到垄断地位和利润，还有可能使新中间产品厂商垄断新设计产品的生产。中间产品部门是垄断竞争的，其余部门都是完全竞争的[72]。

　　（3）新增长理论评价。首先，新增长理论弥补了新古典增长理论将技术进步解释为经济增长的外部性因素上的不足，重新解释技术进步作为经济增长的外部变量。其次，新增长理论继承了新古典增长理论的优点，运用动态的、均衡的一般分析方法来建立模型。

第五节　科技进步对经济增长的促进作用

　　由于科技进步最终将体现在其所促进的经济增长中，因此其理论也内嵌于经济增长理论中。随着知识经济时代的到来，科技进步与经济增长的关系更加密切，科技进步是第一生产力，科技进步成为经济增长的动力源泉，而经济增长本身又促进了科技进步。科技进步对经济增长的促进作用主要体现在以下方面：

一、科技进步为经济增长提供方向

　　科技进步提高了人类认识自然和改造自然的能力，并最终作用于生产总值的提升和生产方式的转变。根据经济增长理论，影响经济增长的因素主要是资本积累、劳动投入和科技进步。然而随着人口红利的消失、资本报酬率的降低，仅依靠资本和劳动投入难以维持经济高质量发展。经济发展比以往任何时候都更加依赖科技的进步，科技进步已经成为决定经济发展的关键因素。科技发明、模仿创新、引进与消化吸收再创新，以及科技的应用与扩散等科技进步形式均对经济增长起引领作用。

科技进步不但使产品满足人的欲望的功能增强了，方式增多了，而且还使这种满足变得更加便捷[73]。科技作为人类自我能力的延伸，不仅提高了人们认识世界、改造世界的能力，还不断推动人类对资源的加工向纵深方向发展，以小投入换取高产出，实现人类的经济原则[17]。

二、科技进步是转变经济发展方式的动力源泉

科技进步是转变经济发展方式的动力源泉，主要体现在：一是科技进步可以促使经济结构向合理化、高级化发展，提高宏观经济效益，推动经济发展；二是科技进步可以更好地使经济活动主体实现规模经济，把企业引上集约化经营轨道；三是科技进步可以提高生产要素的产出率，减少生产成本，实现集约增长。科技进步在生产过程中的作用主要体现在：一方面科技进步使生产技术不断更新，提高生产自动化、专业化程度，从而提高投入要素的利用率，降低产品成本，并增加产品总量，提高产品性能，企业因此实现集约化经营[17,74]；另一方面科技进步提高劳动者的素质，使生产过程中脑力劳动占比越来越大，促使劳动性质发生根本性转变。

三、科技进步促进产业结构优化升级

科技进步对经济增长的促进作用还体现在科技进步能够促进产业结构优化升级。主要表现为新兴产业的出现和落后产业的淘汰，科技发明、模仿创新、引进与消化吸收再创新，以及科技的应用与扩散等科技进步形式对生产过程产生直接影响，创造并发展成为一个新兴产业部门，通过建立产业链形成前后向联系，带动一系列关联产业的形成和发展，从而带动整个产业结构的优化升级。

科技进步促使原有产业部门提升效率、增加产出。科技进步促使生产工艺、生产流程得以优化，甚至减少对稀缺资源的利用，优化生产所需的各种资源要素，能生产出比之前数量更多、质量更好的产品（服务）。在促使原有产业优化升级的过程中，势必会加剧产业部门间、企业间的竞争，因此要引导企业提升核心竞争能力，建立竞争优势，从而促进经济增长。

第六节　国内测算科技进步贡献率的相关研究

一、科技进步贡献率测算工作开展历程

我国开展测算技术进步作用的研究和应用源于和世界银行的一场争论。世界银行分别于 1980 年和 1984 年对中国进行了两次大规模的经济考察，分别对中国 1957～1979 年、1957～1982 年经济发展状况进行考察。世界银行在两份考察报告中指出，1957～1979 年和 1957～1982 年，中国综合要素生产率（广义科技进步）没有提高，工业产值增长完全是依靠增加劳动、资金等生产要素的投入。这一结论在我国掀起了一场关于技术进步的争论。

我国开展技术进步对经济增长贡献测算工作最早是从 20 世纪 70 年代末开始的。1982 年 9 月，党的十二大提出在 20 世纪末要实现工农业总产值翻两番的目标，亟须定量了解技术进步对经济增长的贡献作用。自 1983 年起，针对这一目标，原国家计划委员会技术经济研究所和机械部系统分析研究所，根据我国经济发展及科技发展和进步的实际情况，开始探讨、研究我国宏观经济活动中的科技进步测算问题。由于 1988～1991 年我国对经济进行治理整顿、国民经济停滞或缓慢增长、市场疲软等原因，技术进步测算工作也因此停滞。1992 年我国经济运行步入正轨，技术进步贡献率测算工作也随之重启，1992 年国家计划委员会和国家统计局联合发文，要求各省区市开展此项工作。随后原国家科学技术委员会、农业部也进行了相应的布置，从此有关科技进步的研究在我国开展起来。

1995 年，我国提出"科教兴国"发展战略，越发重视科技和教育对于国家发展的重要作用。2005 年，我国提出将建设创新型国家作为经济社会发展的核心战略。《国家中长期科技发展规划纲要（2006—2020）》指出，到 2020 年力争科技进步贡献率达到 60% 以上。党的十八大报告明确要求，科技进步对经济增长的贡献率大幅上升。国家"十三五"科技发展规划把科技进步贡献率作为科技发展促进经济增长的重要监测指标。

二、科技进步贡献率测算结果

科技进步贡献率是衡量科技进步对经济增长贡献的指标，是一个国家或地区制定科技发展政策、调整生产结构、促进经济结构转型等行为的重要参考依据。因此，定量测算科技进步对经济增长的贡献对我国的经济发展具有十分重要的意

模型，基本思路是对原始数据加入某种缓冲算子后建立 GM（1，1）模型，并以此构建灰色生产函数模型，在一定程度上能够消除随机波动，降低参数估计误差[80]。吴辉测算了 1996～2005 年河南省农业科技进步贡献率，并使用了灰色生产函数新陈代谢模型[81]。鲁亚运考虑到资本、劳动等投入要素对经济增长的时滞和延迟效应，建立动态时滞灰色生产函数，并利用灰色关联度确定时滞阶数，进而对我国海洋科技进步贡献率进行测量[82]。

关于科技进步贡献率测算的争论还存在于投入产出指标的选用上。选用不同的测算指标是造成测算结果不同的主要原因之一，另外，由于我国当前经济社会发展阶段较之索洛研究的 1909～1949 年美国经济社会有了巨大的进步，资本、劳动等投入要素已经发生了质的变化，以劳动要素为例，当前劳动力群体的平均受教育年限、技术水平等方面都大大提升，且劳动力内部差距越发明显及异质化，因此单纯以劳动力数量作为投入要素测算，将会低估劳动投入对经济增长的贡献。类似地，资本投入统计口径、统计范围也有较大的变动，而且固定资产较之前建设期缩短，更新速度加快，诸多因素导致资本产出弹性和资本贡献率发生了巨大的变化。

另外，我国科技进步贡献率研究还根据细分产业进行划分，此处以农业为例进行讨论。近几十年，人口增长、人均消费水平提高、城镇化规模扩大、占用耕地等世界农业发展问题日益突出，若不依靠科技改进农业生产方式，农业产量将难以满足人类对食物的刚性需求。因此，农业是一个国家平稳运行的基本保障，转变农业生产方式，提升农业产量，提高农业科技进步贡献率是政府、学术界等关注的热点话题。诸多学者对农业科技进步贡献率进行了广泛而深入的研究，取得了丰硕成果。

朱希刚和刘延风（1997，2002）基于 C－D 生产函数和索洛余值法，测算我国"八五""九五"时期农业科技进步贡献率分别为 34.3%、42.11%[83,84]。赵芝俊和袁开智基于超越对数随机前沿模型，利用我国 1985～2005 年省份面板数据进行测算，测得 2005 年我国农业广义科技进步贡献率为 51.7%，狭义科技进步贡献率为 41.3%[85]。郝利等运用 C－D 生产函数建立农业科技进步贡献率测算模型，对北京市 1990～2007 年农业科技进步贡献率进行测算，结果表明，北京市农业科技进步率由 1990～1998 年的 57.09% 上升到 1999～2007 年的 78.32%[86]。雷玲等利用陕西省农业物资消耗、耕地面积以及农业劳动力投入三个指标，运用 C－D 生产函数模型对 2001～2007 年陕西省的农业科技进步率和农业科技进步贡献率进行了测算，得出此时间段陕西省的农业科技进步贡献率为 49.6%[87]。陈挺和陈建华基于 C－D 生产函数，测算中国 1985～2011 年农业科技进步贡献率为 31.54%，并认为农业科技投入强度较低，农业科技投入中私人投入比例较低，农业科技推广体系建设滞后，农业科技机构混杂是造成我国农业科技进步贡献率较低的原因[88]。Wang 等指出，中国 1985～2013 年全要素生产率年均增速为 2.93%，科技进步贡献率接近 60%，增长动力源于农业研发资金投入的快速增长，然而中国地区间农业全要素生产率的差异也显著提升，从 1.92% 上升至 3.91%[89]。土地要素、劳动要素对中国农业经济增长的贡献较小，科技进步逐渐替代资本投入成为促进我国农业经济增长第一要素[90]。

农业科技进步贡献率测算难点在于测算指标的选用。测算指标选择方面，农业、畜牧业、渔业与林业等产业部门在生产方式和产出形式上存在明显差异，因而造成产值指标难以综合，部分学者选择对细分产业进行划分，以确定产值指标；也有一部分学者选择第一产业总产值作为产出指标。资本投入指标方面，农用机械、畜力的数据缺失，难以对资本存量进行准确测度。土地方面，目前仅能对土地面积进行测量，不能对土地质量、土壤肥力等影响产量的因素指标进行测度。劳动力方面，目前仅考虑对劳动力的数量进行统计，忽略了劳动力的异质性。另外，垂直农业、可持续农业等现代农业生产方式逐渐兴起，如何研究这些现代农业生产方式的科技进步贡献率，其投入产出指标与传统农业生产方式有哪些区别等问题需要研究者深入研究。

综上所述，在我国测算科技进步贡献率的进程中，需要根据我国经济社会发展状况持续改进科技进步贡献率测算方法，逐步降低主观化成分，提高测算结果的科学性和客观性，科技进步贡献率测算结果对于制定科技发展政策、宏观经济政策的作用非常重要。然而科技进步贡献率测算也有弊端所在，如当前科技进步贡献率测算结果较为分散，测算方法不同、研究周期不同，甚至出现结果相互矛盾的问题，导致科技进步贡献率测算结果解释性降低，丧失可比性，最终动摇相关政策制定的科学基础。

三、科技进步贡献率测算结果不一致的原因分析

测算结果之所以出现如此大的差异不是单一原因所致，主要原因在于模型选取、测算数据选取及处理方式，弹性参数选取类别及确定方式，以及测算的基期和周期不同。

1. 计算方法不同

在分析技术进步对经济增长作用时，由于认识程度、对方法的掌握程度及个人偏好等原因而采用不同的测算模型，不同模型会使资金产出弹性、劳动产出弹性和技术进步速度有很大不同，最终测算结果也必然不同。即使同一种方法，由于看问题的视角不同，测算结果也会出现不同，如采用数据包络分析（Data Envelopment Analysis，DEA）方法，采用投入导向的 DEA 模型和产出导向的 DEA

模型就会得到不同的结果[91,92]。

2. 投入产出指标选择和处理方式不同

选取不同的投入产出数据集导致测算结果产生差异，从目前研究看，产出指标较容易确定，但是资本投入数据选择与处理较为复杂，如对资本存量的确定涉及估计方法（永续盘存法等）、折旧率等更为细致的处理，一个环节处理不同，就会导致对资本存量估计不同，最终影响测算结果；再如，平均增长速度处理有水平法、累计法和环比法之分，每种方法又有相应的测算公式和使用条件。总而言之，数据和处理方式不同，都会对最终测算结果产生较为敏感的影响。

（1）经济产出量。无论从经济学还是统计学意义上看，测算科技进步贡献率时生产总值都是反映经济产出很好的变量，但要注意采用收入法还是支出法计算出的生产总值是不一样的。无论是采用收入法还是支出法计算的生产总值，都是按当年价格计算，需要消除通货膨胀因素，形成可比价格的时间序列。

（2）资本投入量。资本投入量一般可选取资本总额、固定资产投资额、各部门固定资产净值和流动资产平均余额以及资本服务量等。从研究和实际应用情况看，固定资本形成净额是最为理想的反映资本投入的基础变量，采用它的次数明显高于采用其他资本投入量的次数。

（3）劳动力投入量。理论上劳动力投入量是指生产过程中实际投入劳动量，用标准劳动强度的劳动时间来衡量。在成熟的市场经济国家，劳动质量、时间、强度一般是与收入水平相联系的，故劳动报酬能够比较合理地反映劳动投入量变化。而我国目前的收入分配体制不尽合理，市场调节机制不够完善，而且我国目前尚缺乏必要统计资料，故大部分研究都采用社会就业人数来表示劳动投入。

对不同学者在进行科技进步贡献率测算时所采用数据汇总如表2-2所示。

表2-2 不同学者对于科技进步贡献率数据选取汇总

作者	研究区域	时间跨度	数据选取指标及测算方法		
			经济产出量（Y）	资本投入量（K）	劳动投入量（L）
范小俊	广西	1978～2003 年	地区生产总值	资本总额	劳动力投入
袁靖、胡磊	山东	1985～2007 年	地区生产总值	固定资产投入额	就业人员
李红	山西	1997～2007 年	消除价格影响后地区生产总值	估计基准年数据，用永续盘存法按不变价计算资本存量	全社会从业人数
张汴生、陈东照	河南	2000～2013 年	消除价格影响后地区生产总值	估计基准年数据，用永续盘存法按不变价计算资本存量	全社会从业人数

续表

作者	研究区域	时间跨度	数据选取指标及测算方法		
			经济产出量（Y）	资本投入量（K）	劳动投入量（L）
于洁等	全国	1979～2004年	国内生产总值（1952年为基期，消除价格影响后按基期计算）	估计基准年数据，用永续盘存法按不变价格计算资本存量	各省份就业人数
赵瑶	全国	1978～2004年	国内生产总值指标和国内生产总值指数调整计算国内生产总值	采用永续盘存法调整各年可比价的固定资本存量	从业人数
董欢欢、张永庆	上海	2001～2012年	各产业每年总产值	年末固定资产净值	每年从业人员
王元地、潘雄峰、刘凤朝	大连	1978～2001年	地区生产总值	价格调整后的固定资产投资	职工人数、职工工资总额

资料来源：笔者根据资料整理。

3. 弹性参数的确定

不管采用哪种测算模型、方法都会遇到一个重要的共性问题，就是如何正确估计数学模型中的参数，参数计算合理与否将直接影响科技进步贡献率测算结果的正确性，进而影响决策的科学性和可行性。目前弹性系数的确定方法大致有三种：经验法、比例法、回归分析法。选取不同确定方法结果就不同，而参数对科技进步贡献率测算有至关重要的意义，有时在参数确定上的细小差别都会导致结果上的很大不同。

4. 不同基期造成的差异

测算科技进步贡献率时，基期选取也是影响科技进步贡献率结果的因素，但变化趋势一般不会发生较大变化。时间序列的平稳性是任何统计分析的前提条件，科技进步贡献率的测算主要依据的是经济产出和要素投入的时间序列数据，由于经济景气状况不同等因素，这些数据不会十分稳定，总会表现为不同程度的波动。特别是固定资产投资具有周期性，为保证测算的相对稳定性，一般做法是按一定的周期，如以五年一个周期、十年一个周期进行测算。需要指出的是，测算周期不同不仅导致结果不同，还会导致发展趋势的相异。

参考文献

［1］文剑英. 科学、技术的辩证关系［J］. 自然辩证法通讯，2005（6）：11－13.

［2］恩格斯. 自然辩证法［M］. 中共中央马克思恩格斯列宁斯大林著作编译局，译. 北

京：人民出版社，1971.

［3］国家统计局社会科技和文化产业统计司，科学技术部战略规划司．中国科技统计年鉴2019［M］．北京：中国统计出版社，2020.

［4］Sickles R. C. , Zelenyuk V. Measurement of Productivity and Efficiency［M］．Cambridge：Cambridge University Press, 2019.

［5］成思危．论创新型国家的建设［J］．中国软科学，2009（12）：1－14.

［6］Solow R. M. A Contribution to the Theory of Economic Growth［J］．The Quarterly Journal of Economics , 1956, 70（1）：65－94.

［7］Solow R. M. Technical Change and the Aggregate Production Function［J］．The Review of Economics and Statistics, 1957, 39（3）：312－320.

［8］Schumpeter J. A. , Backhaus U. The Theory of Economic Development［M］．Amsterdam：Kluwer Academic Publishers, 2006.

［9］马克思恩格斯全集（第一版）．第46卷［M］．北京：人民出版社，1980.

［10］马克思恩格斯全集（第一版）．第47卷［M］．北京：人民出版社，1979.

［11］马克思恩格斯全集（第一版）．第46卷下册［M］．北京：人民出版社，1980.

［12］马克思恩格斯全集（第一版）．第3卷［M］．北京：人民出版社，1972.

［13］熊彼特．经济发展理论［M］．北京：商务印书馆，1991.

［14］陈伟，罗来明．技术进步与经济增长的关系研究［J］．社会科学研究，2002（4）：44－46.

［15］傅家骥．技术创新学［M］．北京：清华大学出版社，1998.

［16］王洪．西方创新理论的新发展［J］．天津师范大学学报（社会科学版），2002（6）：19－24.

［17］孟祥云．科技进步与经济增长互动影响研究［D］．天津：天津大学博士学位论文，2004.

［18］Hicks. The Theory of Wages［M］．London：Springer, 1963.

［19］宋艳涛．科技进步测算理论方法创新与实证研究［D］．天津：天津大学博士学位论文，2003.

［20］保罗·克鲁格曼．萧条经济学的回归［M］．北京：中国人民大学出版社，1999.

［21］史世伟．创新与技术进步是什么关系［N］．中国青年报，2016－06－20（002）.

［22］Arrow K. , Chenery H. B. , Minhas B. S. , et al. Capital－Labor Substitution and Economic Efficiency［J］．The Review of Economics and Statistics, 1961, 43（3）：225－250.

［23］菲利普·阿吉翁，彼得·霍依特．内生增长理论［M］．陶然，倪彬华，汪柏林，等译．北京：北京大学出版社，2004.

［24］周天勇．论我国的人力资本与经济增长［J］．青海社会科学，1994（6）：25－29.

［25］邹薇，代谦．技术模仿、人力资本积累与经济赶超［J］．中国社会科学，2003（5）：26－38，205－206.

［26］官华平，谌新民．珠三角产业升级与人力资本相互影响机制分析——基于东莞的微观证据［J］．华南师范大学学报（社会科学版），2011（5）：95－102，160.

［27］De Winne S., Sels L. Interrelationships between Human Capital, HRM and Innovation in Belgian Start – Ups Aiming at an Innovation Strategy ［J］. International Journal of Human Resource Management, 2010, 21（11）: 1863 – 1883.

［28］王恬. 人力资本流动与技术溢出效应——来自我国制造业企业数据的实证研究［J］. 经济科学, 2008（4）: 99 – 109.

［29］徐彬, 吴茜. 人才集聚、创新驱动与经济增长［J］. 软科学, 2019, 33（1）: 19 – 23.

［30］张小蒂, 王中兴. 中国 R&D 投入与高技术产业研发产出的相关性分析［J］. 科学学研究, 2008（3）: 526 – 529.

［31］严焰, 池仁勇. R&D 投入、技术获取模式与企业创新绩效——基于浙江省高技术企业的实证［J］. 科研管理, 2013, 34（5）: 48 – 55.

［32］杨武, 杨大飞, 雷家骕. R&D 投入对技术创新绩效的影响研究［J］. 科学学研究, 2019, 37（9）: 1712 – 1720.

［33］白俊红, 王钺. 研发要素的区际流动是否促进了创新效率的提升［J］. 中国科技论坛, 2015（12）: 27 – 32.

［34］邵汉华, 钟琪. 研发要素空间流动与区域协同创新效率［J］. 软科学, 2018, 32（11）: 120 – 123, 129.

［35］Bernstein J. I., Nadiri M. I. Product Demand, Cost of Production, Spillovers, and the Social Rate of Return to R&D ［R］. National Bureau of Economic Research, 1991.

［36］邹文杰. 研发要素集聚、投入强度与研发效率——基于空间异质性的视角［J］. 科学学研究, 2015, 33（3）: 390 – 397.

［37］白俊红, 王钺, 蒋伏心, 等. 研发要素流动、空间知识溢出与经济增长［J］. 经济研究, 2017, 52（7）: 109 – 123.

［38］王钺, 刘秉镰. 创新要素的流动为何如此重要?——基于全要素生产率的视角［J］. 中国软科学, 2017（8）: 91 – 101.

［39］Grossman G. M., Helpman E. Trade, Knowledge Spillovers, and Growth ［J］. European Economic Review, 1991, 35（2 – 3）: 517 – 526.

［40］付海燕. 对外直接投资逆向技术溢出效应研究——基于发展中国家和地区的实证检验［J］. 世界经济研究, 2014（9）: 56 – 61, 67.

［41］程惠芳, 陈超. 海外知识资本对技术进步的异质性溢出效应——基于 G20 国家面板数据的比较研究［J］. 国际贸易问题, 2016（6）: 58 – 69.

［42］苏志庆, 陈银娥. 知识贸易、技术进步与经济增长［J］. 经济研究, 2014, 49（8）: 133 – 145, 157.

［43］Cohen J. P., Paul C. J. M. Public Infrastructure Investment, Interstate Spatial Spillovers, and Manufacturing Costs ［J］. Review of Economics and Statistics, 2004, 86（2）: 551 – 560.

［44］Fedderke J., Bogetič. Infrastructure and Growth in South Africa: Direct and Indirect Productivity Impacts of 19 Infrastructure Measures ［J］. World Development, 2009, 9（37）: 1522 – 1539.

［45］Bronzini R. , Piselli P. Determinants of Long – run Regional Productivity with Geographical Spillovers：The Role of R&D, Human Capital and Public Infrastructure ［J］. Regional Science and Urban Economics, 2009, 39（2）：187 – 199.

［46］刘秉镰，武鹏，刘玉海. 交通基础设施与中国全要素生产率增长——基于省域数据的空间面板计量分析 ［J］. 中国工业经济，2010（3）：54 – 64.

［47］张浩然，衣保中. 基础设施、空间溢出与区域全要素生产率——基于中国 266 个城市空间面板杜宾模型的经验研究 ［J］. 经济学家，2012（2）：61 – 67.

［48］边志强. 网络基础设施的溢出效应及作用机制研究 ［J］. 山西财经大学学报，2014，36（9）：72 – 80.

［49］张小红，逯宇铎. 政府补贴对企业 R&D 投资影响的实证研究 ［J］. 科技管理研究，2014，34（15）：204 – 209.

［50］Jensen R. , Thursby J. , Thursby M. C. University – industry Spillovers, Government Funding, and Industrial Consulting ［R］. National Bureau of Economic Research, 2010.

［51］Goolsbee A. Does Government R&D Policy Mainly Benefit Scientists and Engineers？［J］. The American Economic Review, 1998, 88（2）：298 – 302.

［52］吴佐，张娜，王文. 政府 R&D 投入对产业创新绩效的影响——来自中国工业的经验证据 ［J］. 中国科技论坛，2013（12）：31 – 37.

［53］Manual F. Main Definitions and Conventions for the Measurement of Research and Experimental Development（R&D）：A Summary of the Frascati Manual ［M］. Paris：OECD, available 1994.

［54］王俊. 我国政府 R&D 税收优惠强度的测算及影响效应检验 ［J］. 科研管理，2011，32（9）：157 – 164.

［55］郭玉清，姜磊，李永宁. 中国财政创新激励政策的增长绩效分析 ［J］. 当代经济科学，2009，31（3）：1 – 8, 124.

［56］徐伟民. 科技政策与高新技术企业的 R&D 投入决策——来自上海的微观实证分析 ［J］. 上海经济研究，2009（5）：55 – 64.

［57］肖鹏，黎一璇. 所得税税收减免与企业研发支出关系的协整分析——基于全国 54 个国家级高新区的实证研究 ［J］. 中央财经大学学报，2011（8）：13 – 17, 53.

［58］Freeman C. , Nordhaus W. D. Invention, Growth and Welfare：A Theoretical Treatment of Technological Change ［J］. Technology and Culture, 1971, 12（2）：375.

［59］胡善成，靳来群. 知识产权保护对创新产出的影响与检验 ［J］. 统计与决策，2019，35（23）：172 – 176.

［60］Lin C. , Lin P. , Song F. Property Rights Protection and Corporate R&D：Evidence from China ［J］. Journal of Development Economics, 2010, 93（1）：49 – 62.

［61］叶静怡，李晨乐，雷震，等. 专利申请提前公开制度、专利质量与技术知识传播 ［J］. 世界经济，2012，35（8）：115 – 133.

［62］尹志锋，叶静怡，黄阳华，等. 知识产权保护与企业创新：传导机制及其检验 ［J］. 世界经济，2013，36（12）：111 – 129.

［63］Smith A. The Wealth of Nations：An Inquiry Into the Nature and Causes of the Wealth of

Nations［M］．New York：Harriman House Limited，2010．

［64］马晓琨．经济学研究主题与研究方法的演化——从古典经济增长理论到新经济增长理论［J］．西北大学学报（哲学社会科学版），2014，44（4）：51－57．

［65］王文珺．哈罗德—多马经济增长模型研究［D］．石家庄：河北经贸大学硕士学位论文，2011．

［66］朱勇，吴易风．技术进步与经济的内生增长——新增长理论发展述评［J］．中国社会科学，1999（1）：21－39．

［67］Romer P. M. Endogenous Technological Change［J］．Journal of Political Economy，1990，98（5）：71－102．

［68］王守宝．科技进步与经济发展的相关性研究［D］．天津：天津大学博士学位论文，2010．

［69］Lucas R. E. On the Mechanics of Economic Development［J］．Journal of Monetary Economics，1988，22（1）：3－42．

［70］王聪，杨选良，刘延松，等．AK 模型内生增长理论西方研究综述［J］．情报杂志，2010，29（2）：188－192．

［71］蔡伟毅．开放经济条件下知识溢出与技术进步研究［M］．北京：经济科学出版社，2014．

［72］刘小畅．A－H 模型下科技创新对经济增长的贡献研究［D］．北京：首都经济贸易大学硕士学位论文，2015．

［73］李丰．试论技术进步在经济发展中的作用［J］．经济研究，1991（9）：15－22．

［74］吴敬琏．怎样才能实现增长方式的转变——为《经济研究》创刊40周年而作［J］．经济研究，1995（11）：8－12．

［75］刘濛．河北省科技进步对经济增长贡献的实证分析［J］．河北工程技术学院教学与研究，2006（2）：34－36．

［76］秦朝钧，张朝华．广东省农业科技进步贡献率和要素贡献率的测算与经济增长分析［J］．农业现代化研究，2011，32（5）：556－569，564．

［77］李兰兰，诸克军，郭海湘．中国各省市科技进步贡献率测算的实证研究［J］．中国人口·资源与环境，2011，21（4）：55－61．

［78］徐盈之，韩颜超．科技进步贡献率的区域差异与影响因素——应用江苏省面板数据的经验分析［J］．华东经济管理，2009，23（11）：1－5．

［79］张协奎，邬思怡．基于势分析理论的广西科技进步贡献率测算［J］．科技管理研究，2015，35（20）：99－105．

［80］刘思峰，谢乃明．灰色系统理论及其应用（第四版）［M］．北京：科学出版社，2008．

［81］吴辉．河南省农业科技进步贡献率测度与省际比较［D］．郑州：河南农业大学硕士学位论文，2008．

［82］鲁亚运．基于时滞灰色生产函数的我国海洋科技进步贡献率研究［J］．科技管理研究，2014，34（12）：55－59．

[83] 朱希刚，刘延风．我国农业科技进步贡献率测算方法的意见 [J]．农业技术经济，1997 (1)：17 – 23.

[84] 朱希刚．我国"九五"时期农业科技进步贡献率的测算 [J]．农业经济问题，2002 (5)：12 – 13.

[85] 赵芝俊，袁开智．中国农业技术进步贡献率测算及分解：1985 ~ 2005 [J]．农业经济问题，2009 (3)：28 – 36.

[86] 郝利，韩孟华，周连第．1990 ~ 2007 年北京市农业科技进步贡献率的测算 [J]．农业技术经济，2010 (3)：89 – 96.

[87] 雷玲，张召华，王礼力．陕西省农业科技进步贡献率的测算与分析——基于 C – D 生产函数 [J]．技术经济，2011，30 (5)：59 – 63.

[88] 陈挺，陈建华．中国农业科技进步贡献率的测度及原因分析——基于 C – D 生产函数 [J]．经济数学，2013，30 (3)：46 – 50.

[89] Wang S. L. , Huang J. K. , Wang X. B. , et al. Are China's Regional Agricultural Productivities Converging: How and Why? [J]. Food Policy, 2019 (86): 101727.

[90] 宁攸凉，赵荣，韩锋，王登举．农林领域科技进步贡献率研究进展 [J]．农业经济，2020 (1)：21 – 23.

[91] 颜鹏飞，王兵．技术效率、技术进步与生产率增长：基于 DEA 的实证分析 [J]．经济研究，2004 (12)：55 – 65.

[92] 郑京海，胡鞍钢．中国改革时期省际生产率增长变化的实证分析 (1979 ~ 2001 年) [J]．经济学 (季刊)，2005 (1)：263 – 296.

第三章　科技进步贡献率测算方法综述

第一节　生产率

一、概念

生产率的含义是生产过程中生产要素投入量与产出量的比率，度量的是经济单元的生产效率，即：

$$生产率 = \frac{产出量}{要素投入量} \qquad (3-1)$$

或者是：

$$生产率 = \frac{要素投入量}{产出量} \qquad (3-2)$$

式（3-1）是以要素投入量为基准对产出量的测量，称为产出扩大型生产率；式（3-2）是以产出量为基准对要素投入量的测量，称为成本节约型生产率。

无论是式（3-1）还是式（3-2），当不变的投入取得更多的产出，或更少的投入取得同样的产出时，称为生产率的提高；反之，当一定的投入取得较少的产出或更多的投入取得同样的产出时，称为生产率的降低。

由于生产过程中要素投入和产出成果的形式是多种多样的，因而生产率的形式也是多种多样的。根据不同的测算目的、不同的数据来源，可以对生产率测算进行分类。如根据不同数据进行分类，生产投入和产出是多种多样的，因此生产率也是多种多样的，其大致分类如下：①用实物量计算的生产率；②用价值量计算的生产率；③用单一要素投入计算的生产率；④用多种要素投入计算的生产率；⑤用总产出计算的生产率；⑥用增加值计算的生产率。

由于产出是多种投入要素按一定的比例综合投入的结果，如果仅使用一种投入要素计算生产率，则掩盖了其他投入要素的作用，这样难以准确测度生产率。因此，能够客观反映真实生产率状况的是使用多种投入要素计算的生产率，一般称为综合要素生产率或者多要素生产率。

二、提高生产率的途径

在人类社会发展进程中，生产率的提高在经济快速、持续、稳定增长中发挥着重要作用，同时也是国家或地区间、产业或企业间竞争的决定性因素。因此，宏观经济管理者和企业决策者都把提高生产率放在十分重要的位置。

经济学理论指出，在同等条件下，等量资本和劳动应当得到等量报酬，也就是说，同样的要素投入量理应取得同样的产出量，即规模报酬不变。如何才能使用更少的生产要素获得更多的产出呢？改善生产的外部条件、生产环境，或提高生产要素投入的质量等不失为获得更多产出的好方法，具体来说：①加快转变经济结构。通过调整产业结构，调整产业内部行业结构，向技术密集型等产业或行业转移，不断优化产业结构，就可以在不增加投入的情况下提高生产率。②改变生产布局。在计划经济时期，由于较为恶劣的国际环境和认知局限性，许多大型企业都安置在西部地区，改革开放后，我国开始实行向沿海地区倾斜的经济布局，使在相同的投入下迅速提高生产率。③应用新技术和新工艺。使用更先进的机械设备或者改进工艺流程方法，使用新材料等。④提高组织管理的科学性。通过科学的组织管理方式调动劳动者的积极性，或者通过机械设备更为有效的使用来提高生产率。⑤提高劳动者素质。提高劳动者的受教育程度，对劳动力进行专业能力培训，提高专业素养。⑥降低因自然变化而对生产造成的影响。

索洛将上述提高生产率的因素称为综合要素，并将综合要素的改进，即生产率的提高称为广义技术进步[1,2]。

三、科技进步与生产可能性边界

"科学技术可以促进生产率水平的提高"，这句话其实只说对了一半。在微观经济领域，通过研发并应用先进技术进行生产却负债累累最终破产的事例并不鲜见。因此，确切地说应该是科学技术为提高生产率水平提供了可能性。从数量经济分析的角度看，科学技术的进步改变了生产可能性边界（或称为生产可能性前沿）。至于现实如何，还要具体情况具体分析。

经济学理论认为，在一定的技术水平和外部条件下，根据要素投入量可以测算出最大可能产出，而依据这些最大可能产出可以绘出一条曲线，这条曲线就代表了在一定技术条件下的生产可能性边界。而依据实际产出也可以绘出一条曲线，它总是在生产可能性边界内波动，其中一部分是由于要素投入规模发生变化而增加的产出，另一部分是缘于在一定技术条件下技术效率发生的变化。当技术水平发生变化后，生产可能性边界发生了改变，实际产出才有可能突破原来的生产可能性边界而达到一个新高度。这时候就是熊彼特所说的"建立一种新的生产函数"，也就是"科学技术是第一生产力"的重要意义所在。

图 3-1 可以清楚地表现外延经济增长、内涵经济增长、生产率改进（科技进步）、纯技术变化和其他影响生产率变化的因素之间的关系。

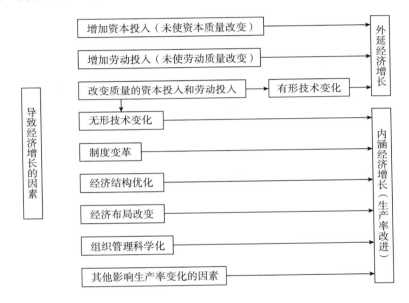

图 3-1 经济增长方式和生产率改进关系

图 3-2 表现了当要素投入增加和综合要素发生变化后生产可能性边界发生的变化。

四、全要素生产率

古典经济增长理论认为，经济增长来源于资本和劳动的投入。但以往的经济数据显示，经济增长的变化率往往要大于资本投入量和劳动投入量的变化率，所以存在某些因素使经济增长。萨缪尔森认为，这些因素可能包括教育、创新、规模效益和科学进步等。全要素生产率是指除了资本和劳动两种物质投入要素之外，其他所有生产要素投入所带来的产出增长率。C-D 生产函数的提出为全要素生产率的产生奠定了基础，丁伯根基于 C-D 生产函数对经济增长进行了分析，

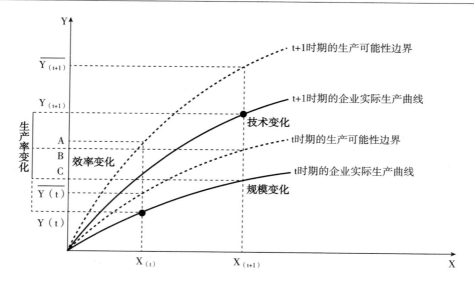

图 3 - 2 生产可能性边界示意

然后提出了全要素生产率的概念。另外，索洛将扣除资本、劳动投入后的"余值"称为全要素生产率。蔡昉认为，全要素生产率是生产函数中的一个残差，即各种投入要素水平一定时所达到的额外生产效率[3]。

Jorgensen 和 Griliches 认为，全要素生产率并非"余值"，而是经济增长过程中那些无法解释的部分。"余值"的出现是因为研究方法和计算工具的不完善而导致的，那么随着研究方法和计算工具越来越完善，任何投入要素和产出都能被准确测量，那么"余值"将趋向于零[4]。

另外，还有部分学者如李平认为，既然称为"全要素生产率"，那么这个指标就是指所有可观测的投入要素的产出率[5]。

五、生产函数

从经济学的角度来看，生产函数就是描述在一定的社会、经济、技术和自然条件下，一组投入要素转化为产出的过程模型。生产函数反映的是在既定的生产技术条件下投入和产出之间的数量关系。如果技术条件改变，必然会产生新的生产函数。另外，生产函数反映了某一特定要素投入组合在技术条件下能且只能产生的最大产出。

在既定的生产技术水平下生产要素组合（X_1，X_2，$\cdots$，X_n）在每一时期所能生产的最大产量为 Q，函数表达式为：

$$Q = f(X_1, X_2, \cdots, X_n) \tag{3-3}$$

但在经济学分析中，通常只使用劳动（L）和资本（K）这两种生产要素，所以生产函数可以写成：

$$Q = f(L, K) \tag{3-4}$$

第二节 方法概述

一、C-D 函数模型

1928 年，美国数学家柯布和经济学家道格拉斯合作探讨了投入与产出的关系[6]，基于 1899~1922 年美国制造业的数据，分析之后得出这一期间美国制造业的生产函数，即式（3-5）：

$$Y = 1.01 \, K^{\frac{1}{4}} L^{\frac{3}{4}} \tag{3-5}$$

他们发现劳动 L 和资本 K 是影响美国制造业产出的主要因素，而其他因素的影响微乎其微，因此，两人在此基础上，提出了著名的 C-D 生产函数，其基本表达式为：

$$Y = A \, K^{\alpha} L^{\beta} \tag{3-6}$$

式（3-6）中，Y 代表产出量，K 代表资本投入量，L 代表劳动投入量，A 代表技术水平，α、β 为常数，$0 < \alpha < 1$，$0 < \beta < 1$，且 $\alpha + \beta = 1$。

将式（3-6）对 K 求偏导数得：

$$\frac{\partial Y}{\partial K} = A\alpha \, K^{\alpha-1} L^{\beta} = \alpha \, \frac{Y}{K} \tag{3-7}$$

整理可得：

$$\alpha = \frac{\partial Y}{\partial K} \frac{K}{Y} \tag{3-8}$$

式（3-8）表明，α 是资本的产出弹性。

将式（3-6）对 L 求偏导数得：

$$\frac{\partial Y}{\partial L} = A\beta \, K^{\alpha} L^{\beta-1} = \beta \, \frac{Y}{L} \tag{3-9}$$

整理可得：

$$\beta = \frac{\partial Y}{\partial L} \frac{L}{Y} \tag{3-10}$$

式（3-10）表明，β 是劳动的产出弹性。

可以看出，决定制造业产出量的主要因素是劳动投入量、资本投入量和技术进步水平。根据 α 和 β 的组合情况，此处有三种类型可以讨论。

（1）$\alpha + \beta > 1$，规模报酬递增。表明当保持现有技术水平不变和生产要素价格不变时，随生产规模的扩张，产量的增幅逐渐提升，大于劳动和资本等投入要素的增幅。

（2）$\alpha + \beta < 1$，规模报酬递减。表明当保持现有技术水平不变和生产要素价格不变时，随生产规模的扩张，产量的增幅逐渐下降，小于劳动和资本等投入要素的增幅。

（3）$\alpha + \beta = 1$，规模报酬不变。表明当保持现有技术水平不变和生产要素价格不变时，随生产规模的扩张，产量的增幅与劳动和资本等投入要素的增幅相等。

使用 C – D 生产函数计算科技进步贡献率，有以下几点前提假设：技术水平一定，仅有资本和劳动两种投入要素，且均已得到全部利用；技术进步是以希克斯中性为基础的，即产出增长型技术进步，当两种生产要素资本/劳动的比例保持不变时，技术进步前后的边际替代率也保持不变；设定 $\alpha + \beta = 1$，即规模报酬保持不变，产出是资本和劳动力的齐次函数；经济处于完全竞争市场条件下。

C – D 生产函数开创性地将经济数学的方法和模型引入生产活动分析中，为之后的生产函数和经济分析的进一步发展奠定了基础。国内诸多学者运用修正后的 C – D 生产函数对科技进步贡献率进行了测算。郝利等运用 C – D 生产函数建立了农村科技进步贡献率测算模型，对北京市 1990～2007 年农业科技进步贡献率进行了测算[7]。陈琼等运用拓展的 C – D 生产函数，以天津市 12 个涉农区县 2008～2013 年的畜牧业统计数据为基础，回归估计各种投入要素的产出弹性，继而测算出各阶段的畜牧业科技进步贡献率[8]。王青和张冠青采用 C – D 生产函数结合熵值法，测算辽宁高校科技对区域经济发展的贡献率[9]。C – D 生产函数依旧是学者测算科技进步贡献率常用的基础方法之一。

但该方法也存在一定的缺陷，主要在于其假设十分严格，现实情况往往与之不同，例如假设规模报酬不变，否认了企业成长期间存在的规模效益。另外，技术水平在不同时间节点对生产起到的作用不同，而技术水平保持不变的假设与现实情况相去甚远。

1942 年，荷兰经济学家丁伯根在 C – D 生产函数的基础上，将代表技术水平常数 A 替换成随时间变化的技术函数 $A_{(t)}$，代表第 t 年的技术水平[10]。调整之后的函数式为：

$$Y = A_{(t)} K^{\alpha} L^{\beta} \tag{3-11}$$

整理之后，技术水平可以表示为：

$$A_{(t)} = \frac{Y}{K^{\alpha} L^{\beta}} \tag{3-12}$$

若 α、β 在第 0 年和第 t 年保持一致，则可将 $A_{(t)}$ 表示为：

$$A_{(t)} = \frac{Y}{K^\alpha L^\beta} = A_0 e^{rt} \qquad (3-13)$$

式（3-13）中 A_0 为常数，表明基期的技术水平，r 为技术进步系数。当 A_0、$A_{(t)}$ 已知时就可以求出相应的 t 时期的技术进步系数 r。因而，式（3-11）可以表示为：

$$Y = A_0 e^{rt} K^\alpha L^\beta \qquad (3-14)$$

丁伯根将常数项换成了随时间变化的量，把技术进步引入了生产函数，将技术和产出紧密地联系起来，从理论上和形式上赋予了生产函数新的内容和生命，从而使利用生产函数研究技术进步成为现实。

二、CES 生产函数法

1961 年阿罗与钱纳里、米汉斯、索洛等[11]合作，提出基于两种要素的常替代弹性（Constant Elasticity of Substitution，CES）生产函数，函数表达式如下：

$$Y = A_{(t)} (\delta_1 K^{-\rho} + \delta_2 L^{-\rho})^{-\frac{\mu}{\rho}} \qquad (3-15)$$

其中，Y 代表产出量；K 代表资本投入量；L 代表劳动投入量；A_t 代表科技水平因子；δ_1、δ_2 分别为劳动、资本的产出弹性，也可称其为密集参数或分配参数，代表该生产要素在所生产的产量中的贡献份额，满足 $\delta_1 > 0$，$\delta_2 > 0$ 且 $\delta_1 + \delta_2 = 1$；ρ 为替代参数，满足 $\rho \geqslant -1$；μ 为阶次参数，若 $\mu > 1$ 则表示规模报酬递增，若 $\mu = 1$ 则表示规模报酬不变，若 $\mu < 1$ 则表示规模报酬递减。

CES 生产函数假定：

（1）工资 $W = A\left(\dfrac{Y}{L}\right)$。

（2）规模收益不变。

（3）投入要素和产品处于完全竞争市场条件下。

当 $\rho = 0$ 时，CES 生产函数退化为替代弹性为 1 的 C-D 生产函数。

若将 $A_{(t)} = A_0 e^{rt}$ 代入式（3-16），则代表了动态 CES 生产函数：

$$Y = A_0 e^{rt} (\delta_1 K^{-\rho} + \delta_2 L^{-\rho})^{-\frac{\mu}{\rho}} \qquad (3-16)$$

相较于 C-D 生产函数，CES 方法具有更加完美的数学表达式，也更加接近生产实际，但参数的估计方法也更加复杂，易存在多重共线性的问题，所以使用该函数计算时，结果往往出现许多系统误差，故难以推广。

三、索洛余值法

1. 索洛余值法的核心观点

1957 年，索洛基于 C-D 生产函数和丁伯根的研究，创立了增长速度方程，又称"索洛余值法"。所谓"余值",是指减去那些由资本投入和劳动投入带来产量的增长后剩余产量增长的部分,通常被认为是由于技术进步等因素所导致的,这也是索洛余值法的核心思想。

索洛将技术进步引入生产函数,提出希克斯中性技术进步的生产函数:

$$Y = A(t)f(K, L) \tag{3-17}$$

可见,该式是 C - D 生产函数的延伸和拓展。

式（3 - 17）两边对时间 t 求导数得:

$$\frac{dY}{dt} = \frac{dA}{dt}f(K, L) + A\frac{\partial f}{\partial K}\frac{dK}{dt} + A\frac{\partial f}{\partial L}\frac{dL}{dt} \tag{3-18}$$

式（3 - 18）两边除以产出 Y 得:

$$\frac{1}{Y}\frac{dY}{dt} = \frac{dA}{dt}\frac{f(K, L)}{Y} + \frac{A}{Y}\frac{\partial f}{\partial K}\frac{dK}{dt} + \frac{A}{Y}\frac{\partial f}{\partial L}\frac{dL}{dt} \tag{3-19}$$

又因为:

$$\frac{\partial Y}{\partial K} = A\frac{\partial f}{\partial K} \tag{3-20}$$

$$\frac{\partial Y}{\partial L} = A\frac{\partial f}{\partial L} \tag{3-21}$$

可以将式（3 - 19）调整为:

$$\frac{1}{Y}\frac{dY}{dt} = \frac{1}{A}\frac{dA}{dt} + \frac{K}{Y}\frac{\partial Y}{\partial K}\frac{dK}{dt}\frac{1}{K} + \frac{L}{Y}\frac{\partial Y}{\partial L}\frac{dL}{dt}\frac{1}{L} \tag{3-22}$$

然后,令 $\alpha = \frac{K}{Y}\frac{\partial Y}{\partial K}$, $\beta = \frac{L}{Y}\frac{\partial Y}{\partial L}$ 分别代表资本和劳动的产出弹性,于是有:

$$\frac{1}{Y}\frac{dY}{dt} = \frac{1}{A}\frac{dA}{dt} + \alpha\frac{dK}{dt}\frac{1}{K} + \beta\frac{dL}{dt}\frac{1}{L} \tag{3-23}$$

式（3 - 23）就是增长速度方程,等式右边第二项是资本投入量增长速度与资本产出弹性系数的乘积,等式右边第三项是劳动投入量增长速度与劳动产出弹性系数的乘积。假设 $dt = 1$（年）,得到:

$$\frac{dY}{Y} = \frac{dA}{A} + \alpha\frac{dK}{K} + \beta\frac{dL}{L} \tag{3-24}$$

式（3 - 24）中,增长率都是以微分形式计算的,理论上只在增长率为无穷小时才严格成立,实际经济活动无法满足该条件,同时考虑到统计数据的连续性,所以用差分代替微分,函数表达式为:

$$\frac{\Delta Y}{Y} = \frac{\Delta A}{A} + \alpha\frac{\Delta K}{K} + \beta\frac{\Delta L}{L} \tag{3-25}$$

用 $y = \frac{\Delta Y}{Y}$, $a = \frac{\Delta A}{A}$, $k = \frac{\Delta K}{K}$, $l = \frac{\Delta L}{L}$ 代替即得索洛增长速度方程:

$$y = a + \alpha k + \beta l \tag{3-26}$$

$$a = y - \alpha k - \beta l \tag{3-27}$$

式（3-26）和式（3-27）两边同除 y，可得：

$$1 = \frac{a}{y} + \alpha \frac{k}{y} + \beta \frac{l}{y} \tag{3-28}$$

$$\frac{a}{y} = 1 - \alpha \frac{k}{y} - \beta \frac{l}{y} \tag{3-29}$$

$\frac{a}{y} \times 100\%$ 就是科技进步对总产出增长速度的贡献率，$\frac{k}{y} \times 100\%$ 就是资本投入对总产出增长速度的贡献率，$\frac{l}{y} \times 100\%$ 就是劳动投入对总产出增长速度的贡献率。

索洛余值法是新古典增长理论中重要的内容，开创了经济增长全员分析的先河。该法将总产出看作资本、劳动和技术三种投入要素的函数，扣除资本和劳动对产出的贡献后剩余的就是技术进步对产出的贡献，这简化了原本复杂的经济问题，思路简单明了，一直以来为世界各国经济学家采用。但不同学者采用索洛余值法测度科技进步对经济增长的贡献时，对索洛余值法有不同的理解，不同的假设、参数，导致不同学者对同一对象的测算结果也会大相径庭。徐士元等针对这种现象，系统阐述了索洛模型的推导过程，明确了模型参数和指标变量的内涵、确定、调整和使用方法，为使用索洛模型测算科技进步贡献率提供了详尽的、清晰的理论与方法指导[12]。曾光等根据索洛余值法的基本原理，采用新的方法估算要素产出的弹性，利用 1953～2013 年的相关数据测度这一时间段内中国经济增长的要素贡献率[13]。王洁和夏维力利用索洛余值法对陕西省农业科技进步贡献率进行了测算分析[14]。索洛模型将科技进步看作外生变量，且忽视了企业里大量以无形资本存在的创新资本，因此，张俊芳等通过对传统索洛模型的改进，考虑了无形资产在经济增长中的作用，测度了中国科技进步率，并且得出结论，即无形资产对中国经济增长的贡献率已相当显著[15]。经济合作与发展组织在《生产率测算手册》中推荐使用索洛余值法[16]。

然而，索洛余值法也因存在某些缺陷而被学者批评，主要来自以下五点：

（1）关于规模报酬不变的假设，不符合某些国家或经济体依靠规模报酬递增来获取经济增长的现实情况。

（2）这种测算科技进步对经济增长贡献的方法忽视了自然资源的投入和制度、政策等因素对经济增长的影响。

（3）"中性技术进步"的前提假设不符合生产的实际情况。

（4）索洛余值法中的很多参数不能被准确地估计。

（5）索洛余值法具有明显的技术外生性特征。

2. 索洛余值法中有关数据的处理方法

（1）索洛模型中变量产出 Y、资本 K、劳动 L 的处理。在现有统计年鉴中，产出、资本、劳动的统计口径不一，需要推导才能获得需要的数据。

产出指标一般用可比价国内生产总值。报告期可比价国内生产总值＝基期国内生产总值×国内生产总值定基指数（定基指数为基期后一年到末期各环比指数的连乘积）。

资本 K 的取值口径有比较大的争议。不同的资本取值口径对科技进步贡献率测算结果有很大影响。目前较为认可的是采用固定资产存量，确定固定资产存量通常采用的方法是永续盘存法。

当前国内外的测算研究中，关于劳动投入量的确定方法有以下几种：一是劳动人数，如在职职工人数或从业人员人数；二是劳动时间；三是劳动报酬。但是，不管用哪种方法确定劳动投入，都不能很好地满足模型中 L 要求的经济含义。例如，仅用劳动人数就忽略了劳动质量差异问题，如用劳动报酬，因制度因素我国的劳动报酬又不能和劳动产出相对应。但是目前，最合理、使用起来最方便的还是从业人员数。

（2）索洛模型中产出弹性系数 α、β 值的确定。应用索洛模型测算科技进步贡献率，首先要估算出模型中参数 α、β 的值。由于经济发展的内在规律性及经济发展影响因素的混合性、复杂性，在不同地区、不同行业、不同社会制度，它们的值是不一样的，而且在弹性系数的确定上难以统一，导致不同人、不同方法对同一对象的估值结果相差甚远。当前一般的估算方法有经验值法、比值法、系数回归法。①经验值法。模型中参数 α、β 经验值是根据较长时期得出的值，忽略了区域经济、科技发展差异性的现实特点，过于笼统，具有一定的主观随意性，且不同的劳动力产出弹性的选取对结论的影响也比较大。一般来说，资本产出弹性系数 α 的取值区间为 $0.2 \sim 0.4$，劳动力产出弹性系数 β 的取值区间为 $0.6 \sim 0.8$。②比值法。比值法是较为简单实用的一种方法，其经济原理是：资本主义社会认为工资是投入劳动力的反映，利润是投入资本的结果。虽然这是一种抹杀剩余价值的表述，但是在经济学中还是有一定价值的，所以：资本产出弹性系数 α ＝利润/国内生产总值；劳动产出弹性系数 β ＝工资总额/国内生产总值。其实工资和利润都是 GDP 中的一个部分，按照收入法计算国内生产总值的话，国内生产总值就是由劳动者工资总额、固定资产折旧、营业税净值和利润构成的。应用比值法进行参数估计的假设前提有以下几点：完全竞争市场、规模报酬不变、厂商利润最大化。③系数回归法。系数回归法是一个纯数理统计方法，经济意义不明确，需要的数据量大，误差不易控制。它也是假定参数在一段时期内不变，但是如果时间序列数据有大起大落时，将影响回归方程的拟合优度和参数的假设检验，甚至导致谬误回归，可如果剔除这些异常值，又违背经济发展实际情况。利用回归法对 C–D 生产函数进行参数估计的另一个问题就是有可能出现劳动产出弹性为负的情况，这忽略了资本和劳动力的产出弹性范围（$0 < \alpha < 1, 0 < \beta < 1$）[17]。解决这个问题的一个办法就是增加时间序列数据的长度，但这也不能完全消除出现这种数据不平稳的状况。当然，如果一段时期的时间序列数据很平稳，则回归法是测算参数很好的选择。

四、丹尼森增长因素分析法

针对索洛余值法存在的诸多缺陷，1962 年丹尼森在《美国经济增长因素和我们面临的选择》一书中首次提出了增长因素分析法。丹尼森在西蒙·库兹涅茨的国民收入核算和分析的基础上，利用美国 1929～1957 年非住宅业企业的统计数据，对美国经济增长的因素进行分析后提出一种分解残差项的方法。

虽然该方法与索洛余值法在方向上一致，皆为计算"余值"，但是该方法与索洛余值法存在较大差别，主要在于以下三点：

（1）丹尼森通过扩大投入要素的范围，研究某些特殊的投入与产出增长速度的关系，以期将"余值"进一步分解，而不是将其统称为"余值"。

（2）将劳动、资本两种投入要素按照不同形式、不同功能分类。

（3）丹尼森突破了索洛余值法关于规模报酬不变的假设，允许规模报酬递增。

丹尼森在分析中发现，如果经济活动符合规模收益不变的假设，那么总投入增加 1% 则国民收入也增加 1%，但实际情况是，国民收入的增加速度远大于生产要素投入的增加，即存在规模报酬递增。丹尼森将超出部分的增长定义为"单位投入的产出"。

丹尼森对产出与投入的因素分解如图 3–3 所示。

从图 3–3 可以看出，丹尼森不仅考虑了总投入，而且也考虑了单位投入的产出，并且对总投入和单位投入的产出又做了进一步的细化、分解。对总投入的核算，他是采取以一定基期计算历年各要素的投入量指数，再把这些指数加权，便得到历年总投入指数。以总投入贡献率计算为例，丹尼森认为产出可以表示为各投入要素的加权平均和，即式（3–30）：

$$I = \sum_{i=1}^{n} \alpha_i X_i \qquad (3-30)$$

其中，I 为总投入，α_i 为各要素的权重，X_i 为各投入要素。那么全要素生产率可以表示为：

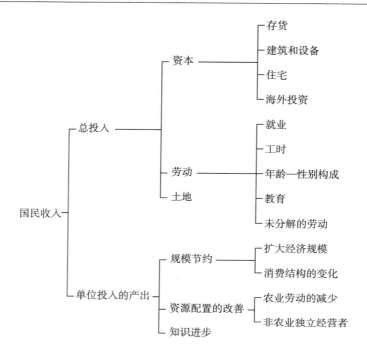

图 3 - 3　经济增长的影响因素

$$T = \frac{Y}{I} = \frac{Y}{\sum_{i=1}^{n} \alpha_i X_i} \qquad (3-31)$$

其中，Y 为国民收入，T 为全要素生产率。

令 $\frac{\Delta Y}{Y}$、$\frac{\Delta X_i}{X_i}$、$\frac{\Delta I}{I}$、$\frac{\Delta T}{T}$ 分别代表国民收入、各要素投入、总投入、全要素生产率的增长，则：

全要素生产率的贡献率为：

$$C_T = \frac{\frac{\Delta T}{T}}{\frac{\Delta T}{T} + \frac{\Delta I}{I}} \frac{\Delta Y}{Y} \qquad (3-32)$$

总投入的贡献率为：

$$C_I = \frac{\frac{\Delta I}{I}}{\frac{\Delta T}{T} + \frac{\Delta I}{I}} \frac{\Delta Y}{Y} \qquad (3-33)$$

第 i 个要素的贡献率为：

$$C_i = \frac{\dfrac{1}{i}\sum_{i=1}^{n}\alpha_i\left(\dfrac{\Delta X_i}{X_i}\right)}{\sum_{i=1}^{n}\left(\dfrac{1}{i}\sum_{i=1}^{n}\alpha_i\left(\dfrac{\Delta X_i}{X_i}\right)\right)}C_l \qquad (3-34)$$

按照丹尼森的增长要素分析法计算，知识进步对经济增长的贡献要比索洛余值法计算的科技进步贡献要小，这是因为它将知识进步作为国民收入增长中剔除总投入、资源配置和规模节约的剩余，即"剩余的剩余"。丹尼森的"知识进步"的概念与科技进步的含义非常相似。这一更加细致的分类为后人研究如何准确地测算科技进步对经济增长的作用提供了新思路。这种方法还有一个优点，就是对科技进步各因素的贡献率也可以用同样的思路进行计算。但困难的是，在丹尼森的核算体系中许多因素的指数难以直接获得，需要研究者根据大量的原始数据来进行编制，而且需要做大量的假设。丹尼森这种方法所受到的批评主要在于丹尼森所做的许多假设是建立在直觉的基础上，缺乏理论依据和实际证据[18]。

五、CSH 函数理论

价值分析法理论依据是马克思主义劳动价值论。用该方法测算科技进步贡献率的优点是既没有主观性因素，又有一定科学依据，另外指标数据的内涵清楚且易取得[19,20]。马克思认为，商品的价值由不变资本 C、可变资本 V 和劳动的剩余价值 X 组成，即 $M = C + V + X$，其中，M 表示商品价值。假定不变资本全部进入价值形成过程，这里剩余价值指绝对剩余价值。由商品价值表达式，可得出 CSH 模型表达式：$Q = C + S + H$。其中，Q 为商品价值，C 为消耗掉的生产资料的价值，S 为科技所创造的价值，H 为劳动力所创造的价值。变形后得：$S + H = Q - C$。假定这个函数连续，两边取微分，再变形后就可推导出科技进步在经济增长中的贡献率 E 的测算公式为：

$$E = \frac{dS}{dQ} = L \times \frac{d\left[(Q-C)/L\right]}{dQ} = 1 - \varepsilon \times \left(\frac{Z}{Y}\right) - (1-\varepsilon) \times \left(\frac{W}{Y}\right) \qquad (3-35)$$

其中，$\varepsilon = C/Q$，$Z = dC/C$，$Y = dQ/Q$，$W = dL/L$，分别表示前期物耗率、现期物耗增长率、现期经济增长率和劳动力增长率。

六、随机前沿生产函数法

Aigner 等（1977）[21]以及 Meeusen 和 Van Den Broeck（1977）[22]分别于同一年独立提出了参数随机前沿生产函数（Stochastic Frontier Production Function），但是只能用于横截面数据分析，Fφrsund 等（1980）、Schmidt（1985）、Bauer（1990）、Kumbhakar（1990）、Battese 和 Coelli（1995）、Renuka 和 Kalirajan（1999）使用随机前沿分析（Stochastic Frontier Analysis，SFA）方法对全要素生

产率进行分析，并对该方法进行了发展和完善[23-28]。Battese 和 Coelli（1995）在此基础上提出了基于面板数据的参数随机前沿生产函数。随机前沿生产函数在确定性生产函数的基础上，提出了具有复合扰动项的随机边界模型，其主要思想为随机扰动 ε 由 v 和 u 组成，其中，v 是随机误差项，是企业不能控制的影响因素，具有随机性，用以计算系统非效率；u 是技术损失误差项，是企业可以控制的影响因素，用来计算技术非效率。很明显，参数随机前沿生产函数体现了样本的统计特性，也反映了样本计算的真实性。

影响生产率变化的因素既包括技术水平，也包括管理、资源配置、技术掌握程度等，传统方法只能估计出一个数值，无法反映这些因素在生产率变化中所起作用的大小。随机前沿生产函数的提出，使进一步分解科技进步速度成为可能，此方法可以将生产率变化分解为科技进步（在这里是指纯技术变化）和技术效率两部分，前者为纯技术变化使生产可能性边界改变带来的变化，后者为产出在既定技术条件下其他因素引起的变化。

随机前沿生产函数为：

$$Y_t = A_t K_t^{\alpha} L_t^{\beta} e^{\mu_t} \tag{3-36}$$

其中，e^{μ_t} 称为技术效率，即实际产出与最大可能产出（生产可能性边界）的比率。

$$e^{\mu_t} = \frac{\text{实际产出}}{\text{最大可能产出}} \tag{3-37}$$

当 $\mu_t = 0$ 时，表示处于生产可能性边界上；当 $\mu_t < 0$ 时，表示技术非效率。另外，由于实际产出不会超过最大可能产出，因此 $\mu_t \leq 0$。

将式（3-36）线性化，得到式（3-38）：

$$\ln Y_t = \ln A_t + \alpha \ln K_t + \beta \ln L_t + \mu_t \tag{3-38}$$

对式（3-38）两边求全微分得式（3-39）：

$$y_t = \alpha_t + \alpha k_t + \beta l_t + \mu'_t \tag{3-39}$$

即：

$$\alpha_t + \mu'_t = y_t - \alpha k_t - \beta l_t \tag{3-40}$$

其中，μ_t 为技术效率变化率，α_t 为技术进步率。

随机前沿生产函数将生产率测算理想化。因为实际应用中最为关键的是如何确定技术效率中的最大可能产出，也就是生产可能性边界。设想，如果我们能够准确测算出在一定技术条件下最大可能产出，那么就可以直接得到反映技术效率的指标值，而且通过不同时期最大可能产出的比较，就可以直接得到反映纯技术变化影响产出的指标值，也就完全不需要建立生产函数利用余值法来测算了，生产率的测算也会变得简单。

因此，最大可能产出的确定是横在面前的一道坎。有些学者利用空间上的相互比较估算出最大可能产出，但是空间比较得到的最大可能产出总是在不断变化。有些学者在文献中提到利用抽样调查来获得最大可能产出数据，也会出现同样的问题。有些文献使用了 DEA 方法求出最大可能产出。从国内众多有关随机前沿生产函数利用的文献看，对此都一带而过而缺少详细的解释。

七、数据包络法

将综合要素生产率对产出的影响划分为技术进步和技术效率的方法有两个分支，一是前面讨论过的 SFA，二是 DEA。SFA 方法一般利用统计方法估计生产函数的弹性系数（参数），因此划归参数方法；DEA 方法一般利用线性规划建立距离函数，不需要进行参数估计，因此划归非参数方法。DEA 模型一般与 Malmquist 指数结合，称为 DEA – Malmquist 生产率指数（简称 Malmquist 指数）。

Malmquist 指数是根据它的首次提出者的名字命名的，由 Malmquist 在 1953 年分析消费的过程中提出，Caves 等最早使用该指数测度全要素生产率的变化[29]，之后 Fare 等将 Malmquist 指数与 DEA 理论相结合，并进一步将 Malmquist 指数测算的全要素生产率进行分解[30]。

进入 21 世纪以来，应用 Malmquist 指数对生产率增长率进行分解引起了很多国内学者的兴趣。Malmquist 指数是以距离函数为基本工具定义的。距离函数可以从投入和产出两个不同的角度给出，投入距离函数描述了在给定产出水平下，保持生产可能性集合不变，使生产中投入量减少的因素；产出距离函数描述了在给定投入水平下，保持生产可能性集合不变，使生产中产出量增长的因素。

例如，对于一个投入产出系统，假设有 N 个生产要素投入，M 个产出，投入集合为 $x \in R_+^n$，产出集合为 $y \in R_+^m$，S 为生产技术，θ 为达到生产前沿面时产出要素的增长率，则可定义产出距离函数：

$$D_0^t(x^t,\ y^t) = \inf\left\{\theta:\ \left(x^t,\ \frac{y^t}{\theta}\right) \in S^t\right\} \qquad (3-41)$$

根据 Fare（1994）研究，从 t 时期到 $t+1$ 时期，Malmquist 生产率指数可以表示为：

$$M_0^{t+1}(x^{t+1},\ y^{t+1},\ x^t,\ y^t) = \left[\left(\frac{D_0^t(x^{t+1},\ y^{t+1})}{D_0^t(x^t,\ y^t)}\right)\left(\frac{D_0^{t+1}(x^{t+1},\ y^{t+1})}{D_0^{t+1}(x^t,\ y^t)}\right)\right]^{\frac{1}{2}} \qquad (3-42)$$

其中，$(x^t,\ y^t)$ 和 $(x^{t+1},\ y^{t+1})$ 分别表示 t 时期和 $t+1$ 时期的投入产出向量，D_0^t 和 D_0^{t+1} 分别表示 t 时期和 $t+1$ 时期的产出距离函数，该指数可进一步分解为规模报酬不变假定下的技术效率变化（Efficiency Change，EC）与技术变化（Technical Change，TC）的乘积。

$$M_0^{t+1}(x^{t+1}, y^{t+1}, x^t, y^t) = \frac{D_0^{t+1}(x^{t+1}, y^{t+1})}{D_0^t(x^t, y^t)} \times$$

$$\left[\left(\frac{D_0^t(x^{t+1}, y^{t+1})}{D_0^{t+1}(x^{t+1}, y^{t+1})}\right)\left(\frac{D_0^t(x^t, y^t)}{D_0^{t+1}(x^t, y^t)}\right)\right]^{\frac{1}{2}}$$

$$EC = \frac{D_0^{t+1}(x^{t+1}, y^{t+1})}{D_0^t(x^t, y^t)}$$

$$TP = \left[\left(\frac{D_0^t(x^{t+1}, y^{t+1})}{D_0^{t+1}(x^{t+1}, y^{t+1})}\right)\left(\frac{D_0^t(x^t, y^t)}{D_0^{t+1}(x^t, y^t)}\right)\right]^{\frac{1}{2}}$$

$$= EC \times TC$$

= 技术效率变化 × 技术变化 $\qquad (3-43)$

式中，技术效率表示自 t 时期至 $t+1$ 时期相对技术效率，测定这一段时期内每一决策单元对生产可能性边界的追赶速度，一般称为"追赶效应"；技术变化表示自 t 时期至 $t+1$ 时期生产前沿面的移动，若 $TC > 1$，则生产前沿面向前移动，发生了技术进步，称为"增长效应"，当然这种技术进步可能来自其他高技术效率决策单元的辐射带动作用。

其中，技术效率变化（EC）部分可进一步分解为规模报酬不变假定下的纯技术效率变化（Pure Technological Efficiency Change，PTEC）和规模效率变化（Scale Efficiency Change，SEC）的乘积：

$$EC = \frac{D_0^{t+1}(x^{t+1}, y^{t+1})}{D_0^t(x^t, y^t)} = \frac{D_0^{t+1}(x^{t+1}, y^{t+1} \mid CRS)}{D_0^t(x^t, y^t \mid CRS)}$$

$$= \left[\frac{D_0^{t+1}(x^{t+1}, y^{t+1} \mid VRS)}{D_0^t(x^t, y^t \mid VRS)}\right] \times \left[\frac{D_0^{t+1}(x^{t+1}, y^{t+1} \mid CRS)}{D_0^{t+1}(x^{t+1}, y^{t+1} \mid VRS)} \times \frac{D_0^t(x^t, y^t \mid VRS)}{D_0^t(x^t, y^t \mid CRS)}\right]$$

$$= PTEC \times SEC \qquad (3-44)$$

Malmquist 指数可以根据投入距离函数来测算，也可以根据产出距离函数测算，但从投入角度和产出角度计算的结果是不同的。只有在生产技术规模收益不变的前提下，两者才能相等。

Malmquist 指数手工计算极为复杂，依靠软件来计算却十分容易，这也是此方法近年来十分流行的重要原因之一。澳大利亚新英格兰大学的经济效率和生产率分析中心（CEPA）的主任 Tim Coelli 教授开发了免费的 DEAP 程序。从该中心的网页上还可以得到一系列技术效率和生产率分析的论文。下载 DEAP 的软件说明书的同时，还有一个详细的关于 DEA 的综述文献，对 DEA 的技术细节感兴趣者可以详细阅读这个软件说明书。

因为要通过空间比较才能得到前沿面，所以测算要求是面板数据，如果是规范的测算，就要测算 5 年平均生产率变化，因而至少需要有 6 年的数据。

八、指数法

《生产率测算手册》认为 Divisia 指数和 Törnqvist 指数是测算生产率较为理想的工具，并重点进行了讨论：第一，应用这两个指数，特别是 Törnqvist 指数可以实现生产率的直接测算，虽然仍然是基于增长的测算，但是已经不是通过"余值"的测算了，并且实现了与生产率的基本定义（投入与产出的比较）的对接。第二，通过 Törnqvist 指数可以建立起产业生产率和总量生产率之间的关联，总量生产率的变化可以通过各产业生产率的变化得到解释。

1. Divisia 指数

Divisia 提出以他的名字命名的价格指数和物量指数[31]。设价格 $p_i(t)$ 和数量 $q_i(t)$，$(i=1, 2, \cdots, N)$，都是时间 t 的连续函数，时间 t 上的支出函数为：

$$v(t) = \sum_{i=1}^{N} p_i(t) q_i(t) \tag{3-45}$$

若支出函数可微，对支出函数两边取自然对数：

$$\ln v(t) = \ln \left[\sum_{i=1}^{N} p_i(t) q_i(t) \right] \tag{3-46}$$

在式（3-45）两边对时间 t 取导数：

$$\begin{aligned}
\frac{d[\ln v(t)]}{dt} &= \frac{1}{\sum_{i=1}^{N} p_i(t) q_i(t)} \left(\sum_{i=1}^{N} p_i(t) \frac{dq_i(t)}{dt} + \sum_{i=1}^{N} q_i(t) \frac{dp_i(t)}{dt} \right) \\
&= \sum_{i=1}^{N} \frac{p_i(t) q_i(t)}{\sum_{i=1}^{N} p_i(t) q_i(t)} \frac{d[\ln q_i(t)]}{dt} + \sum_{i=1}^{N} \frac{p_i(t) q_i(t)}{\sum_{i=1}^{N} p_i(t) q_i(t)} \frac{d[\ln p_i(t)]}{dt} \\
&= \sum_{i=1}^{N} \frac{p_i(t) q_i(t)}{v(t)} \frac{d[\ln q_i(t)]}{dt} + \sum_{i=1}^{N} \frac{p_i(t) q_i(t)}{v(t)} \frac{d[\ln p_i(t)]}{dt}
\end{aligned} \tag{3-47}$$

于是 Divisia 价格指数和物量指数分别为：

$$\frac{d[\ln p(t)]}{dt} = \sum_{i=1}^{N} \frac{p_i(t) q_i(t)}{v(t)} \frac{d[\ln p_i(t)]}{dt} \tag{3-48}$$

$$\frac{d[\ln q(t)]}{dt} = \sum_{i=1}^{N} \frac{p_i(t) q_i(t)}{v(t)} \frac{d[\ln q_i(t)]}{dt} \tag{3-49}$$

从式（3-48）、式（3-49）可以看出，Divisia 价格指数表示某时期的价格变化，是该时期所有商品价格变化的加权平均，权重为某商品的价值占所有商品价值的比例，并且变化用该时期商品价格自然对数的导数来衡量。同理，Divisia 物量指数表示某时期的物量变化，是该时期所有商品物量变化的加权平均，权重为某商品的价值占所有商品价值的比例，并且变化用该时期购买商品数量自然对数的导数来衡量。

2. Törnqvist 指数

当 Divisia 指数采用 d $[\ln p_i(t)]$ /dt 或者 d $[\ln q_i(t)]$ /dt 来衡量价格或者物量的变化时，要求 $p_i(t)$、$q_i(t)$ 都是时间上的连续函数。但是实际上，我们无法获得连续的 $p_i(t)$、$q_i(t)$，因此必须进行近似。其中，很多近似方法都是将 d $[\ln p_i(t)]$ /dt 近似为 $p_i(t)$ /$p_i(t-1)$，如拉氏指数：

$$\frac{p(t)}{p(t-1)} = \sum_{i=1}^{N} \frac{p_i(t-1)q_i(t-1)}{v(t-1)} \frac{p_i(t)}{p_i(t-1)} = \sum_{i=1}^{N} \frac{p_i(t)q_i(t-1)}{v(t-1)} \qquad (3-50)$$

$$\frac{q(t)}{q(t-1)} = \sum_{i=1}^{N} \frac{p_i(t-1)q_i(t-1)}{v(t-1)} \frac{q_i(t)}{q_i(t-1)} = \sum_{i=1}^{N} \frac{p_i(t-1)q_i(t)}{v(t-1)} \qquad (3-51)$$

另一种近似方法是 Törnqvist 指数。

令 $s_i(t) = \dfrac{p_i(t) q_i(t)}{v(t)}$，对式（3-48）两边积分：

$$\int_{t-1}^{t} \frac{d[\ln p(t)]}{dt} dt = \int_{t-1}^{t} \sum_{i=1}^{N} s_i(t) \frac{d[\ln p_t(t)]}{dt} dt = \sum_{i=1}^{N} \int_{t-1}^{t} s_i(t) \frac{d[\ln p_t(t)]}{dt} dt$$

$$(3-52)$$

根据积分定义，式（3-52）可变形为：

$$\ln\left(\frac{p(t)}{p(t-1)}\right) = \sum_{i=1}^{N} \frac{1}{2}(s_i(t) + s_i(t-1))\ln\left(\frac{p_i(t)}{p_i(t-1)}\right) \qquad (3-53)$$

于是 Törnqvist 价格指数为：

$$\ln\left(\frac{p(t)}{p(t-1)}\right) = \sum_{i=1}^{N} \frac{1}{2}[s_i(t) + s_i(t-1)]\ln\left(\frac{p_i(t)}{p_i(t-1)}\right) \qquad (3-54)$$

或者为：

$$\frac{p(t)}{p(t-1)} = \prod_{i=1}^{N} \left(\frac{p_i(t)}{p_i(t-1)}\right)^{\frac{1}{2}[s_i(t)+s_i(t-1)]} \qquad (3-55)$$

Törnqvist 物量指数为：

$$\ln\left(\frac{q(t)}{q(t-1)}\right) = \sum_{i=1}^{N} \frac{1}{2}(s_i(t) + s_i(t-1))\ln\left(\frac{q_i(t)}{q_i(t-1)}\right) \qquad (3-56)$$

或者为：

$$\frac{q(t)}{q(t-1)} = \prod_{i=1}^{N} \left(\frac{q_i(t)}{q_i(t-1)}\right)^{\frac{1}{2}[s_i(t)+s_i(t-1)]} \qquad (3-57)$$

Törnqvist 价格指数表示的是以相邻时期某商品的价值占所有商品价值比重的算术平均为权重，从基期到报告期价格相对变化的几何平均，其价格的相对

变化用 $p_i(t)/p_i(t-1)$ 来衡量。同理，Törnqvist 物量指数表示的是以相邻时期某商品的价值占所有商品价值比重的算术平均为权重，从基期到报告期购买商品数量相对变化的几何平均，其数量的相对变化用 $q_i(t)/q_i(t-1)$ 来衡量。

（1）Divisia 生产率指数和 Törnqvist 生产率指数。Divisia 指数也可用来反映生产率的变化。如果是基于增加值，要素投入仅包括劳动和资本的生产率测算方法，则 Divisia 生产率指数为：

$$\frac{\mathrm{d}[\ln A(t)]}{\mathrm{d}t} = \frac{\mathrm{d}[\ln Q(t)]}{\mathrm{d}t} - \left\{ S_L(t)\frac{\mathrm{d}[\ln L(t)]}{\mathrm{d}t} + S_K(t)\frac{\mathrm{d}[\ln K(t)]}{\mathrm{d}t} \right\} \qquad (3-58)$$

然而，前面曾提到，Divisia 指数的前提假设是生产函数在时间 t 上是连续的。实际上无法获得连续的时间序列数据。于是，通常用 Törnqvist 指数对 Divisia 指数进行离散近似。

于是，Törnqvist 生产率指数为：

$$\frac{A(t)}{A(t-1)} = \frac{Q(t)/Q(t-1)}{\left(\dfrac{K(t)}{K(t-1)}\right)^{\overline{S}_K} \cdot \left(\dfrac{L(t)}{L(t-1)}\right)^{\overline{S}_K}} \qquad (3-59)$$

其中，$\dfrac{K(t)}{K(t-1)} = \displaystyle\prod_{i=1}^{M} \left(\dfrac{K_i(t)}{K_i(t-1)}\right)^{\frac{1}{2}\left(\frac{\mu_i(t)K_i(t)}{\mu(t)K(t)} + \frac{\mu_i(t-1)K_i(t-1)}{\mu(t-1)K(t-1)}\right)}$

$\dfrac{L(t)}{L(t-1)} = \displaystyle\prod_{i=1}^{N} \left(\dfrac{L_i(t)}{L_i(t-1)}\right)^{\frac{1}{2}\left(\frac{W_i(t)L_i(t)}{W(t)L(t)} + \frac{W_i(t-1)L_i(t-1)}{W(t-1)L(t-1)}\right)}$

$\overline{S}_K = \dfrac{1}{2}[S_K(t) + S_K(t-1)]$

$\overline{S}_L = \dfrac{1}{2}(S_L(t) + S_l(t-1))$

（2）产业生产率和总量生产率。国内测算生产率注重的是国民经济总量生产率或某一部门或产业（行业）的生产率，而《生产率测算手册》提出应将产业生产率和总量生产率进行关联测算。这是因为两者之间的关系体现了微观层面和宏观层面经济体之间的联系，并有助于回答类似于产业生产率对总量生产率贡献这样的问题，这对分析者和政策制定者有着重要意义。

根据增长核算法对产业生产率进行汇总的步骤如下：

第一，测算产业生产率。

某产业 j 的 Törnqvist 生产率指数为：

$$\frac{A_j(t)}{A_j(t-1)} = \frac{Q_j(t)/Q_j(t-1)}{\left(\dfrac{L_j(t)}{L_j(t-1)}\right)^{\frac{1}{2}[S_{L,j}(t)+S_{L,j}(t-1)]} \cdot \left(\dfrac{K_j(t)}{K_j(t-1)}\right)^{\frac{1}{2}[S_{K,j}(t)+S_{K,j}(t-1)]}} \qquad (3-60)$$

第二，产业生产率汇总为总量生产率。

Z 种产业汇总后的总量 Törnqvist 生产率指数为：

$$\frac{A(t)}{A(t-1)} = \prod_{j=1}^{Z} \left(\frac{A_j(t)}{A_j(t-1)} \right)^{\frac{1}{2}\left(\frac{P_j(t)Q_i(t)}{P(t)Q(t)} + \frac{P_j(t-1)Q_j(t-1)}{P(t-1)Q(t-1)} \right)} \tag{3-61}$$

结合具体的产业分类可见，根据 Törnqvist 生产率指数，即可通过各小类行业的生产率指数加权综合而成中类行业生产率指数，由中类行业的生产率指数推出各大类行业的生产率指数，再由大类行业推及门类行业、由门类行业推及三次产业、由三次产业推及总量的生产率指数，这样就建立起由各层次产业直至总量的生产率指数体系。

通过式（3-61）可见，Törnqvist 生产率指数实际上是在测算相对要素投入的产出弹性，即当要素投入发生一个单位（100%）的改变时产出的改变率。当指数值大于 1 时，说明生产效率是提高的，小于 1 时，说明生产效率是降低的。这样的数量表现比索洛余值更明确且不易出现认识上的偏误。

九、灰色系统理论及测算

灰色系统理论能够弱化随机性影响，强化序列的演变规律。在处理少数据、贫信息不确定性系统等问题上取得了较好的效果，根据灰色系统理论，GM（1，N）模型一般形式为：

$$(1+0.5a)x_1^{(0)}(k) + ax_1^{(1)}(k-1) = \sum_{i=2}^{n} b_i x_i^{(1)}(k) \tag{3-62}$$

它可改写为：

$$x_1^{(0)}(k) = \frac{1}{1+0.5a}\left[\sum_{i=2}^{n} b_i x_i^{(1)}(k) - ax_1^{(1)}(k-1) \right], \quad k=1, 2, \cdots, T$$

$$y(k) = r(k) + \sum_{i=2}^{n} \beta_i(k)x_i(k) \tag{3-63}$$

式（3-63）为灰色生产函数基本形式，其中，$y(k)$ 为产出增长率，$x_i(k)$ 为第 i 种形式投入要素增长率，$r(k)$ 为技术进步率。灰色系统在测算科技进步贡献率时有优势：灰色系统理论适合于解决小样本、信息贫乏的不确定性问题；具有反映系统动态状况的能力；可进行一定投入约束下，对今后产出情况的预测和分析，对计划制定有帮助。

十、势分析理论

贾雨文教授在对我国古典决策理论的研究中概括出了"势"的概念，并对其量化得到势效系数，创立了具有中国特色的、在主动性决策理论基础上的势分析方法，进而发展了势分析模型[32]。势分析方法是指投入资源在经济运行过程中所发挥效能和程度的理论和方法，其特点在于把资源投入量和资源发挥效能作为同等重要因素进行研究，即通过将 K 和 L 分别引入表示它们发挥效能程度的系数——势效系数。

$$Y = A (r_1 K)^\alpha (r_2 L)^\beta \qquad\qquad (3-64)$$

其中，r_1、r_2 分别为 K 和 L 势效系数，均为时点函数，表示这两种资源发挥效能程度的度量。适当引入分离条件即可以从式（3-64）中解出资金投入势效系数和劳动投入势效系数：

资金投入势效系数为 $r_1 = P_1 / \overline{P_1}$（$P_1 = Y/K$），劳动投入势效系数为 $r_2 = P_2 / \overline{P_2}$（$P_2 = Y/L$）。此时模型变为：

$$Y = A K^{\alpha(1 + \frac{\ln r_1}{\ln K})} L^{\beta(1 + \frac{\ln r_2}{\ln L})} \qquad\qquad (3-65)$$

采用势理论分析的优势有：①测算公式更加严谨、科学，建立了严格意义上的调整弹性系数的推导方法；②统计数据可以通过查阅年鉴获得，数据准确、真实；③势效系数理论公式，更能真实反映社会资源投入的实际效率，增加了测算结果的信息量[33,34]。

十一、方法总结

对科技进步贡献率测算方法进行研究，不仅对科技进步理论的丰富，而且对实际测算工作都有十分重要的意义。从演进理论或思想看，科技进步贡献率测算方法的理论或思想基础较为丰富。基于生产函数和增速方程的测算方法最多，而基于马克思主义劳动价值论、灰色系统理论、系统运行理论、生产率和测度理论，以及生产率分解思想的方法都较为单一；从演进时间看，基于生产函数和增速方程的测算方法体系产生时间较早，经过多次演进并逐步分成两个方向：①对各增长因素作用进行分解，更加细致地研究科技进步的作用，以丹尼森增长因素模型为代表；②对科技进步作用的测算进行更加抽象的理论上的探讨，以 CES 生产函数模型为代表。20 世纪 60 年代前后是科技进步贡献率测算方法产生及发展的黄金时期，不仅产生了 DEA 函数测算模型、SFA 函数模型、CSH 函数模型等新的测算方法，而且采用索洛余值法测算科技进步贡献率开始逐步朝着理论研究探讨和更加细致的研究科技进步作用两个维度演进。此后，灰色系统模型和势分析模型先后产生。科技进步贡献率主要方法的内在演进和联系如图 3-4 所示。

为更深刻地认识各测算方法在测算科技进步贡献率中的差异，本章从提出时间、理论依据、核心思想、核心处理工具及方式、主要贡献对比各种测算方法间的不同之处，如表 3-1 所示。

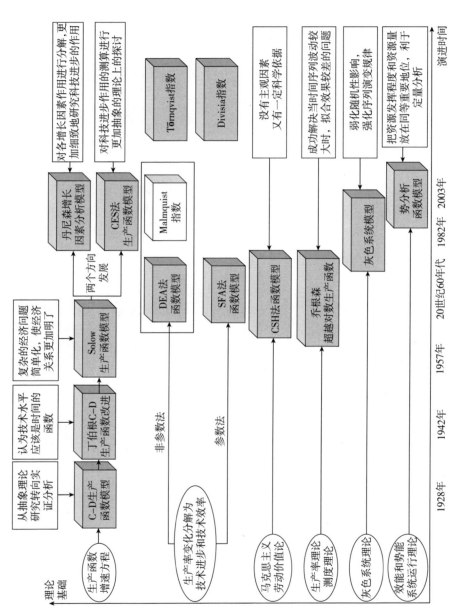

图 3 - 4 科技进步贡献率方法演进图谱

表 3 - 1 科技进步贡献率主要测算方法对比

测算方法	提出时间	理论依据	核心思想	核心处理工具及方式	主要贡献
C - D 生产函数	1928 年	生产函数理论	"假定"思想	生产函数微分方程等	首次将经济数学方法和模型引入生产活动分析，使经济学家从抽象纯理论研究转向实证分析
索洛余值法	1957 年	生产函数理论	"假定"思想间接的"余值"思想	增速方程差分方程等	对经济学研究和社会发展做出重大贡献
势分析方法	2003 年	系统运行理论	因素发挥的"势能"和"效能"思想	数学公式推导	揭示了势效系数在生产函数中的经济学意义
DEA 方法	1988 年	生产率理论	生产率对产出的影响"分解"思想	利用线性规划建立距离函数	避免了主观因素的影响
SFA 方法	1957 年	生产率理论	生产率对产出的影响"分解"思想	统计方法估计生产函数的弹性系数	将生产率测算理想化
灰色系统方法	1982 年	灰色系统理论	动态变化思想	数学公式推导	弱化随机性影响，强化序列演变规律
CES 生产函数	1961 年	生产函数理论	"归纳"与"整合"思想	替代弹性不同可以转化为不同生产函数模型	突破了规模报酬不变的假定
CSH 函数	20 世纪 60 年代	马克思主义劳动价值论	不变资本全部进入价值形成过程的思想	$M = C + V + X$，$Q = C + S + H$，数学微分处理工具	无主观因素，有科学依据
丹尼森增长因素法	20 世纪 60 年代初	生产函数理论	对劳动投入按质量和数量"分解"思想	数学统计分析	分类更加细致，为后续研究提供思路启示
超越对数生产函数	1973 年	生产率理论，测度理论	动态变化思想，因素"分解"思想	根据投入质量和价格变化对投入数据进行修正	解决当时间序列波动较大时拟合效果较差的问题

资料来源：笔者根据资料整理。

第三节　测算方法改进分析

自美国经济学家索洛在科技进步贡献率方面做出突出贡献而获得诺贝尔经济学奖以来，测度科技进步对经济增长的影响程度就成为一个经久不衰的研究课题，针对索洛余值法的各种不足，国内外研究者提出许多理论和方法，但实践证明任何一种方法都不完美，都存在各式各样的局限，也都有特定使用条件和使用对象。

一、C-D生产函数测算方法改进

围绕着 C-D 生产函数的固有缺陷，学者尝试了多种方式的改进。首先，在遵循原有理论基础上针对弹性系数的改进。以往研究在利用索洛模型测算时忽视了不同年份经济发展情况的不同，把核心变量——劳动、资本产出弹性都作为一个静态指标，而把资本、劳动的产出弹性看成随时间变化的动态指标更符合实际情况[35]。其次，采用新的理论对原有基本模型进行改造。采用 C-D 生产函数进行测算时，实质上是利用可量化的资本 K 和劳动力 L 数据算出其增长率对产出增长率的贡献率后，将剩余量作为科技进步率对产出增长率的贡献率，其结果是模糊的、不准确的。而根据马克思主义再生产理论，技术进步是提高社会生产效率的决定性条件，其对经济增长的影响是通过直接或间接地使劳动过程发生变化来实现的。因此，可将技术进步划分为直接技术进步和间接技术进步[36]。借鉴法格伯格模型对经济增长来源的解释，对模型重新分解[37]，然后根据我国经济发展现状对生产函数进行改进。针对我国经济发展现状，影响我国经济增长的因素分为投入生产要素和科技进步两大部分，科技进步主要由人力资本、研究与开发、单位能源、经济效益、产业结构调整、市场化程度六个主要因素来反映[38]。对 C-D 生产函数改进模型如表 3-2 所示。

二、索洛生产函数测算方法改进

针对索洛余值法本身所存在的缺陷，学者主要尝试了以下几方面的改进：第一，针对索洛余值的不变替代弹性且规模收益不变条件在现实中难以满足而改进，如引入科技进步系数和规模收益系数，通过引入时间序列，得到考虑内生技术进步和规模收益变化的生产函数[39]，以及采用其他新的方法估算要素产出弹性[40]。第二，针对索洛余值未考虑资本和劳动投入滞后性的改进，将多项式分布

表 3 - 2　C - D 生产函数改进主要作者及改进模型

生产函数原模型	改进作者	改进后模型
$Y = AK^{\alpha}L^{\beta}$	杨少华、郑伟	$\ln \dfrac{\mathrm{d}Y}{\mathrm{d}t} = \dfrac{\mathrm{d}A\ (t)}{\mathrm{d}t \cdot f\ (K,\ L)} + \dfrac{\partial Y}{\partial Kt} + \dfrac{\partial Y}{\partial L} \cdot \dfrac{\partial L}{\partial t}$ $\alpha = \dfrac{\partial Y}{\partial K} \times \dfrac{K}{Y}$ （资本弹性）；$\alpha = \dfrac{\partial Y}{\partial L} \times \dfrac{L}{Y}$ （劳动弹性）
	谭德庆	$Y = A_0 K^{\alpha} L^{\beta} M^{\gamma}$ （M 为分离出的"直接"技术进步，A_0 为原来的间接技术进步）
	周绍森、胡德龙	$Y_t = A_t\,(K_{t-1})^{\alpha}\,(I_t)^{\beta}\,(L_t)^{\gamma}\,(H_t)^{\tau_0 + \tau_1 t} e^{\varepsilon_t}$
	王雪梅	$Y = \lambda M^{r_1} P^{r_2} F^{r_3} K^{\alpha} L^{\beta}$

资料来源：笔者根据资料整理。

滞后模型引入索洛"增长速度方程"，既考虑到资本和劳动投入的滞后性，又可以运用滞后模型对参数进行间接回归估计，避免未满足索洛余值法的前提假设而直接进行参数估计[41]。第三，着眼于索洛余值法对生产要素贡献出现负增长时难以解释的改进，现有科技进步贡献率是指科技进步的贡献在各种生产要素贡献的代数和中所占的比重，当生产要素贡献出现负增长时，这种建立在生产要素贡献份额即"按代数和方式分配"基础上的测算就变得不合理，据此提出测算科技进步贡献率的"等效益面法"[42]。第四，针对索洛余值未考虑技术进步因素的不确定性的改进，已有研究成果大多把资本和劳动投入增长以外的因素对产出的贡献都归结到技术进步中，很少考虑到技术进步因素具有不确定性，通过建立灰色生产函数模型弱化索洛余值中非技术进步因素，在一定程度上提高了技术进步贡献率测度的合理性[43]。对索洛余值法改进模型如表 3 - 3 所示。

表 3 - 3　索洛余值法改进主要作者及改进模型

索洛余值原模型	改进作者	改进后模型
$Y = f(K,\ L,\ t)$ $\dfrac{\Delta A}{A} = \dfrac{\Delta Y}{Y} - \alpha \dfrac{\Delta K}{K} - \beta \dfrac{\Delta L}{L}$ $a = \dfrac{\dfrac{\Delta A}{A}}{\dfrac{\Delta Y}{Y}}$	李强、陈颖	$X(t) = A(t) K^{\alpha(t)} L^{\beta(t)} = A_0 e^{gt} K^{\alpha_0 + S_K t} L^{\beta_0 + S_L t} e^{\varepsilon}$ 其中，$S_K = \mathrm{d}\alpha(K)/\mathrm{d}K$（资本投入规模收益），$S_L = \mathrm{d}\beta(L)/\mathrm{d}L$（人力投入规模收益）
	尹慧英、解英男、李成红	

索洛余值原模型	改进作者	改进后模型
$Y = f(K, L, t)$ $\dfrac{\Delta A}{A} = \dfrac{AY}{Y} - \alpha \dfrac{\Delta K}{K} - \beta \dfrac{\Delta L}{L}$ $a = \dfrac{\dfrac{\Delta A}{A}}{\dfrac{\Delta Y}{Y}}$	何静	$Y_t = \alpha + \beta_0 X_t + \beta_1 X_{t-1} + \cdots + \beta_k X_{t-k} + \mu_t$（有限滞后模型）， $Y_t = \alpha + \beta_0 X_t + \beta_1 X_{t-1} + \beta_2 X_{t-2} + \cdots + \mu_t$（无限滞后模型）
	张汴生、陈东照	$\hat{Y} = A_0 e^{\eta} \hat{K}^{\alpha} \hat{L}^{\beta}$（$G-C-D$ 模型），$E_A = \left(\dfrac{\Delta A'}{A'} \Big/ \dfrac{\Delta Y'}{Y'} \right) \times 100\%$

资料来源：笔者根据资料整理。

三、势分析测算方法改进

单纯的对势分析方法本身进行改进的文献极少，这其中最重要的原因是势分析是一套相对完整的理论体系，从理论描述、测算过程到结果分析都形成了较为合理的解释，故理论改进都不大。势分析更多的是基于应用的改进，如对 C – D 生产函数模型中的劳动投入量可以利用势分析方法区分出不同的产业来体现结构问题[44]；利用势分析的理论、方法对科技进步贡献率的测量和评估方法进行的创新研究和实证研究[45]。对势分析方法改进模型如表 3 – 4 所示。

表 3 – 4　势分析方法改进主要作者及改进模型

势分析模型	改进作者	改进后模型
$Y = A\ (r_1 K)^{\alpha}\ (r_2 L)^{\beta}$	刘文艳等	$Y = A\ (\gamma_k K)^{\alpha}\ (\gamma_{L_1} L_1)^{\beta_1}\ (\gamma_{L_2} L_2)^{\beta_2}\ (\gamma_{L_3} L_3)^{\beta_3}$
	宋艳涛	$Y = A\ (r_1 K)^{\alpha}\ (r_2 L)^{\beta}$ $r_1 = P_1 / \overline{P}_1\ (P_1 = Y/K)$；$r_2 = P_2 / \overline{P}_2\ (P_2 = Y/L)$ $E_a = G(A)/G(A) + G(K) + G(L)$（科技进步贡献率）

资料来源：笔者根据资料整理。

四、灰色系统理论测算方法改进

围绕着生产函数的固有缺陷，学者基于灰色系统理论，把两者有机结合并加以改进：①针对生产函数模型中测算资本投入指标值的固定资产存量难以确定，并且传统生产函数模型未考虑资本、劳动投入对经济增长的时滞与延迟效应等问题，从动态而非静态的角度建立时滞灰色生产函数，并利用灰色关联度确定时滞阶数[46]。②针对测算数据不确定性和波动性进行的改进，大多应用数理统计方法进行处理时，要求模型中有关变量有大样本并且数据波动幅度不太大等特点，一般难以满足，为克服这点，可以使用灰色系统理论 GM（1，N）模型进行推导，形成灰色生产函数。利用数据累加生成办法，使任意非负数列摆动与非摆动，转化为非减、递增数列，使数据有较好的变化规律，同时克服大样本量的要求及计算工作量大的缺点[47,48]。改进模型如表 3 - 5 所示。

表 3 - 5　灰色系统理论改进主要作者及改进模型

灰色系统原模型	改进作者	改进后模型
级比检验，GM（1，1）建模，模型检验	鲁亚运	$x_1^{(0)}(t) + az_1^{(1)}(t) = b + \sum_{j=2}^{N}\sum_{i=0}^{P_j} b_{ji}x_j^{(1)}(t-i)$（时滞灰色生产函数模型），$\dfrac{dx_1^{(1)}(t)}{dt} + ax_1^{(1)}(t) = b + \sum_{j=2}^{N}\sum_{i=0}^{P_j} b_{ji}x_j^{(1)}(t-i)$（灰色生产函数模型的白化方程）
	刘振宇	$(1 + 0.5a)x_1^{(0)}(k) + ax_1^{(1)}(k-1) = \sum_{i=2}^{n} b_i x_i^{(1)}(k)$［GM（1，N）模型］，$y(k) = r(k) + \sum_{i=2}^{n}\beta_i(k)x_i(k)$（灰色生产函数的基本形式）
	董奋义、韩咏梅	$\varepsilon_{0i} = \dfrac{1}{n-1}\sum_{t=2}^{n}\varepsilon_{0i}(t)$（拓展型灰色绝对关联度）

资料来源：由笔者整理而成。

第四节　测算方法改进总结

所有对测度科技进步贡献率的理论及方法的改进，都是为了理论上的合理性、操作过程的简便性，以及结果的解释性。

一、在已有测算理论方法基础上，根据实际引入新参数

在实际的经济系统中，各种投入对产出的影响不只和该投入要素的变化有关，还与其他投入要素有关，同时各种投入要素的技术进步是各不相同的。采用中性技术进步的 C - D 和 CES 生产函数不见得能全面反映要素投入之间的相互作用及技术进步与投入要素间的相互影响。增加能源为除资本和劳动之外的第三种投入要素，同时考虑产出随时间的变化，建立超越对数生产函数模型[49]，既是对理论联系实际的创新，又丰富了生产函数的具体应用场景。

二、针对假设条件难以满足的现状，改进思路

测算科技进步贡献率的主流方法是 C－D 生产函数和索洛余值法，但这两种方法都有共同的假设条件，包括市场完全竞争、要素充分利用、规模报酬不变、中性技术进步，而现实中这些条件难以完全满足。学者采取了多种思路对此进行改进，如通过引入科技进步系数和规模收益系数使其满足不变替代弹性和规模收益不变的假设条件；通过化静态指标为动态指标，提出时变弹性系数生产函数模型，使改进的模型更加符合现实情形，结果更加合理化等[50]。

三、结合其他理论，增加科技进步贡献率方法合理性和普适性

每种测算科技进步贡献率的方法都有自身固有特点，有优势也有劣势，那么如何改进缺陷，从而使对科技进步贡献率的测度更加真实，符合实际情况，成为改进方法模型的目标，而克服或者减少方法缺陷的一种有效思路就是采用多种理论相结合的方式。如灰色系统理论的方法和生产函数相结合可以弱化索洛余值中的非技术因素，在一定程度上提高科技进步贡献率测度的合理性；借鉴马克思劳动价值理论，与 C－D 生产函数相结合，使用斯密—杨格的分工理论来解释科技进步的内在本质，可以为更加全面地理解科技进步的本质提供全新的视角[51]。

四、深入挖掘理论，从本质上改进模型

针对测算科技进步贡献率的现有模型及方法在理论上的缺陷，学者们试图完善和改进现有理论，从本质上改进现有模型。如现有研究更多的是把资本和劳动投入增长以外的因素对产出的贡献都归结到技术进步中，很少考虑到技术进步因素具有不确定性，因而通过建立灰色生产函数模型弱化索洛余值中非技术进步因素，提高了技术进步贡献率测度的合理性；再如，由于现有理论对于生产要素贡献为负数时难以解释的极端情形，从理论上提出测算科技进步贡献率的等效益面法。

参考文献

［1］Solow R M. A Contribution to the Theory of Economic Growth ［J］. The Quarterly Journal of Economics，1956，70（1）：65－94.

［2］Solow R M. Technical Change and the Aggregate Production Function ［J］. Review of Economics and Statistics，1957，39（3）：312－320.

［3］蔡昉. 中国经济增长如何转向全要素生产率驱动型 ［J］. 中国社会科学，2013（1）：56－71，206.

［4］Jorgenson D. W. ，Griliches Z. The Explanation of Productivity Change ［J］. Review of

Economic Studies，1967，34（3）：249－283.

[5] 李平. 提升全要素生产率的路径及影响因素——增长核算与前沿面分解视角的梳理分析［J］. 管理世界，2016（9）：1－11.

[6] Cobb C. W.，Douglas P. H. A Theory of Production［J］. The American Economic Review，1928，18（1）：139－165.

[7] 郝利，韩孟华，周连第. 1990～2007 年北京市农业科技进步贡献率的测算［J］. 农业技术经济，2010（3）：89－96.

[8] 陈琼，李瑾，李会生，等. 科技进步对天津畜牧业经济增长的贡献率分析［J］. 中国科技论坛，2016（1）：154－160.

[9] 王青，张冠青. 高校科技对区域经济发展贡献率测度——基于 1998～2015 辽宁省的数据［J］. 科技管理研究，2018，38（2）：80－85.

[10] William J. Professor Douglas' Production Function［J］. The Economic Reward，1945，21（1）：55－63.

[11] Arrow K.，Chenery H. B.，Minhas B. S.，et al. Capital－labor Substitution and Economic Efficiency［J］. The Review of Economics and Statistics，1961，43（3）：225－250.

[12] 徐士元，何宽，樊在虎. 对科技进步贡献率测算索洛模型的重新审视［J］. 统计与决策，2014（4）：10－14.

[13] 曾光，王玲玲，王选华. 中国科技进步贡献率测度：1953～2013 年［J］. 中国科技论坛，2015（7）：22－27.

[14] 王洁，夏维力. 陕西省农业科技进步贡献率测算分析——基于索洛余值法［J］. 科技管理研究，2017，37（19）：98－102.

[15] 张俊芳，郭戎，郭永济. 中国无形资产测度及其对科技进步贡献率影响的研究［J］. 科学学与科学技术管理，2018，39（1）：46－54.

[16] 经济合作与发展组织. 生产率测算手册［M］. 北京：科学技术文献出版社，2008.

[17] 段文斌，尹向飞. 中国全要素生产率研究评述［J］. 南开经济研究，2009（2）：130－140.

[18] 赵彦云. 评丹尼森经济增长因素的核算［J］. 经济学动态，1990（12）：63－65.

[19] 王元地，潘雄峰，刘凤朝. 科技进步贡献率测算及预测实证研究［J］. 商业研究，2005（5）：28－31.

[20] 宋富华，王圣宠. 科技进步与云南经济增长因素分析和预测［J］. 科技进步与对策，2002（3）：110－112.

[21] Aigner D.，Lovell C. A. K.，Schmidt P. Formulation and Estimation of Stochastic Frontier Production Function Models［J］. Journal of Econometrics，1977，6（1）：21－37.

[22] Meeusen W.，Van Den Broeck J. Efficiency Estimation from Cobb－Douglas Production Functions with Composed Error［J］. International Economic Review，1977，18（2）：435－444.

[23] Førsund F. R.，Lovell C. K.，Schmidt P. A Survey of Frontier Production Functions and Their Relationship to Efficiency Measurement［J］. Journal of Econometrics，1980，13（1）：5－25.

[24] Schmidt P. Frontier Production Functions［J］. Econometric Reviews，1985，4（2）：

289 - 328.

［25］Bauer P. Decomposing TFP Growth in the Presence of Cost Inefficiency, Nonconstant Returns to Scale, and Technological Progress ［J］. Journal of Productivity Analysis, 1990, 1 (4): 287 - 299.

［26］Kumbhakar S. C. Production Frontiers, Panel Data, and Time - varying Technical Inefficiency ［J］. Journal of Econometrics, 1990, 46 (1 - 2): 201 - 211.

［27］Battese G. E., Coelli T. J. A Model for Technical Inefficiency Effects in a Stochastic Frontier Production Function for Panel Data ［J］. Empirical Economics, 1995, 20 (2): 325 - 332.

［28］Renuka M., Kalirajan K. P. On Measuring Total Factor Productivity Growth in Singapore's Manufacturing Industries ［J］. Applied Economics Letters, 1999, 6 (5): 295 - 298.

［29］Caves D. W., Christensen L. R., Diewer W. E. The Economic Theory of Index Numbers and the Measurement of Input, Output, and Productivity ［J］. Econometrica: Journal of the Econometric Society, 1982, 50 (6): 1393 - 1414.

［30］Fare R., Färe R., Fèare R., et al. Production Frontiers ［M］. Cambridge: Cambridge University Press, 1994.

［31］Hulten C. R. Divisia Index Numbers ［J］. Econometrica: Journal of the Econometric Society, 1973, 41 (6): 1017 - 1025.

［32］贾雨文. 关于主动性决策理论（非理想系统决策理论）的研究 ［J］. 中国软科学, 1997 (1): 16 - 21.

［33］姜照华, 刘则渊, 丛婉, 等. 科技进步与中国经济发展方式转型优化分析——共生理论的视角 ［J］. 科学学研究, 2012, 30 (12): 1802 - 1809.

［34］张协奎, 邬思怡. 基于势分析理论的广西科技进步贡献率测算 ［J］. 科技管理研究, 2015, 35 (20): 99 - 105.

［35］杨少华, 郑伟. 科技进步贡献率测算方法的改进 ［J］. 统计与决策, 2011 (8): 22 - 24.

［36］谭德庆. 对测算科技进步贡献率的 C - D 生产函数改进 ［J］. 松辽学刊（自然科学版）, 2000 (2): 61 - 62.

［37］王雪梅. 科技成果转化与科技进步贡献关系研究 ［D］. 北京: 北京工业大学硕士学位论文, 2012.

［38］周绍森, 胡德龙. 科技进步对经济增长贡献率研究 ［J］. 中国软科学, 2010 (2): 34 - 39.

［39］陈颖, 李强. 索洛余值法测算科技进步贡献率的局限与改进 ［J］. 科学学研究, 2006 (S2): 414 - 420.

［40］曾光, 王玲玲, 王选华. 中国科技进步贡献率测度: 1953～2013 年 ［J］. 中国科技论坛, 2015 (7): 22 - 27.

［41］何静. 基于"索洛余值法"改进模型的技术进步贡献率量化研究 ［D］. 青岛: 山东科技大学硕士学位论文, 2009.

［42］尹慧英, 解英男, 李成红. 科技进步贡献率概念的建立及测算方法 ［J］. 哈尔滨

师范大学自然科学学报，1998（3）：39－42.

　　[43] 张汴生，陈东照. 基于灰色系统理论的河南省科技进步贡献率测算 [J]. 河南农业大学学报，2015（4）：540－544.

　　[44] 刘文艳，吕春燕，肖士恩. 关于科技进步贡献率测算问题的探讨与分析——以河北省为例 [J]. 技术经济与管理研究，2014（7）：51－55.

　　[45] 宋艳涛. 科技进步测算理论方法创新与实证研究 [D]. 天津：天津大学博士学位论文，2003.

　　[46] 鲁亚运. 基于时滞灰色生产函数的我国海洋科技进步贡献率研究 [J]. 科技管理研究，2014（12）：55－59.

　　[47] 刘震宇. 具有 n 种投入要素的灰色生产函数 [J]. 系统工程理论与实践，1995（9）：6－8.

　　[48] 董奋义，韩咏梅. 基于拓展型灰色绝对关联度的河南省小麦科技进步贡献率测算 [J]. 中国管理科学，2015，23（S1）：667－671.

　　[49] 郑照宁，刘德顺. 考虑资本—能源—劳动投入的中国超越对数生产函数 [J]. 系统工程理论与实践，2004（5）：51－54，115.

　　[50] 罗美华，杨振海，周勇. 时变弹性系数生产函数的非参数估计 [J]. 系统工程理论与实践，2009（4）：144－149.

　　[51] 曾尔曼. 技术进步（贡献）率的本质 [J]. 中国科技论坛，2014（8）：138－141.

第四章　京津冀科技进步贡献率
测算指标的选取与描述

自从 20 世纪 50 年代索洛提出经济增长模型后，经济学家不仅多次对索洛模型进行完善，并且设计和提出了许多应用于特定行业和细分领域的测算模型。不可否认的是，后来学者几乎都没有脱离索洛增长速度方程的基本思想和测算路径，更多是在索洛模型的基础上尝试进行一些改进。因此，讨论具体的测算问题有必要从索洛增长速度方程开始。

增长速度方程的基本形式为：

$$a = y - \alpha k - \beta l \qquad\qquad (4-1)$$

由式（4-1）可见，测算科技进步速度增长率需要知道既定的产出量和综合要素投入量，然后确定 α 和 β 后即可计算。但实际测算过程却十分复杂，原因有两个方面：一是方程中任何一个变量都会有多种选择，比如计算资产投入量，而每种选择都不是十分完美，都存在局限性；二是理论的选择是否与现实相一致还值得讨论，特别是目前我国科研人员面临的统计现状，各级政府不能提供与测算理论吻合的、质量较好的统计数据，尤其是在测算结果与经验判断不相符时，总是需要通过多种变量的选择来对结果进行修正。这无疑增加了变量选择和测算的复杂性。

第一节　产出量指标的选取与描述

一般认为，如果对于宏观经济或者产业经济的科技进步贡献率进行测算，生产总值（增加值）是衡量产出量最为理想的变量。[①]

---

① 《生产率测算手册》对此提出一个匹配的问题，即产出量的确定应与投入量相匹配。如果投入量只包含资产投入和劳动投入，生产总值应是衡量经济产出最为理想的变量。如果投入量不仅包括资产投入和劳动投入，还要包括中间消耗（中间消耗的变化也会对资产投入和劳动投入产生影响）时，产出量应选择反映总产出的变量，因此在本章中我们仅对劳动投入量和资产投入量这两个变量的选择和确定进行讨论。

一、京津冀经济产出情况

经济产出指标，最常见的就是使用国内生产总值指标，也有学者使用总产值指标代表产出量，但由于总产值指标存在重复计算的问题，影响最终测算结果，故不被大多数学者所认可。本书采用支出法地区生产总值指标代表产出量。由于本书测算的是京津冀地区科技进步贡献率，故产值指标选择 1990~2017 年北京市、天津市、河北省三地地区生产总值数据，具体如表 4-1 所示。

表 4-1 1990~2017 年京津冀地区生产总值及增长情况①

年份	北京		天津		河北		京津冀	
	地区生产总值（亿元）	增长率（%）	地区生产总值（亿元）	增长率（%）	地区生产总值（亿元）	增长率（%）	地区生产总值（亿元）	增长率（%）
1990	500.80	—	310.95	—	896.33	—	1708.08	—
1991	598.90	19.59	342.65	10.19	1072.07	19.61	2013.62	17.89
1992	709.10	18.40	411.04	19.96	1278.50	19.26	2398.64	19.12
1993	886.20	24.98	538.94	31.12	1690.84	32.25	3115.98	29.91
1994	1145.30	29.24	732.89	35.99	2187.49	29.37	4065.68	30.48
1995	1507.70	31.64	931.97	27.16	2849.52	30.26	5289.19	30.09
1996	1805.00	19.72	1121.93	20.38	3452.97	21.18	6379.90	20.62
1997	2096.80	16.17	1264.63	12.72	3953.78	14.50	7315.21	14.66
1998	2406.20	14.76	1374.60	8.70	4256.01	7.64	8036.81	9.86
1999	2713.50	12.77	1500.95	9.19	4514.19	6.07	8728.64	8.61
2000	3212.80	18.40	1701.88	13.39	5043.96	11.74	9958.64	14.09
2001	3769.90	17.34	1919.09	12.76	5516.76	9.37	11205.75	12.52
2002	4396.00	16.61	2150.76	12.07	6018.28	9.09	12565.04	12.13
2003	5104.10	16.11	2578.03	19.87	6921.29	15.00	14603.42	16.22
2004	6164.90	20.78	3141.35	21.85	8503.63	22.86	17809.88	21.96
2005	7141.40	15.84	3947.94	25.68	10047.11	18.15	21136.45	18.68
2006	8312.60	16.40	4518.94	14.46	11513.60	14.60	24345.14	15.18
2007	10071.90	21.16	5317.96	17.68	13662.32	18.66	29052.18	19.33
2008	11392.00	13.11	6805.54	27.97	16079.97	17.70	34277.51	17.99
2009	12419.00	9.02	7618.20	11.94	17319.48	7.71	37356.68	8.98

① 按当年价核算。

续表

年份	北京		天津		河北		京津冀	
	地区生产 总值（亿元）	增长率 （%）	地区生产 总值（亿元）	增长率 （%）	地区生产 总值（亿元）	增长率 （%）	地区生产 总值（亿元）	增长率 （%）
2010	14441.60	16.29	9343.77	22.65	20494.19	18.33	44279.56	18.53
2011	16627.90	15.14	11461.70	22.67	24543.87	19.76	52633.47	18.87
2012	18350.10	10.36	13087.17	14.18	26568.79	8.25	58006.06	10.21
2013	20330.10	10.79	14659.85	12.02	28387.44	6.85	63377.39	9.26
2014	21944.10	7.94	15964.54	8.90	29341.22	3.36	67249.86	6.11
2015	23685.70	7.94	16794.67	5.20	29686.16	1.18	70166.53	4.34
2016	25669.10	8.37	17837.89	6.21	31660.15	6.65	75167.14	7.13
2017	28014.90	9.14	18549.19	3.99	34016.32	7.44	80580.41	7.20

资料来源：根据2018年《北京统计年鉴》《天津统计年鉴》《河北经济年鉴》整理。

从图4-1可以看出，京津冀名义地区生产总值总量一直是保持河北省最高，北京其次，天津最低，三地名义地区生产总值增长率大致保持同步。

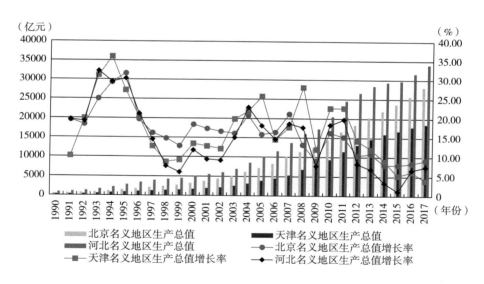

图4-1　1990～2017年京津冀名义地区生产总值及增长情况

以当年价格计算的地区生产总值易受通货膨胀或通货紧缩等因素的影响，因此统计年鉴或学术论文通常会根据研究阶段和研究对象的不同，选择某一年份作为基期，按照基期价格指数对以后各年地区生产总值进行调整。研究对象、地区不同，所需要的指数也不同，此处需要用到的指数为地区生产总值指数，将其调整为不变价（可比价）地区生产总值或实际地区生产总值。本书研究京津冀1990～2017年地区生产总值增长情况，因此将1990年设定为基期，将1990年的价格设定为100，以此调整以后各年以1990年价格计算的不变价（可比价）地区生产总值，由于三地区的地区生产总值指数不同，故对其分别调整，具体调整过程分别见表4-2、表4-3、表4-4，调整后的不变价地区生产总值及其增长情况如图4-2所示。

表4-2 北京地区生产总值按1990年不变价调整情况

年份	名义地区生产总值（亿元）	地区生产总值指数（上年＝100）	地区生产总值指数（1990年＝100）	不变价地区生产总值（亿元）	地区生产总值增长率（％）
1990	500.80	—	100.00	500.80	—
1991	598.90	109.90	109.90	550.38	9.90
1992	709.10	111.30	122.32	612.57	11.30
1993	886.20	112.30	137.36	687.92	12.30
1994	1145.30	113.70	156.18	782.16	13.70
1995	1507.70	112.00	174.92	876.02	12.00
1996	1805.00	109.80	192.07	961.87	9.80
1997	2096.80	110.20	211.66	1059.98	10.20
1998	2406.20	109.60	231.98	1161.74	9.60
1999	2713.50	111.00	257.49	1289.53	11.00
2000	3212.80	112.00	288.39	1444.28	12.00
2001	3769.90	111.80	322.42	1614.70	11.80
2002	4396.00	111.80	360.47	1805.24	11.80
2003	5104.10	111.10	400.48	2005.62	11.10
2004	6164.90	114.30	457.75	2292.42	14.30
2005	7141.40	112.30	514.06	2574.39	12.30
2006	8312.60	112.80	579.85	2903.91	12.80
2007	10071.90	114.40	663.35	3322.08	14.40
2008	11392.00	109.00	723.06	3621.06	9.00
2009	12419.00	110.00	795.36	3983.17	10.00
2010	14441.60	110.40	878.08	4397.42	10.40
2011	16627.90	108.10	949.20	4753.61	8.10

年份	名义地区生产总值（亿元）	地区生产总值指数（上年＝100）	地区生产总值指数（1990年＝100）	不变价地区生产总值（亿元）	地区生产总值增长率（％）
2012	18350.10	108.00	1025.14	5133.90	8.00
2013	20330.10	107.70	1104.08	5529.21	7.70
2014	21944.10	107.40	1185.78	5938.37	7.40
2015	23685.70	106.90	1267.60	6348.12	6.90
2016	25669.10	106.80	1353.79	6779.79	6.80
2017	28014.90	106.70	1444.50	7234.04	6.70

资料来源：根据2018年《北京统计年鉴》测算完成。

表4－3　天津地区生产总值按1990年不变价调整情况

年份	名义地区生产总值（亿元）	地区生产总值指数（上年＝100）	地区生产总值指数（1990年＝100）	不变价地区生产总值（亿元）	地区生产总值增长率（％）
1990	310.95	—	100.00	310.95	—
1991	342.65	106.00	106.00	329.61	6.00
1992	411.04	111.70	118.40	368.17	11.70
1993	538.94	112.10	132.73	412.72	12.10
1994	732.89	114.30	151.71	471.74	14.30
1995	931.97	114.90	174.31	542.03	14.90
1996	1121.93	114.30	199.24	619.54	14.30
1997	1264.63	112.10	223.35	694.50	12.10
1998	1374.60	109.30	244.12	759.09	9.30
1999	1500.95	110.00	268.53	835.00	10.00
2000	1701.88	110.80	297.53	925.18	10.80
2001	1919.09	112.00	333.24	1036.20	12.00
2002	2150.76	112.70	375.56	1167.80	12.70
2003	2578.03	114.80	431.14	1340.63	14.80
2004	3141.35	115.80	499.26	1552.45	15.80
2005	3947.94	115.10	574.65	1786.87	15.10
2006	4518.94	114.80	659.70	2051.33	14.80
2007	5317.96	115.60	762.61	2371.34	15.60
2008	6805.54	116.70	889.97	2767.35	16.70

续表

年份	名义地区生产总值（亿元）	地区生产总值指数（上年＝100）	地区生产总值指数（1990年＝100）	不变价地区生产总值（亿元）	地区生产总值增长率（%）
2009	7618.20	116.60	1037.70	3226.73	16.60
2010	9343.77	117.60	1220.34	3794.64	17.60
2011	11461.70	116.60	1422.91	4424.55	16.60
2012	13087.17	114.00	1622.12	5043.98	14.00
2013	14659.85	112.50	1824.88	5674.48	12.50
2014	15964.54	110.10	2009.20	6247.60	10.10
2015	16794.67	109.40	2198.06	6834.88	9.40
2016	17837.89	109.10	2398.09	7456.85	9.10
2017	18549.19	103.60	2484.42	7725.30	3.60

资料来源：根据2018年《天津统计年鉴》测算完成。

表4-4　河北地区生产总值按1990年不变价调整情况

年份	名义地区生产总值（亿元）	地区生产总值指数（上年＝100）	地区生产总值指数（1990年＝100）	不变价地区生产总值（亿元）	地区生产总值增长率（%）
1990	896.33	—	100.00	896.33	—
1991	1072.07	111.00	111.00	994.93	11.00
1992	1278.50	115.60	128.32	1150.13	15.60
1993	1690.84	117.70	151.03	1353.71	17.70
1994	2187.49	114.90	173.53	1555.41	14.90
1995	2849.52	113.90	197.65	1771.61	13.90
1996	3452.97	113.50	224.33	2010.78	13.50
1997	3953.78	112.50	252.38	2262.13	12.50
1998	4256.01	110.70	279.38	2504.18	10.70
1999	4514.19	109.10	304.80	2732.06	9.10
2000	5043.96	109.50	333.76	2991.60	9.50
2001	5516.76	108.70	362.80	3251.87	8.70
2002	6018.28	109.60	397.63	3564.05	9.60
2003	6921.29	111.60	443.75	3977.48	11.60
2004	8503.63	112.90	501.00	4490.58	12.90
2005	10047.11	113.40	568.13	5092.31	13.40

续表

年份	名义地区生产总值（亿元）	地区生产总值指数（上年＝100）	地区生产总值指数（1990年＝100）	不变价地区生产总值（亿元）	地区生产总值增长率（%）
2006	11513.60	113.40	644.26	5774.68	13.40
2007	13662.32	112.80	726.72	6513.84	12.80
2008	16079.97	110.10	800.12	7171.74	10.10
2009	17319.48	110.10	880.94	7896.09	10.10
2010	20494.19	112.20	988.41	8859.41	12.20
2011	24543.87	111.30	1100.10	9860.52	11.30
2012	26568.79	109.70	1206.81	10816.99	9.70
2013	28387.44	108.20	1305.77	11703.99	8.20
2014	29341.22	106.50	1390.64	12464.75	6.50
2015	29686.16	106.80	1485.21	13312.35	6.80
2016	31660.15	106.80	1586.20	14217.59	6.80
2017	34016.32	106.60	1690.89	15155.95	6.60

资料来源：根据2018年《河北经济年鉴》测算完成。

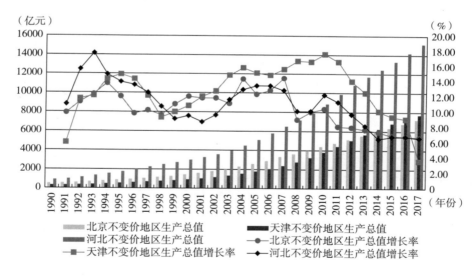

图4-2 1990~2017年京津冀不变价地区生产总值及其增长情况

由图4-2可知，1990~2012年，北京不变价地区生产总值高于天津，2013~2017年，天津不变价地区生产总值高于北京。增长率方面，2000年之前，京津冀三地增长几乎保持同步；2000～2016年，天津不变价地区生产总值增长率明显高于北京、河北；由于2017年天津主动"挤水"，北京、河北不变价地区生产总值增长率明显高于天津。2010年之后，京津冀三地不变价地区生产总值增长率逐渐降低，经济增长速度逐渐放缓，北京、河北、天津分别在2011年、2012年、2015年降至10%以下。

地区生产总值是衡量一段时间内地区生产活动的最终成果，但不能真正说明该地区的经济发展水平，更难以说明地区之间的经济发展差距，人均地区生产总值指标常被用来说明这些问题。因此，本书采用人均地区生产总值指标说明京津冀三地经济发展水平以及地区之间的经济发展差距，具体数据如表4－5和图4－3所示。1990～2017年京津人均地区生产总值普遍高于河北省和全国平均水平，且京津与河北之间的经济发展差距不断增大；2012年之前河北省与全国平均水平持平，2012年之后河北省落后于全国平均水平。

表4－5　1990～2017年京津冀人均地区生产总值及增长情况①

年份	北京		天津		河北		全国	
	人均地区生产总值（元）	增长率（%）	人均地区生产总值（元）	增长率（%）	人均地区生产总值（元）	增长率（%）	人均地区生产总值（元）	增长率（%）
1990	4635	—	3487	—	1465	—	1663	—
1991	5494	18.53	3777	8.32	1727	17.88	1912	14.97
1992	6458	17.55	4481	18.64	2040	18.12	2334	22.07
1993	8006	23.97	5800	29.44	2682	31.47	3027	29.69
1994	10240	27.90	7751	33.64	3439	28.23	4081	34.82
1995	12690	23.93	9769	26.04	4444	29.22	5091	24.75
1996	14380	13.32	11734	20.11	5345	20.27	5898	15.85
1997	16778	16.68	13142	12.00	6079	13.73	6481	9.88
1998	19361	15.40	14243	8.38	6501	6.94	6860	5.85
1999	21684	12.00	15405	8.16	6849	5.35	7229	5.38
2000	24518	13.07	17353	12.65	7592	10.85	7942	9.86
2001	27430	11.88	19141	10.30	8251	8.68	8717	9.76
2002	31307	14.13	21387	11.73	8960	8.60	9506	9.05
2003	35450	13.23	25544	19.44	10251	14.41	10666	12.20
2004	41809	17.94	30874	20.87	12526	22.20	12487	17.07

①　按当年价核算。

续表

年份	北京		天津		河北		全国	
	人均地区生产总值（元）	增长率（%）	人均地区生产总值（元）	增长率（%）	人均地区生产总值（元）	增长率（%）	人均地区生产总值（元）	增长率（%）
2005	47127	12.72	38206	23.75	14711	17.44	14368	15.06
2006	52964	12.39	42672	11.69	16749	13.85	16738	16.49
2007	61470	16.06	48566	13.81	19742	17.87	20505	22.51
2008	66098	7.53	59411	22.33	23083	16.92	24121	17.63
2009	68406	3.49	63375	6.67	24701	7.01	26222	8.71
2010	75573	10.48	73938	16.67	28808	16.63	30876	17.75
2011	83547	10.55	86377	16.82	34008	18.05	36403	17.90
2012	89778	7.46	94570	9.48	36576	7.55	40007	9.90
2013	97178	8.24	101615	7.45	38833	6.17	43852	9.61
2014	102869	5.86	106821	5.12	39876	2.69	47203	7.64
2015	109603	6.55	109634	2.63	40093	0.54	50251	6.46
2016	118198	7.84	114747	4.66	42511	6.03	53935	7.33
2017	128994	9.13	118944	3.66	45387	6.77	59660	10.61

资料来源：根据 2018 年《中国统计年鉴》《北京统计年鉴》《天津统计年鉴》《河北经济年鉴》整理。

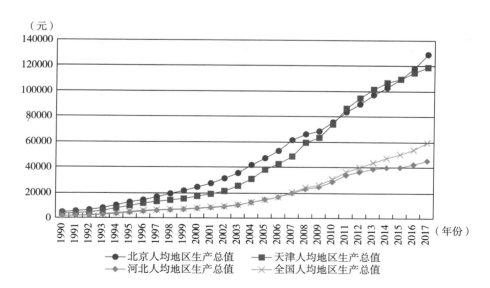

图 4-3　1990~2017 年京津冀人均地区生产总值变动情况

二、京津冀三次产业结构

产业结构是指农业、工业和服务业在地区经济结构中的比重，能够说明一个地区的经济发展阶段。表4-6、图4-4、图4-5、图4-6显示了京津冀地区三次产业占地区生产总值的比重。京津冀第一产业的比重不断下降，2017年北京、天津的第一产业占比已降至1%以下，河北从1990年的25.43%降至2017年的9.21%；北京第二产业比重下降速度最快，已降至20%以下，天津总体上呈下降趋势，河北从1990年至2011年总体保持上升态势，2011年之后则开始下降；第三产业方面，三地均保持上升趋势，其中北京上升速度最快，2016年以来第三产业占地区生产总值比重为80%以上，天津第三产业在2015年超过第二产业，占地区生产总值比重最大，河北省第三产业占地区生产总值比重小于第二产业。

表4-6　1990~2017年京津冀三次产业占地区生产总值比重　　　单位:%

年份	第一产业			第二产业			第三产业		
	北京	天津	河北	北京	天津	河北	北京	天津	河北
1990	8.70	8.80	25.43	52.30	58.30	43.23	39.00	32.90	31.34
1991	7.60	8.50	22.10	48.50	57.40	42.90	43.90	34.10	35.00
1992	6.90	7.40	20.11	48.60	56.80	44.83	44.50	35.80	35.06
1993	6.00	6.60	17.84	47.20	57.20	50.15	46.80	36.20	32.01
1994	5.80	6.40	20.66	45.10	56.60	48.14	49.10	37.00	31.20
1995	4.80	6.50	22.16	42.70	55.70	46.42	52.50	37.80	31.42
1996	4.20	6.00	20.30	39.70	54.30	48.21	56.20	39.70	31.49
1997	3.70	5.50	19.27	37.40	53.50	48.92	58.90	41.00	31.81
1998	3.20	5.40	18.58	35.10	50.80	48.97	61.70	43.80	32.45
1999	2.90	4.70	17.86	33.60	50.60	48.48	63.50	44.70	33.66
2000	2.50	4.30	16.35	32.40	50.80	49.86	65.10	44.90	33.79
2001	2.10	4.10	16.56	30.40	50.00	48.88	67.40	45.90	34.56
2002	1.90	3.90	15.90	28.60	49.70	48.38	69.50	46.40	35.72
2003	1.60	3.50	15.37	29.30	51.90	49.38	69.00	44.60	35.25
2004	1.40	3.30	16.12	30.30	54.40	50.83	68.30	42.30	33.05
2005	1.20	2.80	13.93	28.60	54.90	52.75	70.10	42.30	33.32

续表

年份	第一产业			第二产业			第三产业		
	北京	天津	河北	北京	天津	河北	北京	天津	河北
2006	1.00	2.30	12.70	26.70	55.30	53.39	72.30	42.40	33.91
2007	1.00	2.00	13.21	25.20	55.30	53.04	73.90	42.70	33.75
2008	1.00	1.70	12.65	23.20	55.50	54.45	75.80	42.80	32.89
2009	0.90	1.60	12.74	23.00	53.30	52.12	76.10	45.10	35.13
2010	0.90	1.40	12.51	23.50	52.80	52.62	75.70	45.80	34.88
2011	0.80	1.20	11.42	22.60	52.90	53.91	76.60	45.90	34.67
2012	0.80	1.10	11.37	22.10	52.20	53.20	77.10	46.70	35.43
2013	0.80	1.10	11.07	21.60	50.90	52.62	77.60	48.00	36.32
2014	0.70	1.00	10.79	21.30	49.70	51.75	78.00	49.30	37.46
2015	0.60	1.00	10.44	19.70	47.10	49.07	79.70	51.90	40.49
2016	0.50	0.90	9.74	19.30	42.40	48.19	80.20	56.70	42.07
2017	0.40	0.90	9.21	19.00	40.90	46.58	80.60	58.20	44.21

资料来源：根据 2018 年《北京统计年鉴》《天津统计年鉴》《河北经济年鉴》整理。

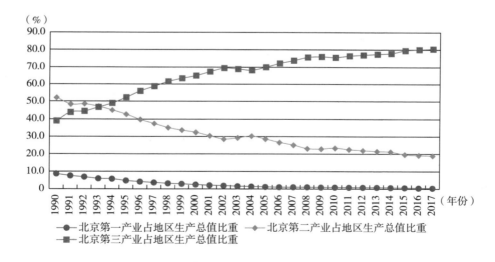

图 4-4　北京三次产业占地区生产总值比重及其增长情况

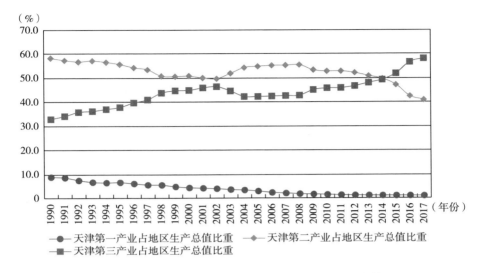

图 4 - 5　天津三次产业占地区生产总值比重及其增长情况

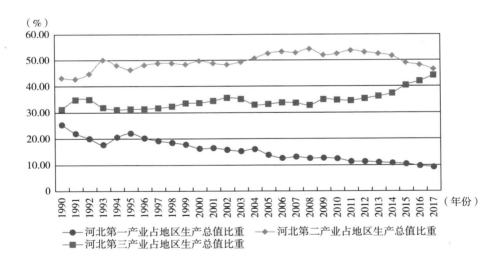

图 4 - 6　河北三次产业占地区生产总值比重及其增长情况

三、京津冀产业集聚情况

同一产业部门的企业在空间上的集聚，有利于提高生产效率和知识共享，从而促进技术进步，为研究京津冀地区城市各产业各部门的集聚情况，本书采用区位熵理论对京津冀地区三次产业各部门的集聚程度进行定量分析。区位熵指数由哈盖特首先提出，并应用于区位分析中，通常是指特定地区某产业经济规模在该地区经济规模中所占比重与全国该产业经济规模占全国经济规模比重的比值，在衡量区域产业专业化程度和产业集群发展程度中发挥着重要作用，具体如式（4-2）所示：

$$LQ_{ij} = \frac{L_{ij} \big/ \sum_{j=1}^{m} L_{ij}}{\sum_{i=1}^{n} L_{ij} \big/ \sum_{i=1}^{n} \sum_{j=1}^{m} L_{ij}} \qquad (4-2)$$

LQ_{ij} 表示产业集聚水平，其中 $i=1，2，3，\cdots，n$，表示地区，在本书中指京津冀地区各城市；$j=1，2，3，\cdots，m$，表示产业部门，在本书中指三次产业中各具体部门。L_{ij} 表示 i 地区 j 产业部门的就业人数，$\sum_{j=1}^{m} L_{ij}$ 表示 i 地区所有产业部门的就业人数，$\sum_{i=1}^{n} L_{ij}$ 表示所有地区 j 产业部门的就业人数，$\sum_{i=1}^{n} \sum_{j=1}^{m} L_{ij}$ 表示所有地区、所有产业部门的就业人数。一般说来，如果区位熵指数大于1，说明该产业在发展过程中存在输出优势，集聚程度较高，在产业结构调整、产业转移过程中容易形成集聚中心。在计算区位熵指数时，经济规模的衡量指标可以选择产值、就业规模、主营业务收入或行业增加值等，为避免当年价格因素的影响，本书采用就业规模来计算区位熵指数。资料来源于 2002～2018 年《中国城市统计年鉴》，年鉴数据为城镇数据，不包括各地农村数据。

表4-7 显示了2001～2017年京津冀地区农、林、牧、渔业区位熵指数和农、林、牧、渔业产业集聚情况。由此可以看出，京津冀地区农、林、牧、渔业主要集聚在唐山、承德和沧州，形成集聚中心，具备集聚优势，并向周边地区扩散。同时，京津冀地区城市间农、林、牧、渔业集聚差异较大。

表4-7 2001～2017年京津冀地区农、林、牧、渔业区位熵指数

年份	北京	天津	石家庄	唐山	秦皇岛	邯郸	邢台	保定	张家口	承德	沧州	廊坊	衡水
2001	2.81	0.14	0.15	1.24	0.22	0.18	0.28	0.17	0.61	0.80	0.67	0.31	0.00
2002	1.74	0.10	0.11	0.95	0.14	0.12	0.22	0.12	0.43	0.64	0.55	0.20	0.09
2003	1.70	0.10	0.11	0.99	0.17	0.16	0.26	0.12	0.36	0.71	0.60	0.17	0.12
2004	1.56	0.10	0.12	1.04	0.23	0.18	0.26	0.14	0.41	0.75	0.70	0.18	0.19
2005	1.55	0.09	0.12	1.09	0.21	0.17	0.23	0.13	0.40	0.72	0.52	0.15	0.18
2006	0.54	0.39	0.55	4.98	0.95	0.68	1.01	0.67	1.82	2.84	2.74	0.67	0.68
2007	0.55	0.40	0.57	5.11	0.90	0.67	1.06	0.58	1.97	2.63	2.62	0.77	0.72

续表

年份	北京	天津	石家庄	唐山	秦皇岛	邯郸	邢台	保定	张家口	承德	沧州	廊坊	衡水
2008	0.54	0.42	0.65	5.19	0.83	0.63	0.98	0.64	2.15	2.65	2.57	0.65	0.73
2009	0.63	0.44	0.62	4.87	0.59	0.57	0.63	0.71	2.09	2.59	2.66	0.60	0.68
2010	0.65	0.45	0.63	4.68	0.87	0.57	0.59	0.52	2.12	2.62	2.79	0.60	0.77
2011	0.49	0.32	0.69	4.65	0.62	5.21	0.60	0.25	1.76	2.25	1.94	0.51	0.79
2012	0.63	0.34	0.51	4.95	0.48	0.60	0.48	0.28	4.34	2.77	2.89	0.63	0.74
2013	0.80	0.33	0.41	4.98	0.50	0.45	0.42	0.27	2.43	2.44	3.00	0.65	0.77
2014	0.88	0.34	0.40	4.66	0.82	0.43	0.36	0.24	2.34	2.47	2.96	0.50	0.75
2015	1.00	0.36	0.39	4.37	0.44	0.44	0.33	0.33	2.35	2.10	2.32	0.37	0.77
2016	0.95	0.60	0.40	4.09	0.26	0.44	0.29	0.20	2.45	2.16	2.35	0.35	0.80
2017	0.88	0.49	0.43	4.56	0.33	0.58	0.36	0.28	1.16	2.38	2.79	1.15	1.09

资料来源：根据 2002～2018 年《中国城市统计年鉴》测算完成。

表 4 - 8 显示了京津冀地区第二产业各部门区位熵指数，从 2001～2017 年京津冀地区制造业产业集聚情况可以看出，制造业主要集聚在天津、唐山、廊坊等市，形成产业集聚，具备集聚优势，并向周边地区扩散。

表 4 - 9 显示了 2001～2017 年京津冀地区第三产业各部门区位熵指数。以第三产业几个重点产业部门为例，金融业方面，金融业从业人员在京津冀区域分布较为分散，其中秦皇岛、承德、衡水区位熵指数大多数年份高于 1，形成集聚中心；房地产业方面，京津冀房地产业主要集中在北京、天津、廊坊，其次是邢台、张家口、秦皇岛等地；租赁与商业服务业方面，京津冀租赁与商业服务业主要集聚在北京、天津、石家庄，其次是沧州、唐山等地。

第二节 劳动投入指标的选取和调整

从经济学原理上讲，劳动投入量应是指生产过程中实际投入的劳动量，但在现实中可选择的变量多数不能满足这一条件。当前国内外测算科技进步贡献率的研究成果中，关于劳动投入量指标确定的方法主要有以下三种：一是用就业人员数计算，包括在职职工人数或从业人员数；二是用劳动时间表示劳动投入；三是用劳动者报酬总额表示劳动力投入量。

表4-8 2001~2017年京津冀第二产业各部门区位熵指数①

年份	采矿业													制造业									
	北京	天津	石家庄	唐山	秦皇岛	邯郸	邢台	保定	张家口	承德	沧州	廊坊	衡水	北京	天津	石家庄	唐山	秦皇岛	邯郸	邢台	保定	张家口	承德
2001	0.26	2.04	0.31	7.32	0.85	7.18	3.65	0.28	2.14	3.38	0.88	0.02	0.00	1.25	2.34	1.93	1.70	1.64	1.55	1.33	1.35	1.80	1.37
2002	0.16	1.57	0.15	5.11	0.40	4.96	2.78	0.17	1.63	2.27	0.59	0.02	0.00	0.84	1.51	1.30	1.11	1.08	1.00	0.82	0.90	1.18	0.87
2003	0.14	1.45	0.21	5.34	0.39	5.56	2.94	0.16	2.00	2.16	0.66	0.02	0.00	0.80	1.64	1.37	1.20	1.09	0.95	0.78	0.92	1.18	0.85
2004	0.11	1.74	0.34	5.62	0.36	6.32	3.26	0.18	2.29	2.35	0.78	0.00	0.00	0.78	1.74	1.45	1.30	1.12	0.97	0.81	0.97	1.23	0.88
2005	0.11	1.59	0.31	5.49	0.38	5.72	3.11	0.17	2.18	2.36	3.09	0.00	0.00	0.78	1.78	1.40	1.33	1.16	0.96	0.77	1.00	1.11	1.00
2006	0.13	1.25	0.24	4.03	0.32	4.36	2.33	0.13	1.86	1.76	2.45	0.00	0.00	0.78	1.62	1.25	1.20	1.04	0.84	0.70	0.95	0.99	0.92
2007	0.13	1.31	0.25	4.06	0.23	4.25	2.48	0.12	2.07	1.90	2.62	0.00	0.00	0.77	1.59	1.25	1.28	1.09	0.86	0.72	1.04	0.99	0.90
2008	0.26	1.12	0.24	4.08	0.20	3.95	2.94	0.11	2.01	1.69	2.66	0.00	0.00	0.75	1.61	1.30	1.31	1.23	0.80	0.73	1.09	1.00	0.88
2009	0.26	1.49	0.25	4.06	0.23	3.32	3.08	0.11	2.11	1.93	2.05	0.00	0.00	0.74	1.66	1.27	1.40	1.32	0.68	0.78	1.09	0.95	0.90
2010	0.23	1.45	0.26	4.12	0.17	3.87	3.19	0.09	2.29	1.98	1.86	0.00	0.00	0.72	1.70	1.28	1.37	1.35	0.76	0.73	1.09	0.90	0.88
2011	0.32	1.29	0.29	4.13	0.12	3.51	3.16	0.04	2.58	1.88	1.79	0.00	0.00	0.68	1.81	1.13	1.28	1.23	0.57	0.67	1.06	0.80	0.75
2012	0.22	0.98	0.38	4.67	0.11	4.16	3.15	0.04	3.26	1.99	1.99	0.00	0.00	0.66	1.82	1.02	1.43	1.19	0.95	0.98	1.01	0.77	0.71
2013	0.36	0.99	0.23	5.15	0.11	3.11	2.48	0.04	2.19	1.51	1.91	0.00	0.00	0.63	1.83	1.10	1.22	1.09	0.93	0.99	1.04	0.75	0.80
2014	0.35	0.95	0.21	5.33	0.06	3.67	2.60	0.04	2.15	1.05	2.03	0.00	0.00	0.62	1.85	1.11	1.26	1.10	0.95	1.01	1.07	0.70	0.77
2015	0.33	1.06	0.16	5.78	0.06	3.78	2.57	0.02	2.24	0.01	2.22	0.00	0.00	0.59	1.88	1.11	1.29	1.18	0.95	1.07	1.12	0.70	0.79
2016	0.31	0.83	0.23	6.07	0.06	3.98	2.74	0.04	1.94	1.37	2.47	0.00	0.00	0.59	1.85	1.22	1.32	1.24	1.01	1.14	1.19	0.70	0.77
2017	0.27	1.28	0.00	5.83	0.04	4.30	3.41	0.04	1.79	1.24	2.76	0.76	0.00	0.60	1.71	1.25	1.45	1.38	0.98	0.79	1.30	0.70	0.68

① GB/T 4754-02 和 GB/T 4754-94 分类的第二产业的细分行业基本无差异。

续表

年份	制造业					电力、热力、燃气及水生产和供应业													建筑业				
	沧州	廊坊	衡水	北京	天津	石家庄	唐山	秦皇岛	邯郸	邢台	保定	张家口	承德	沧州	廊坊	衡水	北京	天津	石家庄	唐山	秦皇岛	邯郸	邢台
2001	1.17	1.08	0.00	0.58	1.61	2.16	2.79	2.41	2.94	4.00	2.95	2.27	2.21	2.91	1.93	0.00	2.03	1.01	1.10	0.88	1.01	1.30	0.65
2002	0.75	0.76	0.90	0.33	1.11	1.47	1.97	1.78	2.16	2.72	1.94	1.63	1.33	1.76	1.55	2.08	1.35	0.58	0.67	0.49	0.60	0.78	0.37
2003	0.74	0.79	0.92	0.31	1.08	1.45	2.01	2.07	2.40	2.79	2.13	1.76	1.48	1.82	1.53	2.20	1.30	0.58	0.68	0.54	0.63	0.83	0.36
2004	0.77	0.83	0.97	0.43	0.92	1.52	2.02	2.09	2.38	3.22	2.14	1.78	1.70	1.85	1.72	2.32	1.14	0.64	0.77	0.65	0.84	1.02	0.43
2005	0.72	0.86	0.97	0.39	1.02	1.53	2.03	2.21	2.44	3.37	2.18	1.75	1.97	1.95	1.78	2.30	1.10	0.66	0.85	0.69	0.67	1.05	0.49
2006	0.66	0.85	0.87	0.51	0.78	1.21	1.58	1.63	1.92	2.50	1.62	1.29	1.46	1.55	1.38	1.76	1.02	0.70	0.92	0.80	0.72	1.25	0.58
2007	0.61	0.88	0.86	0.54	0.75	1.22	1.49	1.63	2.06	2.30	1.71	1.36	1.53	1.56	1.44	1.83	0.97	0.85	0.98	0.77	0.69	1.19	0.56
2008	0.61	0.98	0.86	0.50	0.76	1.26	1.54	1.68	2.15	2.48	1.69	1.55	1.64	1.66	1.31	1.88	0.93	0.88	0.95	0.82	0.57	1.19	0.53
2009	0.61	1.25	0.85	0.47	0.74	1.31	1.51	1.88	2.24	2.58	1.80	1.72	1.73	1.86	1.30	2.02	0.90	0.87	0.94	0.96	0.57	1.73	0.57
2010	0.59	1.45	0.82	0.48	0.73	1.45	1.50	1.86	2.19	2.59	1.71	1.80	1.83	1.84	1.17	2.01	0.97	0.79	0.85	0.97	0.59	1.07	0.61
2011	0.68	1.53	0.93	0.60	0.72	1.35	1.51	1.91	1.80	2.40	1.42	1.85	1.69	1.71	1.27	1.81	0.76	1.39	0.72	0.82	0.54	0.94	0.60
2012	0.72	1.48	0.88	0.59	0.71	1.53	1.36	1.78	2.05	2.01	1.34	1.91	1.65	1.70	1.24	1.84	0.63	1.12	1.03	0.71	0.99	1.26	1.18
2013	0.78	1.45	0.84	0.61	0.77	1.33	1.39	1.92	1.76	2.16	1.20	2.05	1.32	1.54	1.39	2.03	0.60	1.05	0.93	0.91	1.05	1.81	1.20
2014	0.76	1.60	0.90	0.58	0.80	1.26	1.44	2.06	1.77	2.20	1.19	2.15	1.43	1.64	1.34	1.99	0.61	1.20	0.94	0.80	0.87	1.73	1.08
2015	0.79	1.59	0.88	0.58	0.84	1.28	1.54	2.00	1.81	2.23	1.13	2.10	1.45	1.62	1.45	1.97	0.63	1.08	0.91	0.79	0.84	1.77	1.09
2016	0.81	1.69	0.87	0.61	0.81	1.24	1.46	1.76	1.89	2.27	1.02	2.12	1.48	1.43	1.71	2.26	0.64	1.08	0.88	0.81	0.80	1.84	1.05
2017	0.76	1.93	0.61	0.59	0.80	1.32	1.55	1.82	2.25	2.82	1.33	2.19	1.52	1.63	1.09	2.85	0.82	1.50	0.99	0.55	0.73	1.16	0.47

续表

年份	建筑业					
	保定	张家口	承德	沧州	廊坊	衡水
2001	1.75	0.86	0.58	1.30	0.95	0.00
2002	1.22	0.51	0.35	1.10	0.58	0.31
2003	1.39	0.58	0.39	1.21	0.53	0.32
2004	1.72	0.70	0.45	1.49	0.67	0.37
2005	1.80	0.85	0.40	1.69	0.66	0.40
2006	2.15	0.88	0.37	1.86	0.79	0.38
2007	1.92	0.79	0.62	2.14	0.86	0.35
2008	2.32	0.74	0.49	1.91	0.97	0.42
2009	2.24	0.71	0.43	1.83	0.87	0.48
2010	2.22	0.82	0.46	1.78	1.31	0.46
2011	2.51	0.70	0.50	1.46	1.09	1.31
2012	3.03	0.75	0.78	1.52	1.08	1.45
2013	2.90	0.65	1.15	1.29	1.23	1.36
2014	2.79	0.58	1.12	1.30	1.11	1.27
2015	3.12	0.63	1.20	1.28	1.10	1.48
2016	3.08	0.64	1.21	1.29	1.05	1.43
2017	2.05	0.34	1.02	0.54	1.27	0.82

资料来源：根据 2002~2018 年《中国城市统计年鉴》测算完成。

表 4－9　2001～2017 年京津冀第三产业各部门区位熵指数①

年份	批发零售业													交通运输业									
	北京	天津	石家庄	唐山	秦皇岛	邯郸	邢台	保定	张家口	承德	沧州	廊坊	衡水	北京	天津	石家庄	唐山	秦皇岛	邯郸	邢台	保定	张家口	承德
2001	—	—	—	—	—	—	—	—	—	—	—	—	—	—	—	—	—	—	—	—	—	—	—
2002	—	—	—	—	—	—	—	—	—	—	—	—	—	—	—	—	—	—	—	—	—	—	—
2003	1.09	1.09	0.99	0.80	2.08	0.66	0.54	0.59	0.69	0.82	0.68	0.75	0.89	1.52	0.48	0.43	0.33	0.41	0.29	0.45	0.51	0.51	0.71
2004	1.06	1.13	1.07	0.79	2.22	0.64	0.55	0.57	0.73	0.95	0.69	0.53	0.87	1.53	0.34	0.30	0.26	0.30	0.24	0.35	0.39	0.32	0.46
2005	1.11	0.97	1.06	0.74	1.98	0.67	0.53	0.55	0.79	0.87	0.76	0.55	0.80	1.39	0.61	0.41	0.27	0.51	0.33	0.53	0.59	0.48	0.58
2006	1.24	0.91	1.03	0.70	2.03	0.61	0.44	0.45	0.83	0.88	0.70	0.52	0.83	1.75	0.50	0.35	0.36	0.40	0.28	0.78	0.43	0.38	0.59
2007	1.26	0.90	0.97	0.72	1.89	0.60	0.42	0.44	0.66	0.83	0.71	0.53	0.83	1.79	0.40	0.29	0.30	0.34	0.28	0.66	0.33	0.32	0.48
2008	1.24	0.92	1.00	0.67	1.88	0.63	0.42	0.44	0.61	0.85	0.87	0.44	0.85	1.79	0.39	0.26	0.24	0.30	0.33	0.22	0.31	0.39	0.52
2009	1.22	0.92	1.03	0.69	1.82	0.63	0.44	0.49	0.63	0.81	0.79	0.42	0.86	1.73	0.36	0.33	0.22	0.29	0.28	0.33	0.36	0.43	0.50
2010	1.22	0.94	1.04	0.71	1.85	0.66	0.44	0.50	0.50	0.81	0.68	0.34	0.87	1.76	0.30	0.30	0.21	0.33	0.26	0.30	0.36	0.37	0.45
2011	1.36	0.69	1.12	0.72	1.90	0.65	0.42	0.39	0.52	0.67	0.55	0.36	0.66	1.89	0.21	0.29	0.18	0.35	0.28	0.29	0.24	0.39	0.41
2012	1.37	0.82	1.08	0.69	1.74	0.66	0.32	0.29	0.52	0.70	0.54	0.35	0.62	1.92	0.29	0.32	0.22	0.30	0.26	0.24	0.21	0.43	0.39
2013	1.34	0.79	1.18	0.74	1.68	0.61	0.45	0.41	0.56	0.72	0.56	0.28	0.76	1.88	0.28	0.51	0.19	0.39	0.19	0.23	0.20	0.34	0.51
2014	1.39	0.84	0.85	0.79	0.54	0.50	0.59	0.53	0.68	0.56	0.49	0.38	0.84	1.32	0.79	1.32	0.81	1.63	0.67	0.33	0.37	0.58	0.63
2015	1.40	0.85	0.83	0.67	0.45	0.46	0.54	0.46	0.64	0.50	0.53	0.40	0.91	1.27	0.84	1.24	0.94	1.59	0.65	0.35	0.35	0.71	0.61
2016	1.38	0.89	0.84	0.67	0.41	0.43	0.55	0.44	0.65	0.40	0.56	0.46	0.85	1.24	0.87	1.25	0.97	1.55	0.69	0.36	0.36	0.77	0.63
2017	1.41	0.85	0.80	0.59	0.20	0.48	0.29	0.39	0.45	0.33	0.33	0.50	0.83	1.21	0.92	1.20	0.93	1.44	0.70	0.44	0.43	0.70	0.61

① GB/T 4754－02 和 GB/T 4754－94 分类的第三产业的细分行业存在差异，部分组分行业数据缺失。

续表

年份	交通运输业			住宿餐饮业													信息传输业						
	沧州	廊坊	衡水	北京	天津	石家庄	唐山	秦皇岛	邯郸	邢台	保定	张家口	承德	沧州	廊坊	衡水	北京	天津	石家庄	唐山	秦皇岛	邯郸	邢台
2001	—	—	—	—	—	—	—	—	—	—	—	—	—	—	—	—	—	—	—	—	—	—	—
2002	—	—	—	—	—	—	—	—	—	—	—	—	—	—	—	—	—	—	—	—	—	—	—
2003	0.61	0.48	0.80	1.29	0.66	0.79	0.46	0.50	0.80	0.81	0.68	0.87	0.77	0.73	0.59	0.99	1.64	0.51	0.46	0.18	0.25	0.16	0.28
2004	0.48	0.32	0.51	1.31	0.62	0.74	0.37	0.32	0.66	0.67	0.59	0.79	0.58	0.60	0.47	0.85	1.51	0.51	0.50	0.21	0.35	0.25	0.32
2005	0.58	0.48	0.70	1.36	0.59	0.79	0.33	0.28	0.56	0.53	0.49	0.67	0.42	0.43	0.38	0.78	1.54	0.41	0.45	0.21	0.31	0.22	0.28
2006	0.66	0.44	0.59	1.18	0.94	1.32	0.51	0.47	0.85	0.85	0.76	1.04	0.58	0.77	0.54	1.19	1.75	0.65	0.60	0.30	0.39	0.29	0.37
2007	0.53	0.44	0.60	1.17	1.06	1.34	0.46	0.54	0.81	0.81	0.70	0.93	0.54	0.61	0.52	1.11	1.70	0.66	0.60	0.29	0.38	0.28	0.37
2008	0.55	0.43	0.57	1.21	1.07	1.24	0.58	0.46	0.68	0.69	0.65	0.82	0.53	0.59	0.41	0.92	1.68	0.68	0.60	0.34	0.34	0.26	0.37
2009	0.55	0.37	0.58	1.27	0.92	1.13	0.63	0.37	0.64	0.61	0.62	0.74	0.50	0.58	0.42	0.87	1.64	0.73	0.57	0.26	0.36	0.24	0.35
2010	0.50	0.29	0.53	1.30	0.91	1.10	0.74	0.35	0.62	0.58	0.54	0.66	0.44	0.50	0.35	0.73	1.59	0.86	0.56	0.27	0.41	0.23	0.37
2011	0.26	0.28	0.36	1.37	0.81	1.00	0.82	0.32	0.58	0.49	0.50	0.71	0.43	0.43	0.38	0.60	1.56	0.92	0.55	0.26	0.39	0.28	0.32
2012	0.24	0.26	0.31	1.39	0.87	0.91	0.73	0.39	0.67	0.46	0.53	0.72	0.33	0.53	0.39	0.58	1.59	0.85	0.63	0.27	0.62	0.34	0.39
2013	0.22	0.22	0.36	1.37	0.84	0.89	0.87	0.51	0.58	0.57	0.49	0.84	0.49	0.49	0.39	0.77	1.58	0.82	0.61	0.30	0.58	0.32	0.39
2014	0.58	0.68	0.70	1.61	0.80	0.53	0.24	0.56	0.31	0.39	0.28	0.72	0.50	0.29	0.38	0.36	1.88	0.30	0.44	0.18	0.40	0.18	0.23
2015	0.62	0.32	0.72	1.60	0.73	0.51	0.24	0.58	0.30	0.33	0.30	0.71	0.85	0.30	0.38	0.34	1.84	0.31	0.45	0.17	0.39	0.17	0.21
2016	0.61	0.36	0.74	1.59	0.76	0.50	0.21	0.56	0.30	0.31	0.30	0.69	0.41	0.30	0.37	0.34	1.82	0.35	0.46	0.18	0.34	0.14	0.19
2017	0.59	0.46	0.82	1.28	0.61	0.39	0.13	0.31	0.19	0.19	0.14	0.26	0.22	0.16	3.70	0.24	1.67	0.35	0.50	0.13	0.29	0.14	0.15

续表

年份	信息传输业						金融业													房地产业			
	保定	张家口	承德	沧州	廊坊	衡水	北京	天津	石家庄	唐山	秦皇岛	邯郸	邢台	保定	张家口	承德	沧州	廊坊	衡水	北京	天津	石家庄	唐山
2001	—	—	—	—	—	—	0.94	1.56	2.35	1.71	3.02	1.70	2.67	2.29	1.94	2.31	2.76	2.88	0.94	2.37	1.41	0.50	0.46
2002	—	—	—	—	—	—	0.55	1.00	1.68	1.52	2.05	1.23	1.85	1.49	1.33	1.49	1.78	1.76	2.19	1.49	1.14	0.27	0.25
2003	0.22	0.26	0.42	0.23	0.26	0.25	0.75	1.02	1.23	1.25	1.79	1.09	1.68	1.35	1.16	1.34	1.49	1.45	1.91	1.61	0.57	0.25	0.25
2004	0.25	0.29	0.36	0.26	0.22	0.20	0.74	1.04	1.32	1.28	2.16	1.24	1.83	1.40	1.23	1.25	1.56	1.46	2.03	1.53	0.54	0.20	0.22
2005	0.22	0.23	0.31	0.21	0.24	0.18	0.72	1.06	1.36	1.42	2.12	1.26	1.72	1.48	1.26	1.36	1.32	1.53	2.16	1.53	0.51	0.19	0.18
2006	0.29	0.33	0.42	0.29	0.37	0.24	1.02	0.75	1.17	1.02	1.45	0.98	1.21	1.02	0.98	0.93	0.83	1.08	1.58	1.94	0.47	0.17	0.17
2007	0.30	0.31	0.35	0.28	0.41	0.28	1.03	0.75	1.17	1.05	1.39	0.94	1.15	1.06	0.99	0.88	0.84	1.03	1.34	1.89	0.49	0.17	0.17
2008	0.28	0.32	0.30	0.26	0.31	0.26	0.99	0.77	1.19	1.10	1.36	1.03	1.14	0.98	0.95	1.37	0.93	1.01	1.39	1.83	0.56	0.15	0.15
2009	0.23	0.30	0.27	0.24	0.30	0.29	0.98	0.79	1.24	1.03	1.29	1.11	1.12	0.95	0.96	1.36	1.02	0.92	1.54	1.76	0.56	0.15	0.18
2010	0.23	0.31	0.23	0.35	0.28	0.27	0.99	0.79	1.24	1.05	1.28	1.03	1.08	0.97	0.94	1.40	1.04	0.83	1.48	1.70	0.61	0.17	0.23
2011	0.26	0.46	0.22	0.35	0.40	0.27	1.13	0.68	1.28	0.84	1.27	0.67	1.10	0.80	0.94	1.48	1.08	0.77	1.30	1.75	0.53	0.15	0.31
2012	0.29	0.49	0.26	0.30	0.49	0.21	1.22	0.63	1.19	0.87	1.16	0.76	0.89	0.57	0.89	1.46	1.06	0.77	1.17	1.70	0.63	0.33	0.34
2013	0.32	0.66	0.46	0.30	0.44	0.32	1.23	0.62	1.10	0.77	1.13	0.82	0.85	0.76	0.87	1.23	1.11	0.70	1.20	1.57	0.87	0.41	0.40
2014	0.19	0.36	0.36	0.21	0.73	0.35	1.23	0.64	1.08	0.77	1.13	0.72	0.81	0.78	0.90	1.46	1.07	0.64	1.13	1.60	0.65	0.48	0.51
2015	0.19	0.32	0.31	0.19	0.69	0.32	1.16	0.79	1.05	0.84	1.07	0.71	0.76	0.73	0.87	1.60	1.02	0.66	1.05	1.54	0.71	0.47	0.51
2016	0.17	0.29	0.31	0.19	0.60	0.29	1.12	0.96	0.95	0.87	1.18	0.66	0.74	0.68	0.86	1.67	0.99	0.59	1.08	1.49	0.75	0.51	0.50
2017	0.18	0.27	0.35	0.18	0.97	0.28	1.03	1.10	0.90	1.01	1.43	0.81	0.88	0.89	0.82	1.92	1.20	0.29	1.26	1.54	0.86	0.53	0.28

续表

房地产业

年份	北京	天津	石家庄	唐山	秦皇岛	邯郸	邢台	保定	张家口	承德	沧州	廊坊	衡水
2001	—	—	—	—	0.66	0.44	0.48	0.46	0.89	0.44	0.47	0.49	0.00
2002	—	—	—	—	0.38	0.27	0.22	0.28	0.51	0.24	0.31	0.28	0.34
2003	1.66	0.63	0.27	0.23	0.40	0.22	0.19	0.22	0.45	0.22	0.22	0.76	0.34
2004	1.59	0.52	0.21	0.20	0.32	0.21	0.14	0.17	0.34	0.16	0.19	0.90	0.24
2005	1.55	0.60	0.18	0.25	0.29	0.21	0.23	0.13	0.55	0.18	0.17	0.79	0.25
2006	1.91	0.64	0.20	0.26	0.29	0.18	0.26	0.13	0.56	0.17	0.17	0.68	0.25
2007	1.88	0.63	0.20	0.24	0.26	0.19	0.25	0.15	0.53	0.18	0.15	0.64	0.24
2008	1.87	0.62	0.17	0.17	0.24	0.19	0.24	0.12	0.51	0.16	0.25	0.85	0.22
2009	1.83	0.56	0.17	0.14	0.25	0.17	0.22	0.16	0.53	0.16	0.15	0.82	0.24
2010	1.84	0.52	0.15	0.15	0.23	0.19	0.29	0.14	0.65	0.15	0.28	0.89	0.22
2011	1.84	0.51	0.24	0.19	0.26	0.21	0.29	0.22	0.68	0.16	0.37	0.56	0.32
2012	1.94	0.42	0.25	0.18	0.37	0.23	0.37	0.29	0.72	0.33	0.32	0.61	0.52
2013	1.81	0.39	0.57	0.43	0.45	0.28	0.39	0.32	0.88	0.37	0.30	0.63	0.32
2014	1.76	0.42	0.60	0.40	0.66	0.29	0.44	0.35	0.80	0.31	0.43	0.79	0.38
2015	1.73	0.47	0.55	0.29	0.70	0.37	0.48	0.32	0.75	0.33	0.35	0.96	0.41
2016	1.70	0.54	0.62	0.33	0.71	0.33	0.51	0.36	0.71	0.33	0.42	1.11	0.44
2017	1.63	0.71	0.52	0.30	0.28	0.16	0.26	0.16	0.52	0.29	0.27	0.44	0.17

租赁与商业服务业

年份	北京	天津	石家庄	唐山	秦皇岛	邯郸	邢台	保定	张家口	承德	沧州	廊坊	衡水
2001	—	—	—	—	—	—	—	—	—	—	—	—	—
2002	—	—	—	—	—	—	—	—	—	—	—	—	—
2003	1.47	0.63	0.27	0.23	0.26	0.16	0.17	0.17	0.19	0.25	0.16	0.15	0.22
2004	1.35	0.52	0.21	0.20	0.17	0.17	0.12	0.12	0.13	0.21	0.11	0.15	0.15
2005	1.27	0.60	0.18	0.25	0.26	0.16	0.10	0.14	0.19	0.17	0.10	0.14	0.13
2006	1.73	0.64	0.20	0.26	0.28	0.30	0.10	0.15	0.19	0.40	0.10	0.13	0.14
2007	1.66	0.63	0.20	0.24	0.26	0.16	0.09	0.15	0.20	0.39	0.09	0.13	0.14
2008	1.63	0.62	0.17	0.17	0.22	0.12	0.09	0.11	0.19	0.35	0.08	0.31	0.12
2009	1.61	0.56	0.17	0.14	0.15	0.20	0.08	0.11	0.14	0.30	0.09	0.33	0.12
2010	1.59	0.52	0.15	0.15	0.13	0.13	0.09	0.11	0.13	0.26	0.10	0.26	0.12
2011	1.69	0.51	0.24	0.19	0.26	0.17	0.13	0.16	0.28	0.41	0.09	0.24	0.10
2012	1.64	0.42	0.25	0.18	0.20	0.14	0.10	0.15	0.31	0.39	0.10	0.22	0.10
2013	1.61	0.39	0.57	0.43	0.30	0.14	0.13	0.15	0.29	0.31	0.97	0.42	0.15
2014	1.59	0.42	0.60	0.40	0.33	0.35	0.15	0.15	0.34	0.31	1.04	0.40	0.13
2015	1.53	0.47	0.55	0.29	0.28	0.35	0.14	0.14	0.28	0.25	0.94	0.37	0.14
2016	1.54	0.54	0.62	0.33	0.29	0.33	0.15	0.17	0.31	0.33	0.35	0.39	0.14
2017	1.50	0.71	0.52	0.30	0.17	0.14	0.11	0.19	0.33	0.28	0.39	0.14	0.10

续表

年份	科学研究、技术服务和地质勘查业												水利、环境和公共设施管理业										
	天津	石家庄	唐山	秦皇岛	邯郸	邢台	保定	张家口	承德	沧州	廊坊	衡水	北京	天津	石家庄	唐山	秦皇岛	邯郸	邢台	保定	张家口	承德	沧州
2001	—	—	—	—	—	—	—	—	—	—	—	—	—	—	—	—	—	—	—	—	—	—	—
2002	—	—	—	—	—	—	—	—	—	—	—	—	—	—	—	—	—	—	—	—	—	—	—
2003	0.78	0.64	0.14	0.45	0.35	0.34	0.75	0.28	0.31	0.20	0.58	0.27	0.69	1.40	1.55	1.61	2.00	1.33	0.94	0.93	1.14	1.09	1.02
2004	0.80	0.69	0.15	0.48	0.38	0.36	0.89	0.33	0.27	0.21	0.68	0.29	0.70	1.54	1.44	1.49	1.88	1.33	0.89	0.88	1.31	1.05	0.94
2005	0.96	0.84	0.18	0.59	0.44	0.51	1.04	0.36	0.31	0.20	0.67	0.36	0.65	1.51	1.55	1.59	2.28	1.42	1.03	0.97	1.29	1.35	0.90
2006	0.73	0.64	0.13	0.49	0.33	0.38	0.66	0.28	0.25	0.17	0.49	0.27	0.90	1.10	1.12	1.05	1.63	1.14	0.71	0.74	1.10	1.31	0.66
2007	0.74	0.62	0.13	0.37	0.35	0.36	0.65	0.28	0.25	0.16	0.51	0.24	0.89	1.06	1.10	1.14	1.62	1.23	0.67	0.70	1.13	1.39	0.75
2008	0.74	0.58	0.11	0.34	0.37	0.28	0.65	0.26	0.22	0.15	0.82	0.24	0.88	1.10	1.19	1.17	1.66	1.32	0.78	0.72	1.19	1.52	0.72
2009	0.67	0.61	0.11	0.34	0.38	0.25	0.67	0.26	0.22	0.15	0.73	0.24	0.87	1.09	1.27	1.12	1.67	1.37	0.80	0.75	1.22	1.56	0.72
2010	0.71	0.60	0.11	0.37	0.38	0.27	0.63	0.27	0.25	0.19	0.71	0.20	0.83	1.06	1.23	1.21	1.58	1.61	0.89	0.78	1.36	1.59	1.04
2011	0.46	0.66	0.13	0.34	0.40	0.29	0.66	0.29	0.31	0.27	0.68	0.18	0.88	0.84	1.37	1.14	1.26	1.77	1.05	0.74	1.62	1.90	1.16
2012	0.62	0.71	0.12	0.33	0.35	0.23	0.75	0.30	0.30	0.24	0.91	0.20	0.88	0.85	1.29	1.41	1.20	1.69	0.95	0.55	1.76	1.92	1.17
2013	0.71	0.69	0.17	0.34	0.26	0.21	0.89	0.36	0.39	0.19	0.56	0.20	0.88	0.91	1.32	1.20	1.29	1.27	1.36	0.58	1.92	1.70	1.11
2014	0.72	0.74	0.17	0.35	0.27	0.24	0.85	0.41	0.44	0.18	0.51	0.19	0.88	0.91	1.29	1.23	1.43	1.36	1.33	0.56	2.14	1.57	0.99
2015	0.77	0.78	0.18	0.35	0.28	0.24	0.90	0.44	0.41	0.16	0.55	0.18	0.86	0.92	1.36	1.25	1.45	1.36	1.34	0.55	2.04	1.56	1.17
2016	0.71	0.69	0.16	0.31	0.26	0.21	0.74	0.39	0.35	0.74	0.50	0.16	0.84	1.00	1.36	1.19	1.46	1.32	1.52	0.53	2.16	1.43	1.15
2017	0.76	0.67	0.13	0.26	0.27	0.22	0.95	0.32	0.31	0.77	0.14		0.79	0.91	1.46	1.25	1.50	1.71	1.93	0.62	2.47	1.45	1.24

续表

年份	教育								居民服务、修理和其他服务业														
	保定	邢台	邯郸	秦皇岛	唐山	石家庄	天津	北京	衡水	廊坊	沧州	承德	张家口	保定	邢台	邯郸	秦皇岛	唐山	石家庄	天津	北京	衡水	廊坊
2001	—	—	—	—	—	—	—	—	—	—	—	—	—	—	—	—	—	—	—	—	—	—	—
2002	—	—	—	—	—	—	—	—	—	—	—	—	—	—	—	—	—	—	—	—	—	—	—
2003	2.10	2.28	1.49	1.45	1.29	1.49	0.93	0.49	0.06	0.15	0.05	0.18	0.19	0.09	0.10	0.14	0.26	0.09	0.27	1.17	1.55	0.79	1.28
2004	2.18	2.30	1.65	1.50	1.43	1.57	0.93	0.53	0.03	0.03	0.02	0.07	0.05	0.03	0.05	0.03	0.11	0.05	0.13	0.75	1.59	0.76	2.82
2005	2.23	2.43	1.82	1.58	1.40	1.60	0.98	0.50	0.04	0.02	0.73	0.06	0.07	0.03	0.04	0.02	0.07	0.07	0.10	0.61	1.58	0.83	2.87
2006	1.70	1.89	1.41	1.22	1.08	1.26	0.75	0.64	0.13	0.09	1.63	0.12	0.18	0.07	0.11	0.06	0.15	0.27	0.25	1.82	1.38	0.64	2.27
2007	1.75	1.92	1.51	1.25	1.07	1.27	0.74	0.64	0.17	0.09	1.72	0.12	0.16	0.07	0.11	0.06	0.16	0.34	0.27	2.04	1.24	0.71	2.26
2008	1.67	1.94	1.61	1.22	1.08	1.31	0.76	0.64	0.20	0.19	2.44	0.10	0.18	0.06	0.13	0.08	0.21	0.11	0.31	2.64	0.98	0.82	1.25
2009	1.71	1.93	1.69	1.25	1.04	1.39	0.77	0.63	0.19	0.13	2.03	0.09	0.17	0.06	0.09	0.06	0.28	0.09	0.32	2.78	0.98	0.89	1.30
2010	1.82	1.96	1.82	1.23	1.03	1.40	0.76	0.60	0.15	0.12	2.23	0.07	0.20	0.06	0.12	0.06	0.31	0.12	0.32	2.80	0.97	0.87	1.10
2011	1.69	2.09	1.98	1.32	1.07	1.55	0.63	0.63	0.10	0.12	2.27	0.26	0.23	0.05	0.13	0.08	0.06	0.14	0.34	2.37	1.00	0.77	1.00
2012	1.45	1.73	2.01	1.29	1.03	1.54	0.61	0.67	0.08	0.11	1.60	0.34	0.20	0.05	0.08	0.14	0.09	0.11	0.24	2.82	0.91	0.90	1.05
2013	1.37	1.75	1.55	1.34	1.05	1.48	0.69	0.69	0.05	0.16	0.08	0.42	0.61	0.12	0.16	0.17	0.28	0.11	0.18	2.82	0.97	0.90	0.99
2014	1.44	1.82	1.59	1.36	1.11	1.46	0.65	0.68	0.06	0.16	0.08	0.15	0.70	0.16	0.12	0.16	0.18	0.14	0.25	2.94	0.93	1.00	0.81
2015	1.37	1.86	1.63	1.37	1.16	1.46	0.68	0.68	0.05	0.15	0.20	1.39	0.88	0.15	0.10	0.18	0.16	0.15	0.26	2.87	0.89	1.01	0.86
2016	1.35	1.84	1.63	1.37	1.16	1.47	0.70	0.69	0.09	0.12	0.21	0.16	0.86	0.87	0.11	0.15	0.14	0.20	0.30	2.74	0.91	0.92	0.92
2017	1.74	2.27	1.90	1.55	1.27	1.52	0.71	0.66	0.11	2.46	0.33	0.10	1.20	1.03	0.07	0.12	0.06	0.14	0.22	2.00	0.88	1.84	0.79

续表

| 年份 | 教育 | | | | | 卫生、社会保障和社会福利业 | | | | | | | | | | | | | 文化、体育和娱乐业 | | | | |
---	张家口	承德	沧州	廊坊	衡水	北京	天津	石家庄	唐山	秦皇岛	邯郸	邢台	保定	张家口	承德	沧州	廊坊	衡水	北京	天津	石家庄	唐山	秦皇岛
2001	—	—	—	—	—	—	—	—	—	—	—	—	—	—	—	—	—	—	—	—	—	—	—
2002	—	—	—	—	—	—	—	—	—	—	—	—	—	—	—	—	—	—	—	—	—	—	—
2003	1.51	1.93	2.13	2.61	2.27	0.72	1.10	1.23	1.18	1.56	1.14	1.46	1.39	1.35	1.78	1.49	1.62	1.51	1.24	0.80	1.22	0.50	1.02
2004	1.61	2.03	2.23	2.67	2.44	0.69	1.24	1.31	1.25	1.67	1.18	1.60	1.49	1.40	1.99	1.68	1.71	1.62	1.30	0.65	1.00	0.43	0.93
2005	1.72	2.01	2.01	2.78	2.50	0.70	1.24	1.30	1.23	1.72	1.20	1.61	1.50	1.44	1.91	1.54	1.71	1.67	1.41	0.45	0.81	0.35	0.79
2006	1.32	1.57	1.57	2.05	1.99	0.84	1.00	1.04	1.01	1.39	0.94	1.32	1.21	1.17	1.54	1.24	1.36	1.40	1.59	0.56	0.85	0.40	0.94
2007	1.41	1.58	1.56	2.01	2.07	0.82	0.99	1.07	1.03	1.45	1.00	1.38	1.22	1.20	1.51	1.30	1.34	1.50	1.57	0.55	0.83	0.35	0.90
2008	1.44	1.58	1.56	1.95	2.10	0.81	1.02	1.08	1.02	1.44	1.06	1.41	1.19	1.23	1.57	1.33	1.28	1.51	1.55	0.53	0.86	0.36	0.88
2009	1.53	1.62	1.72	1.83	2.08	0.79	1.02	1.11	0.98	1.46	1.14	1.37	1.31	1.29	1.59	1.45	1.23	1.56	1.52	0.52	0.89	0.36	0.89
2010	1.65	1.66	1.84	1.62	2.30	0.76	1.04	1.11	0.97	1.44	1.21	1.46	1.35	1.38	1.62	1.57	1.10	1.65	1.47	0.53	1.05	0.36	1.01
2011	1.62	1.80	1.89	1.52	2.09	0.81	0.81	1.23	1.02	1.60	1.39	1.58	1.24	1.41	1.81	1.60	1.06	1.50	1.57	0.39	1.00	0.39	1.07
2012	1.56	1.83	1.88	1.51	2.18	0.82	0.77	1.31	1.04	1.51	1.48	1.35	1.12	1.40	1.82	1.59	1.09	1.62	1.60	0.44	1.15	0.37	0.98
2013	1.65	1.66	1.90	1.48	2.23	0.84	0.77	1.35	1.06	1.52	1.18	1.42	1.10	1.51	1.58	1.49	1.08	1.64	1.61	0.49	1.07	0.37	0.96
2014	1.73	1.73	1.86	1.42	2.19	0.82	0.75	1.35	1.11	1.49	1.26	1.54	1.06	1.62	1.67	1.50	1.04	1.62	1.59	0.48	1.03	0.45	1.02
2015	1.71	1.70	1.88	1.44	2.11	0.82	0.77	1.31	1.15	1.52	1.33	1.54	1.06	1.58	1.70	1.52	1.08	1.55	1.55	0.49	1.05	0.44	1.04
2016	1.74	1.72	1.84	1.40	2.07	0.81	0.79	1.34	1.16	1.52	1.32	1.54	1.06	1.58	1.66	1.54	1.01	1.60	1.54	0.48	1.02	0.43	1.14
2017	1.85	1.81	2.09	0.93	2.36	0.74	0.84	1.39	1.25	1.55	1.57	1.88	1.34	1.71	1.71	1.71	1.05	1.85	1.46	0.58	0.97	0.44	0.82

续表

年份	文化、体育和娱乐业								公共管理和社会组织												
	邯郸	邢台	保定	张家口	承德	沧州	廊坊	衡水	北京	天津	石家庄	唐山	秦皇岛	邯郸	邢台	保定	张家口	承德	沧州	廊坊	衡水
2001	—	—	—	—	—	—	—	—	—	—	—	—	—	—	—	—	—	—	—	—	—
2002	—	—	—	—	—	—	—	—	—	—	—	—	—	—	—	—	—	—	—	—	—
2003	0.56	0.57	0.66	0.54	0.85	0.56	0.99	0.48	0.50	0.91	1.47	1.17	1.46	1.56	2.14	1.90	1.93	2.09	2.24	2.53	2.25
2004	0.47	0.55	0.52	0.47	0.91	0.52	0.42	0.43	0.48	0.96	1.62	1.33	1.68	1.68	2.41	2.07	2.11	2.45	2.44	2.75	2.50
2005	0.41	0.44	0.45	0.38	0.62	0.34	0.33	0.35	0.47	0.96	1.63	1.29	1.75	1.74	2.53	2.08	2.26	2.45	2.16	2.81	2.55
2006	0.47	0.51	0.54	0.44	0.78	0.41	0.38	0.44	0.64	0.73	1.24	1.03	1.34	1.33	1.94	1.55	1.74	1.80	1.57	2.12	1.95
2007	0.46	0.50	0.56	0.50	0.81	0.38	0.39	0.45	0.63	0.70	1.28	1.03	1.40	1.40	1.99	1.56	1.85	1.83	1.71	2.09	1.98
2008	0.53	0.50	0.54	0.45	0.77	0.36	0.35	0.45	0.63	0.72	1.30	1.05	1.42	1.50	2.03	1.51	1.95	1.88	1.61	2.03	2.05
2009	0.50	0.47	0.53	0.44	0.79	0.40	0.37	0.45	0.66	0.69	1.33	1.01	1.39	1.58	2.01	1.51	2.02	1.85	1.73	1.82	2.00
2010	0.57	0.52	0.53	0.43	0.75	0.47	0.29	0.49	0.66	0.69	1.37	1.02	1.37	1.56	2.05	1.50	2.00	1.95	1.72	1.69	1.99
2011	0.63	0.49	0.34	0.61	0.95	0.51	0.30	0.56	0.69	0.58	1.45	1.12	1.54	1.51	2.18	1.45	1.99	2.08	1.78	1.67	1.82
2012	0.50	0.39	0.29	0.60	0.94	0.46	0.30	0.51	0.71	0.60	1.41	1.11	1.47	1.72	1.89	1.24	1.92	2.13	1.67	1.68	1.74
2013	0.39	0.38	0.28	0.58	0.83	0.53	0.29	0.49	0.71	0.60	1.32	1.16	1.53	1.46	1.90	1.25	2.17	1.98	1.77	1.71	1.73
2014	0.41	0.33	0.27	0.63	0.86	0.58	0.28	0.49	0.71	0.59	1.27	1.23	1.57	1.40	1.95	1.26	2.29	2.04	1.73	1.63	1.71
2015	0.44	0.33	0.28	0.63	0.82	0.56	0.28	0.48	0.69	0.64	1.27	1.26	1.64	1.46	2.00	1.23	2.30	2.00	1.76	1.69	1.71
2016	0.44	0.28	0.30	0.63	0.81	0.55	0.28	0.51	0.67	0.69	1.26	1.35	1.65	1.44	1.95	1.27	2.31	2.00	1.76	1.63	1.75
2017	0.45	0.38	0.35	0.64	0.85	0.68	0.32	0.56	0.64	0.70	1.33	1.45	1.78	1.76	2.40	1.68	2.66	2.16	2.05	0.86	2.11

资料来源：根据 2002~2018 年《中国城市统计年鉴》测算完成。

一、就业人员数

就业人员（有些部门统计称为从业人员）在我国是指 16 周岁及以上，从事一定社会劳动并取得劳动报酬或经营收入的人员。全社会就业人员包括三部分：城镇单位就业人员，私营和个体就业人员，农村就业人员。

由于就业人员数能够简明、直接地体现劳动投入量的规模，且不存在价格调整问题，统计数据也容易获得，故在国内研究中，就业人员数是研究者使用较多的反映劳动投入的变量。

有些学者认为，就业人员数反映劳动投入量是十分粗糙的。它既不能反映劳动者劳动时间的长短，也不能反映兼职的情况，更不能反映劳动者的质量，而在现实中劳动者的质量，如技能、教育、专业经验等都会对劳动投入产生影响。

也有一些专家认为，就业人员数虽不能反映劳动时间的长短和劳动质量的高低，但劳动时间和劳动质量的改变毕竟不是一朝一夕的事情，因此只需要测算劳动投入的增长速度，只要在计算期内变化不大，就不会对测算产生较大的影响。

表 4 - 10 和图 4 - 7 描述了自 1990 年至 2017 年京津冀三地就业人数及其增长情况。河北省就业人数远多于北京、天津。1990 ~ 2000 年，河北就业人数增长较快，2000 年之后，北京、天津就业人数增长普遍快于河北。其间，北京 2004 年就业人员猛增，增长率达 20% 以上，波动较大。2012 年之后，京津冀就业增长率呈下降趋势。2017 年天津市、河北省就业人数开始负增长。下面将具体分析三次产业就业人数及变动情况。

表 4 - 10　1990 ~ 2017 年京津冀就业人数及其增长情况

年份	北京		天津		河北		京津冀	
	就业人数（万人）	增长率（%）	就业人数（万人）	增长率（%）	就业人数（万人）	增长率（%）	就业人数（万人）	增长率（%）
1990	627.10	—	470.07	—	2955.47	—	4052.64	—
1991	634.00	1.10	479.67	2.04	3040.30	2.87	4153.97	2.50
1992	649.30	2.41	485.70	1.26	3106.28	2.17	4241.28	2.10
1993	627.80	-3.31	503.10	3.58	3171.37	2.10	4302.27	1.44
1994	664.30	5.81	513.00	1.97	3210.37	1.23	4387.67	1.98
1995	665.30	0.15	515.30	0.45	3252.01	1.30	4432.61	1.02
1996	660.20	-0.77	512.00	-0.64	3300.16	1.48	4472.36	0.90
1997	655.80	-0.67	513.33	0.26	3324.23	0.73	4493.36	0.47
1998	622.20	-5.12	508.10	-1.02	3367.18	1.29	4497.48	0.09

续表

年份	北京		天津		河北		京津冀	
	就业人数（万人）	增长率（%）	就业人数（万人）	增长率（%）	就业人数（万人）	增长率（%）	就业人数（万人）	增长率（%）
1999	618.60	-0.58	508.14	0.01	3322.30	-1.33	4449.04	-1.08
2000	619.30	0.11	486.89	-4.18	3385.71	1.91	4491.90	0.96
2001	628.90	1.55	488.34	0.30	3409.16	0.69	4526.40	0.77
2002	679.20	8.00	492.61	0.87	3435.00	0.76	4606.81	1.78
2003	703.30	3.55	510.90	3.71	3470.23	1.03	4684.43	1.68
2004	854.10	21.44	527.78	3.30	3516.71	1.34	4898.59	4.57
2005	878.00	2.80	542.52	2.79	3568.97	1.49	4989.49	1.86
2006	919.70	4.75	562.92	3.76	3609.99	1.15	5092.61	2.07
2007	942.70	2.50	613.93	9.06	3664.97	1.52	5221.60	2.53
2008	980.90	4.05	647.32	5.44	3725.66	1.66	5353.88	2.53
2009	998.30	1.77	677.13	4.61	3792.49	1.79	5467.92	2.13
2010	1031.60	3.34	728.70	7.62	3865.14	1.92	5625.44	2.88
2011	1069.70	3.69	763.16	4.73	3962.62	2.52	5795.28	3.02
2012	1107.30	3.52	803.14	5.24	4085.74	3.11	5996.18	3.47
2013	1141.00	3.04	847.46	5.52	4183.93	2.40	6172.39	2.94
2014	1156.70	1.38	877.21	3.51	4202.66	0.45	6236.57	1.04
2015	1186.10	2.54	896.80	2.23	4212.50	0.23	6295.40	0.94
2016	1220.10	2.87	902.42	0.63	4223.95	0.27	6346.47	0.81
2017	1246.80	2.19	894.83	-0.84	4206.66	-0.41	6348.29	0.03

资料来源：根据2018年《北京统计年鉴》《天津统计年鉴》《河北经济年鉴》整理。

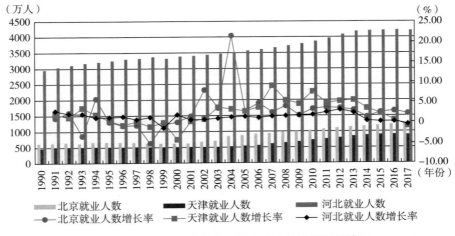

图4-7 1990～2017年京津冀就业人数及其增长情况

1. 京津冀第一产业就业人数及其增长情况

表4－11和图4－8描述了自1990年至2017年京津冀第一产业就业人数及变动情况。河北省第一产业就业人数总量及占总就业人数的比重远高于京津，京津冀三地第一产业就业人数均呈下降趋势。

表4－11　1990～2017年京津冀第一产业就业人数及其增长情况

年份	北京		天津		河北		京津冀	
	就业人数（万人）	比重（%）	就业人数（万人）	比重（%）	就业人数（万人）	比重（%）	就业人数（万人）	比重（%）
1990	90.70	14.46	93.63	19.92	1820.51	61.60	2004.84	49.47
1991	90.80	14.32	94.27	19.65	1905.27	62.67	2090.34	50.32
1992	84.50	13.01	92.50	19.04	1874.64	60.35	2051.64	48.37
1993	65.10	10.37	89.60	17.81	1857.14	58.56	2011.84	46.76
1994	73.20	11.02	85.60	16.69	1780.48	55.46	1939.28	44.20
1995	70.60	10.61	82.90	16.09	1729.29	53.18	1882.79	42.48
1996	72.50	10.98	82.10	16.04	1635.17	49.55	1789.77	40.02
1997	71.00	10.83	81.26	15.83	1634.03	49.16	1786.29	39.75
1998	71.50	11.49	80.88	15.92	1650.22	49.01	1802.60	40.08
1999	74.50	12.04	79.57	15.66	1653.25	49.76	1807.32	40.62
2000	72.90	11.77	81.29	16.70	1678.12	49.56	1832.31	40.79
2001	71.20	11.32	82.70	16.93	1676.34	49.17	1830.24	40.43
2002	67.60	9.95	82.25	16.70	1662.59	48.40	1812.44	39.34
2003	62.70	8.92	83.19	16.28	1672.26	48.19	1818.15	38.81
2004	61.50	7.20	82.83	15.69	1612.85	45.86	1757.18	35.87
2005	62.20	7.08	81.79	15.08	1564.72	43.84	1708.71	34.25
2006	60.30	6.56	81.11	14.41	1524.89	42.24	1666.30	32.72
2007	60.90	6.46	76.98	12.54	1481.52	40.42	1619.40	31.01
2008	63.00	6.42	76.30	11.79	1481.37	39.76	1620.67	30.27
2009	62.20	6.23	75.70	11.18	1479.22	39.00	1617.12	29.57
2010	61.40	5.95	73.85	10.13	1464.21	37.88	1599.46	28.43
2011	59.10	5.52	73.18	9.59	1439.63	36.33	1571.91	27.12
2012	57.30	5.17	71.23	8.87	1426.27	34.91	1554.80	25.93
2013	55.40	4.86	68.99	8.14	1404.49	33.57	1528.88	24.77
2014	52.40	4.53	67.98	7.75	1398.88	33.29	1519.26	24.36

年份	北京		天津		河北		京津冀	
	就业人数（万人）	比重（%）	就业人数（万人）	比重（%）	就业人数（万人）	比重（%）	就业人数（万人）	比重（%）
2015	50.30	4.24	66.17	7.38	1387.83	32.95	1504.30	23.90
2016	49.60	4.07	65.10	7.21	1380.33	32.68	1495.03	23.56
2017	48.80	3.91	62.71	7.01	1366.90	32.49	1478.41	23.29

资料来源：根据《北京统计年鉴》《天津统计年鉴》《河北经济年鉴》测算完成。

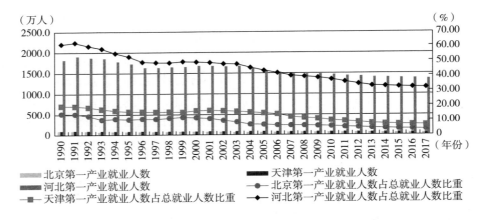

图 4-8　1990~2017 年京津冀第一产业就业人数及其增长情况

2. 京津冀第二产业就业人数及其增长情况

表 4-12 和图 4-9 描述了自 1990 年至 2017 年京津冀第二产业就业人数及其增长情况。1990~2017 年，河北省第二产业就业人数整体呈上升趋势，占总体就业人数的比重也在增加。京津冀第二产业就业人数占比呈波动状态，其中京津第二产业就业人数不断减少，占当地就业人数的比重也在持续降低。

表 4-12　京津冀第二产业就业人数及其增长情况

年份	北京		天津		河北		京津冀	
	就业人数（万人）	比重（%）	就业人数（万人）	比重（%）	就业人数（万人）	比重（%）	就业人数（万人）	比重（%）
1990	281.60	44.91	232.17	49.39	680.14	23.01	1193.91	29.46
1991	279.70	44.12	237.24	49.46	690.04	22.70	1206.98	29.06

续表

年份	北京		天津		河北		京津冀	
	就业人数（万人）	比重（%）	就业人数（万人）	比重（%）	就业人数（万人）	比重（%）	就业人数（万人）	比重（%）
1992	281.60	43.37	238.40	49.08	722.61	23.26	1242.61	29.30
1993	279.40	44.50	245.20	48.74	778.68	24.55	1303.28	30.29
1994	272.20	40.98	246.50	48.05	832.60	25.93	1351.30	30.80
1995	271.00	40.73	247.10	47.95	879.08	27.03	1397.18	31.52
1996	260.10	39.40	241.40	47.15	942.08	28.55	1443.58	32.28
1997	257.60	39.28	235.69	45.91	940.24	28.28	1433.53	31.90
1998	226.00	36.32	233.21	45.90	932.60	27.70	1391.81	30.95
1999	216.20	34.95	230.33	45.33	879.69	26.48	1326.22	29.81
2000	208.20	33.62	222.15	45.63	886.99	26.20	1317.34	29.33
2001	215.90	34.33	212.65	43.55	899.68	26.39	1328.23	29.34
2002	235.30	34.64	205.38	41.69	929.12	27.05	1369.80	29.73
2003	225.80	32.11	219.44	42.95	942.84	27.17	1388.08	29.63
2004	232.80	27.26	223.89	42.42	992.74	28.23	1449.43	29.59
2005	231.10	26.32	227.38	41.91	1043.56	29.24	1502.04	30.10
2006	225.40	24.51	234.85	41.72	1082.66	29.99	1542.91	30.30
2007	228.10	24.20	261.35	42.57	1134.51	30.96	1623.96	31.10
2008	207.40	21.14	271.90	42.00	1170.06	31.41	1649.36	30.81
2009	199.60	19.99	281.01	41.50	1203.36	31.73	1683.97	30.80
2010	202.70	19.65	302.33	41.49	1250.85	32.36	1755.88	31.21
2011	219.20	20.49	315.99	41.41	1319.83	33.31	1855.02	32.01
2012	212.60	19.20	330.89	41.20	1400.79	34.28	1944.28	32.43
2013	210.90	18.48	353.85	41.75	1438.07	34.37	2002.82	32.45
2014	209.89	18.15	341.51	38.93	1437.79	34.21	1989.19	31.90
2015	200.80	16.93	320.16	35.70	1437.43	34.12	1958.39	31.11
2016	193.00	15.82	306.41	33.95	1439.74	34.09	1939.15	30.55
2017	192.81	15.46	290.90	32.51	1396.58	33.20	1880.29	29.62

资料来源：根据 2018 年《北京统计年鉴》《天津统计年鉴》《河北经济年鉴》测算完成。

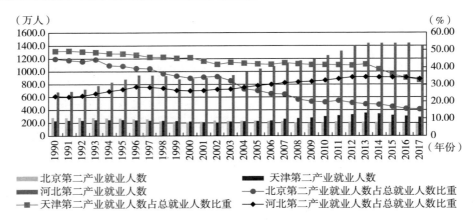

图 4 - 9　1990~2017 年京津冀第二产业就业人数及其增长情况

3. 京津冀第三产业就业人数及其增长情况

表 4 - 13 和图 4 - 10 描述了自 1990 年至 2017 年京津冀第三产业就业人数及其增长情况。京津冀第三产业就业人数总量及占总体就业人数的比重均有所上升，截至 2017 年底，北京第三产业就业人数占全市就业人数的 80.62%，天津占 60.48%，河北占 34.31%。

表 4 - 13　1990~2017 年京津冀第三产业就业人数及其增长情况

年份	北京		天津		河北		京津冀	
	就业人数 (万人)	比重 (%)	就业人数 (万人)	比重 (%)	就业人数 (万人)	比重 (%)	就业人数 (万人)	比重 (%)
1990	254.80	40.63	144.27	30.69	454.82	15.39	853.89	21.07
1991	263.50	41.56	148.16	30.89	444.99	14.64	856.65	20.62
1992	283.20	43.62	154.80	31.87	509.03	16.39	947.03	22.33
1993	283.30	45.13	168.90	33.57	535.55	16.89	987.75	22.96
1994	318.90	48.01	180.90	35.26	597.29	18.61	1097.09	25.00
1995	323.70	48.65	185.30	35.96	643.64	19.79	1152.64	26.00
1996	327.60	49.62	188.50	36.82	722.91	21.91	1239.01	27.70
1997	327.20	49.89	196.38	38.26	749.96	22.56	1273.54	28.34
1998	324.70	52.19	194.01	38.18	784.36	23.29	1303.07	28.97
1999	327.90	53.01	198.24	39.01	789.36	23.76	1315.50	29.57
2000	338.20	54.61	183.45	37.68	820.60	24.24	1342.25	29.88

续表

年份	北京		天津		河北		京津冀	
	就业人数（万人）	比重（%）	就业人数（万人）	比重（%）	就业人数（万人）	比重（%）	就业人数（万人）	比重（%）
2001	341.80	54.35	192.99	39.52	833.14	24.44	1367.93	30.22
2002	376.30	55.40	204.98	41.61	843.29	24.55	1424.57	30.92
2003	414.80	58.98	208.27	40.77	855.12	24.64	1478.19	31.56
2004	559.80	65.54	221.06	41.88	911.12	25.91	1691.98	34.54
2005	584.70	66.59	233.35	43.01	960.69	26.92	1778.74	35.65
2006	634.00	68.94	246.96	43.87	1002.44	27.77	1883.40	36.98
2007	653.70	69.34	275.60	44.89	1048.94	28.62	1978.24	37.89
2008	710.50	72.43	299.12	46.21	1074.23	28.83	2083.85	38.92
2009	736.50	73.78	320.42	47.32	1109.91	29.27	2166.83	39.63
2010	767.50	74.40	352.52	48.38	1150.08	29.76	2270.10	40.35
2011	791.40	73.98	373.99	49.01	1202.96	30.36	2368.35	40.87
2012	837.40	75.63	401.02	49.93	1258.68	30.81	2497.10	41.64
2013	874.70	76.66	424.62	50.11	1341.37	32.06	2640.69	42.78
2014	894.39	77.32	467.72	53.32	1365.99	32.50	2728.10	43.74
2015	935.00	78.83	510.47	56.92	1387.24	32.93	2832.71	45.00
2016	977.50	80.12	530.91	58.83	1403.88	33.24	2912.29	45.89
2017	1005.20	80.62	541.22	60.48	1443.18	34.31	2989.60	47.09

资料来源：根据 2018 年《北京统计年鉴》《天津统计年鉴》《河北经济年鉴》测算完成。

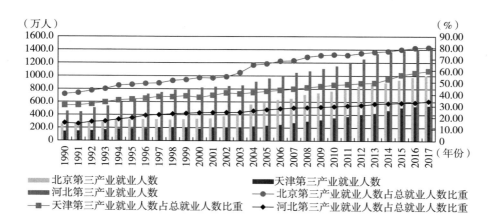

图 4-10　1990～2017 年京津冀第三产业就业人数及其增长情况

图4-11描述了京津冀区域总体三次产业就业比重及变动情况，1990~2017年京津冀第一产业就业比重不断下降，从1990年的49.70%下降到2017年的23.29%；第二产业就业比重变动幅度相对较小，1990~2017年极差仅为3.39%；1990~2017年京津冀第三产业就业比重逐年上升，从1990年的21.07%上升到2017年的47.09%。

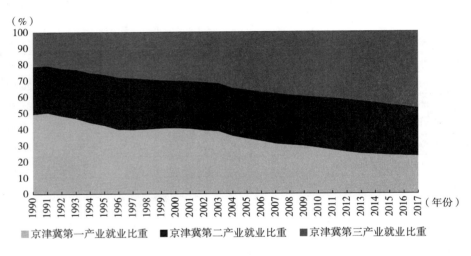

图4-11　京津冀区域总体三次产业就业比重及变动情况

二、劳动时间（工时数）

OECD的《生产率测算手册》推荐使用劳动时间（工时数）指标测算全要素生产率，认为其是比较理想的反映劳动投入量的指标。

与就业人员数比较，劳动时间（工时数）更加具备测算优势，可以反映劳动时间的长短。发达国家和地区，如美国、欧盟等具有较为完备的企业劳动时间调查或家庭成员劳动时间调查数据，但我国暂时缺少公开发布的劳动时间调查数据，本书不做讨论。

三、劳动者报酬

劳动者报酬指的是劳动者因从事生产活动所获得的全部报酬，包括计时工资、计件工资、奖金、津贴和补贴、加班加点工资、特殊情况下支付的工资，是在岗职工工资总额、劳务派遣人员工资总额和其他就业人员工资总额之和。

工资总额是税前工资，包括单位从个人工资中直接为其代扣或代缴的房费、水费、电费、住房公积金和社会保险基金个人缴纳部分等。①

　　许多专家认为，在发达国家劳动力市场发展较为完善的今天，劳动收入已能够比较准确地反映劳动强度和劳动时间。在《生产率测算手册》中，不同行业的劳动投入量（工时数）也是用劳动者报酬进行加权综合的。

　　《中国统计年鉴》在国民经济核算条目下的"地区生产总值收入法构成项目"公布了劳动者报酬数据，具体数据如表4－14所示。

表4－14　1990~2017年京津冀劳动者报酬　　　　单位：亿元

年份	北京	天津	河北
1990	207.30	135.54	444.71
1991	254.20	144.25	—
1992	304.70	166.13	532.02
1993	387.70	223.72	832.75
1994	508.10	319.98	1198.47
1995	647.90	417.02	1643.15
1996	760.90	534.48	1875.94
1997	880.10	634.76	2107.32
1998	1008.50	699.85	2253.94
1999	1135.30	748.05	2475.4
2000	1327.70	715.11	2693.00
2001	1538.70	774.46	2926.63
2002	1810.60	835.23	3053.34
2003	2119.70	892.22	3423.3
2004	2595.50	1050.14	3482.37
2005	3179.90	1427.03	4160.01
2006	3657.30	1584.83	4510.24
2007	4405.80	1878.24	5257.09
2008	5615.80	2500.75	8606.95
2009	6141.60	2828.21	9533.07
2010	6920.00	3543.08	11280.6
2011	7992.40	4360.45	12496.98
2012	9102.60	5017.97	13656.68

———————

① 参见《中国统计年鉴》（2018）。

续表

年份	北京	天津	河北
2013	10238.60	5727.35	14318.95
2014	11118.40	6264.26	14840.75
2015	12697.30	6683.53	15398.55
2016	13483.70	7146.25	16293.31
2017	14766.00	7602.43	17399.38

注：按当年价核算。

资料来源：根据2018年《北京统计年鉴》《天津统计年鉴》和1993～2018年《河北经济年鉴》整理。

四、关于劳动投入量指标选取的讨论

什么指标最适用于测算科技进步贡献率，学术界有不同的声音。在劳动要素投入量估算中，江兵等使用劳动人数计算，并将数据统计口径分为全社会、第一产业、第二产业和第三产业[1]。王志刚等、钟世川和毛艳华利用劳动人数作为劳动力投入量[2,3]。洪兴建和罗刚飞以各省份的人均受教育年限和就业人员的数量的乘积作为有效的劳动投入[4]。蔡跃洲和张钧南以劳动小时作为衡量劳动要素投入的数量单位，并且充分考虑了劳动者的教育程度分布情况[5]。蔡跃洲和付一夫根据教育程度分布等情况，估算各行业以劳动小时为基本单位的劳动要素投入数据[6]。

当下，科学技术的发展使生产设备更新换代，减少了劳动人数和劳动时间，同时也对劳动者自身的素质有了更高的要求。另外，劳动者之间的差异对生产的影响也尤其显著，比如劳动者的受教育程度、年龄、性别以及职业等。综上所述，三种方法各有利弊。目前，以劳动人数代表劳动投入量指标是研究中使用频率最多的，其优势在于数据易得，使用方便，但该指标忽略了劳动的质量差异和劳动效率等问题。而采用劳动者报酬总额代表劳动投入量指标，虽然体现了劳动质量，但是国内各地区、各行业、各阶层之间的劳动者报酬差别较大，难以反映真实的劳动投入量，特别是21世纪以来国家大力推行劳动用工保险制度，以及最低工资制度，国内劳动者报酬增幅较大，在一定程度上存在对劳动投入量的高估，所以不宜采用。因此，本书采用就业人数代表劳动投入指标。

五、人力资本存量

人力资本是近年来兴起的反映劳动投入的新概念。OECD对人力资本的最新定义为"个人拥有的能够创造个人、社会和经济福祉的知识、技能、能力和素

质"[7]。反映一定时期一个国家或地区拥有人力资本的规模和水平的指标就是人力资本存量。人力资本存量的测算主要有三种方法：未来收益法、累计成本法和教育存量法。

未来收益法是最早提出的用以测算人力资本水平的方法。基本思想是：人力资本的货币价值等于未来每年预期收益的现值总和。未来收益法实际上是运用保险的原理，通过未来收益的折现来估计人力资本水平。然而，未来收益法需要准确且及时的人口死亡率资料、不同年龄的失业率和受教育程度资料等，这些不是我国现有统计体系所能满足的，因而国内学者较少采用未来收益法。

累计成本法体现了经济学的成本核算原理，即人力资本价值等于对人花费的一切支出的总和。需要考虑到劳动者在成长过程中所受的教育培训、卫生保健、流动迁徙等费用支出，将这些费用支出加以累计，并进行价格调整。由于计算较为复杂，即使在发达国家也还处于研究阶段。

教育存量法是以教育的成就或国民的受教育程度来描述人力资本水平。教育形成的知识构成了人力资本的核心内容，教育的成就越大，人力资本的投入通常也越多，国民的受教育程度越高，人力资本的存量也越大。

教育存量可以从许多不同的角度来度量，如平均受教育年限、学校入学率、基于学习年限和工作经验的指数值等。

人力资本难以精确测度，但受学校教育的平均年限可作为人力资本的代表。使用平均受教育年限估算人力资本存量直观且易于操作，是国内许多学者采用的方法。但是，这样的计量与人力作为资产的定义不太符合，尤其是对于社会不同的劳动需求，机械地认为受过高等教育的劳动者必然等于其他劳动者的倍加，存在较大的随意性。使用受教育年限数据，隐含假设为全部适龄人口均从事劳动。

对于人力资本数据，吴江和王选华（2012）根据劳动者的受教育年限来衡量，确定类别[8]。不同学历层次的劳动者获取知识的能力有差异，从事的具体工作也不完全相同，Maddison提出初等教育等量年的概念，设定1个初等教育年为1.0年，1个中等教育年为1.4个初等教育等量年，1个高等教育年为2.0个初等教育等量年[9]。有关劳动力受教育程度的数据参见《中国劳动统计年鉴》。

2015年起，《中国劳动统计年鉴》开始使用新的受教育程度分类，即未上过学、小学文化、初中文化、高中文化、中等职业教育文化、高等职业教育文化、大学专科文化、大学本科文化和研究生文化，对应的学历年限分别为1.5年、6年、9年、12年、12年、15年、15年、16年和19.6年。京津冀就业人员受教育程度分布情况见表4-15～表4-17和图4-12～图4-14。得益于九年制义务教育的推行，京津冀三地未上过学和小学文化程度的就业人员比例大幅下降；高中、中等职业、高等职业教育文化程度的就业人员，大学专科及以上文化程度的就业人员占比总体呈上升趋势。2017 年京津冀三地大学专科及以上文化程度人数占比分别为 55.77%、34.54%、16.54%。

表 4 - 15 2001～2017 年北京就业人员受教育程度分布情况   单位:%

年份	未上过学人数占比	小学文化程度人数占比	初中文化程度人数占比	高中文化程度人数占比	中等职业教育文化程度人数占比	高等职业教育文化程度人数占比	大学专科文化程度人数占比	大学本科文化程度人数占比	研究生文化程度人数占比
2001	1.40	8.00	40.40	31.60	—	—	10.40	7.30	0.90
2002	1.10	6.80	41.20	27.80	—	—	11.70	9.70	1.70
2003	0.80	5.81	38.57	28.66	—	—	12.39	11.85	1.92
2004	1.00	6.40	38.40	25.70	—	—	12.30	13.70	2.57
2005	0.98	6.64	35.00	26.51	—	—	14.48	13.55	2.84
2006	1.49	6.80	31.53	24.47	—	—	16.30	15.99	3.41
2007	1.02	7.22	33.03	24.49	—	—	14.85	16.07	3.31
2008	0.95	7.08	33.98	25.18	—	—	14.45	15.26	3.09
2009	1.09	7.68	31.97	23.35	—	—	15.16	17.37	3.38
2010	0.48	4.82	34.20	21.52	—	—	14.73	19.17	5.08
2011	0.40	3.39	22.03	23.94	—	—	17.88	25.61	6.77
2012	0.32	2.86	20.77	22.46	—	—	19.27	27.52	6.79
2013	0.34	3.75	22.63	21.88	—	—	18.29	26.03	7.09
2014	0.30	3.00	20.90	19.90	—	—	18.50	29.50	7.87
2015	0.20	2.97	21.48	13.62	7.29	1.85	19.77	26.76	6.05
2016	0.20	2.40	22.01	12.11	7.51	1.72	19.70	27.57	6.79
2017	0.14	2.34	20.70	12.47	7.03	1.55	18.23	30.39	7.15

资料来源:根据 2002～2018 年《中国劳动统计年鉴》整理。

表 4 - 16 2001～2017 年天津就业人员受教育程度分布情况   单位:%

年份	未上过学人数占比	小学文化程度人数占比	初中文化程度人数占比	高中文化程度人数占比	中等职业教育文化程度人数占比	高等职业教育文化程度人数占比	大学专科文化程度人数占比	大学本科文化程度人数占比	研究生文化程度人数占比
2001	1.80	18.20	44.90	24.30	—	—	7.20	3.40	0.20
2002	1.60	15.40	43.30	26.10	—	—	8.30	5.00	0.40

续表

年份	未上过学人数占比	小学文化程度人数占比	初中文化程度人数占比	高中文化程度人数占比	中等职业教育文化程度人数占比	高等职业教育文化程度人数占比	大学专科文化程度人数占比	大学本科文化程度人数占比	研究生文化程度人数占比
2003	1.83	15.24	43.18	26.28	—	—	8.57	4.54	0.37
2004	1.40	12.20	41.30	27.00	—	—	10.60	7.00	0.57
2005	1.62	15.52	45.12	22.91	—	—	8.35	5.99	0.50
2006	1.16	15.37	41.52	24.67	—	—	9.70	7.02	0.54
2007	1.49	13.08	42.76	25.22	—	—	9.61	7.25	0.57
2008	1.26	12.64	41.87	27.27	—	—	9.77	6.40	0.77
2009	1.11	11.42	42.85	26.67	—	—	10.09	7.35	0.49
2010	0.81	12.15	44.85	20.67	—	—	10.27	10.19	1.06
2011	0.49	8.66	41.53	22.57	—	—	13.30	12.37	1.07
2012	0.60	8.80	40.66	22.16	—	—	13.72	12.89	1.17
2013	0.51	7.55	39.35	20.84	—	—	15.23	15.31	1.21
2014	0.20	6.70	39.30	19.70	—	—	18.30	14.50	1.35
2015	0.49	8.37	33.54	12.09	9.85	1.25	14.80	17.29	2.32
2016	0.53	8.52	33.73	11.29	9.87	1.80	14.49	17.62	2.16
2017	0.42	7.12	34.47	11.76	10.40	1.28	13.57	18.67	2.30

资料来源：根据 2002～2018 年《中国劳动统计年鉴》整理。

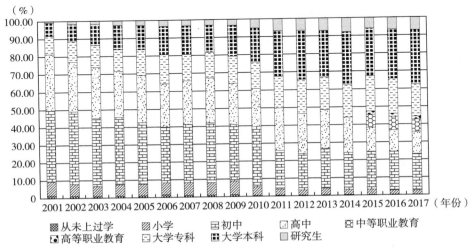

图 4－12　2001～2017 年北京就业人员受教育程度分布情况

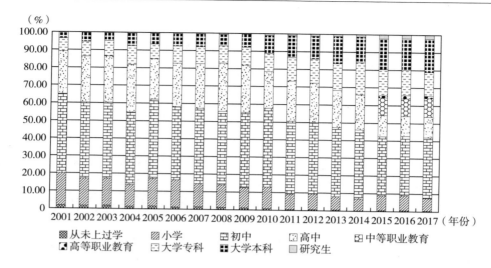

图4-13　2001~2017年天津就业人员受教育程度分布情况

表4-17　2001~2017年河北省就业人员受教育程度分布情况　　单位:%

年份	未上过学人数占比	小学文化程度人数占比	初中文化程度人数占比	高中文化程度人数占比	中等职业教育文化程度人数占比	高等职业教育文化程度人数占比	大学专科文化程度人数占比	大学本科文化程度人数占比	研究生文化程度人数占比
2001	4.60	29.10	50.30	12.50	—	—	2.60	0.80	—
2002	4.00	27.00	49.70	13.10	—	—	4.50	1.60	0.10
2003	3.49	23.44	50.47	14.03	—	—	6.18	2.35	—
2004	2.90	22.80	53.90	13.10	—	—	5.00	2.20	0.06
2005	3.53	24.69	54.52	11.75	—	—	3.70	1.74	0.07
2006	3.34	26.58	55.39	10.38	—	—	2.89	1.39	0.04
2007	3.36	25.27	56.45	10.54	—	—	2.79	1.49	0.10
2008	2.38	24.05	57.45	11.07	—	—	3.23	1.58	0.22
2009	2.56	22.33	58.41	11.00	—	—	3.46	1.95	0.30
2010	1.61	19.50	58.71	12.50	—	—	4.95	2.56	0.17
2011	0.95	14.64	57.45	15.83	—	—	6.84	4.05	0.24
2012	1.52	12.44	57.37	16.82	—	—	7.45	4.11	0.29
2013	2.22	16.08	55.54	15.08	—	—	6.87	3.95	0.26
2014	1.30	15.30	55.30	14.80	—	—	7.90	5.30	0.23

年份	未上过学人数占比	小学文化程度人数占比	初中文化程度人数占比	高中文化程度人数占比	中等职业教育文化程度人数占比	高等职业教育文化程度人数占比	大学专科文化程度人数占比	大学本科文化程度人数占比	研究生文化程度人数占比
2015	1.30	13.64	49.40	13.62	5.24	1.07	9.19	6.04	0.50
2016	1.06	12.90	50.43	12.84	5.34	1.13	9.55	6.24	0.51
2017	0.87	12.28	49.78	13.51	6.02	0.99	9.84	6.24	0.46

资料来源：根据 2002～2018 年《中国劳动统计年鉴》整理。

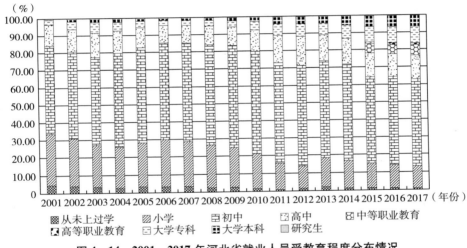

图 4-14　2001～2017 年河北省就业人员受教育程度分布情况

图 4-15 则对比了 2001～2017 年全国和京津冀就业人员的平均受教育年限。从图 4-15 中可以看出，北京、天津就业人员平均受教育年限普遍高于河北和全国平均水平，河北省就业人员平均受教育年限与全国平均水平基本持平。2001～2017 年北京就业人员平均受教育年限较全国平均水平多 3.24 年，天津就业人员平均受教育年限较全国平均水平多 1.73 年，河北就业人员平均受教育年限较全国平均水平多 0.15 年。

探究人力资本在京津冀区域城市群的空间集聚情况，根据以往文献中的要求，本书将受教育程度在大专及以上的就业人员作为人力资本的代理变量，由于各统计年鉴中均未统计河北省 11 个地级市的就业人员受教育程度数据，本书按照河北省 11 个地级市高等学校数量占全省的比重估算各地的人力资本。具体表达式如式（4-3）所示。

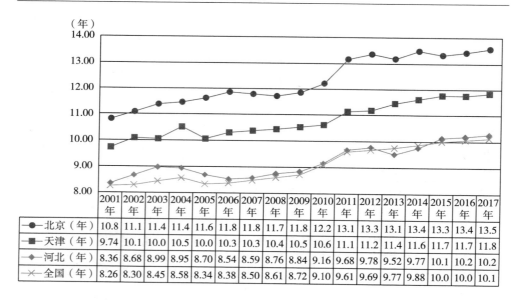

	2001年	2002年	2003年	2004年	2005年	2006年	2007年	2008年	2009年	2010年	2011年	2012年	2013年	2014年	2015年	2016年	2017年
●北京（年）	10.8	11.1	11.4	11.4	11.6	11.8	11.8	11.7	11.8	12.2	13.1	13.3	13.1	13.4	13.3	13.4	13.5
■天津（年）	9.74	10.1	10.0	10.5	10.0	10.3	10.3	10.4	10.5	10.6	11.1	11.2	11.4	11.6	11.7	11.7	11.8
◆河北（年）	8.36	8.68	8.99	8.95	8.70	8.54	8.59	8.76	8.84	9.16	9.68	9.78	9.52	9.77	10.1	10.2	10.2
✕全国（年）	8.26	8.30	8.45	8.58	8.34	8.38	8.50	8.61	8.72	9.10	9.61	9.69	9.77	9.88	10.0	10.0	10.1

图 4 - 15 2001～2017 年京津冀就业人员平均受教育年限对比

资料来源：根据 2002～2018 年《中国劳动统计年鉴》测算完成。

$$HCQ_i = \frac{HC_i / L_i}{\sum_{i=1}^{n} HC_i / \sum_{i=1}^{n} L_i} \qquad (4-3)$$

其中，HCQ_i 表示 i 地区人力资本集聚水平；HC_i 表示 i 地区人力资本，在本书中指京津冀地区各城市；L_i 表示 i 地区就业人员的数量；$\sum_{i=1}^{n} HC_i$ 表示所有地区人力资本；$\sum_{i=1}^{n} L_i$ 表示所有地区的就业人数。由于缺少河北省 13 个地级市的数据，本书根据 13 个地级市拥有的普通高等学校数量权重估算河北省 13 个地级市的受教育程度在大专以上的就业人员数量。资料来源于《北京统计年鉴》《天津统计年鉴》《河北经济年鉴》《中国城市年鉴》《中国劳动年鉴》。表 4 - 18 显示了 2001～2017 年人力资本区位熵，显示京津冀人力资本主要集聚在北京、天津、石家庄，区位熵均大于 1，具备人才集聚优势，其次是秦皇岛、保定、廊坊等地。

表 4 - 18 2001～2017 年京津冀地区人力资本区位熵

年份	北京	天津	石家庄	唐山	秦皇岛	邯郸	邢台	保定	张家口	承德	沧州	廊坊	衡水
2001	2.84	1.65	1.07	0.56	1.64	0.98	0.41	0.55	0.28	0.63	0.12	0.35	0.12

续表

年份	北京	天津	石家庄	唐山	秦皇岛	邯郸	邢台	保定	张家口	承德	沧州	廊坊	衡水
2002	2.35	1.39	1.41	0.58	0.74	1.23	0.51	0.79	0.38	0.82	0.16	0.70	0.30
2003	2.22	1.14	1.69	0.86	0.71	0.59	0.65	0.92	0.37	0.75	0.20	0.76	0.29
2004	2.35	1.50	1.62	0.52	0.59	0.66	0.53	0.77	0.17	0.60	0.21	0.57	0.24
2005	2.82	1.35	1.53	0.46	0.52	0.57	0.46	0.27	0.15	0.53	0.19	0.49	0.22
2006	3.14	1.52	1.05	0.32	0.36	0.39	0.32	0.47	0.11	0.37	0.13	0.38	0.15
2007	3.04	1.55	1.07	0.32	0.37	0.41	0.32	0.53	0.11	0.30	0.14	0.39	0.16
2008	2.94	1.52	1.28	0.35	0.39	0.45	0.35	0.62	0.12	0.33	0.18	0.42	0.17
2009	2.95	1.47	1.38	0.32	0.41	0.42	0.33	0.67	0.13	0.30	0.20	0.49	0.16
2010	2.62	1.45	1.55	0.36	0.46	0.54	0.35	0.66	0.16	0.36	0.19	0.48	0.16
2011	2.51	1.33	1.70	0.38	0.49	0.58	0.35	0.70	0.17	0.38	0.20	0.55	0.17
2012	2.50	1.30	1.74	0.38	0.48	0.56	0.36	0.69	0.16	0.37	0.21	0.54	0.17
2013	2.44	1.51	1.60	0.30	0.80	0.50	0.32	0.71	0.12	0.33	0.19	0.49	0.15
2014	2.35	1.44	1.67	0.32	0.85	0.53	0.34	0.80	0.13	0.36	0.20	0.51	0.16
2015	2.11	1.38	1.82	0.32	0.91	0.56	0.37	0.85	0.13	0.31	0.24	0.82	0.17
2016	2.11	1.34	1.87	0.47	0.94	0.58	0.37	0.83	0.13	0.39	0.25	0.61	0.17
2017	2.12	1.31	1.84	0.46	0.92	0.57	0.36	0.81	0.16	0.39	0.25	0.59	0.17

资料来源：由本书课题组测算完成。

第三节　资产投入指标的选取与调整

资产指标的选择与测算比劳动投入量更为复杂。Hicks 曾指出："资产测量是经济学家交给统计学者们最困难的任务。"[10] "资产的时间序列是一个让人很头痛的模糊量"，索洛也曾这样指出："最理想的状态就是弄清每年资产使用的流通量，然而这毕竟只是一种理想而非现实，因此人们不得不转而满足于一种不那么理想但比较现实的方法，那就是对现有资产商品存储量作出估计。"[11] 索洛提到的现有资产商品存储量，就是"资产存量"。

资产存量指的是一个国家在某一时点所拥有的资产总量，其在一个国家的经济增长过程中发挥着重要作用。资产存量分为有形资产存量和无形资产存量，有形资产如建筑物、基础设施、电子设备等，无形资产如专利、商标和计算机软件等，本节主要讨论的是有形资产。资产投入量的选择和测算包含了一些相互联系的问题，即资产存量测算方法、基年固定资产存量的估计、资产投入量的选择、价格调整方法、折旧率等。本节将一一展开介绍。

一、资产存量测算方法

国内外广泛采用永续盘存法作为估计资产存量的基本方法，永续盘存法是戈登史密斯[12]在1951年提出的，由于其接近生产实际，在国内外资产存量核算中占据了主流地位。

永续盘存法的实质是对以往购置的并估算出使用年限的资产进行累加。该方法的理论基础来自耐用品生产模型，资产品在使用过程中其效率会随着使用年限的增加而发生变化，也就是说资产价值会发生改变，因而永续盘存法在对资产进行累加时，根据耐用品生产模型考虑了资产效率的改变。

运用永续盘存法测算资产存量的公式为：

$$K_t = \sum_{\tau=0}^{T} d(\tau) \times F(\tau) \times I(T-\tau) \tag{4-4}$$

其中，$K(t)$ 表示资产在 t 年的存量，$F(\tau)$ 为反映资产退役模式的退役函数，$d(\tau)$ 表示年龄—效率函数，$I(T-\tau)$ 表示过去投资的不同役龄的资产，T 表示资产的最长服务年限。

国内相关研究在测算资产存量时，虽然依照的也是永续盘存的思想，但是具体测算时并不考虑资产的退役模式和资产效率的变化，而是在盘存过程中按一定的折旧率将资产的损耗扣除，因此，常用的永续盘存公式为：

$$K_t = K_{t-1}(1-\delta) + I_t \tag{4-5}$$

其中，K_t 为 t 期期末的资产存量，δ 为折旧率，I_t 为 t 期不变价资产投入。

由式（4-5）可知，运用永续盘存法估计资产存量需要涉及的指标有：当年资产投入量、基期固定资产存量、折旧率。

二、资产投入量的选择

在国内，根据政府统计制度的特点，基础变量的选择要区分宏观（全社会总量）领域和产业（包括行业、企业）领域，还要考虑到国家、地区或城市之间的差别。

1. 资产形成总额和固定资产形成总额

资产形成总额（简称为资产形成）和固定资产形成总额（简称为固定资产形成）是两个密切联系的指标。资产形成包括固定资产形成和存货变动两部分。

固定资产形成总额指常驻单位在一定时期内获得的固定资产减去处置的固定资产的价值总额。固定资产是通过生产活动生产出来的，且其使用年限在一年以上，单位价值在规定标准以上的资产，不包括自然资产、耐用消费品、小型工器具。固定资产形成总额包括住宅、其他建筑和构筑物、机器和设备、培育性生物资源、知识产权产品（研发支出、矿藏的勘探、计算机软件）的减处置价值[①]，主要分为有形固定资产形成、无形固定资产形成、附着在土地及其他非生产资产上的资产形成。

存货变动是指常驻单位在一定时期内存货实物量变动的市场价值。固定资产形成作为官方统计指标，具有时间序列长且按资产和行业分类的特点，很多学者都采用该指标作为当年的投资流量。从国内实际应用看，固定资产形成是最为理想的反映资产投入的基础变量，而且采用它的比率明显高于采用资产形成的。由于两者的实际增长速度十分接近，因而在缺少前者数据时，亦可用后者替代。

2. 固定资产投资和新增固定资产

全社会固定资产投资是指以货币形式表现的，在一定时期内全社会建造和购置固定资产的工作量以及与此有关的费用的总称。该指标是反映固定资产投资规模、结构和发展速度的综合性指标，又是观察工程进度和考核投资效果的重要依据。[②]

新增固定资产是指已经完成建造和购置过程，并已交付生产或使用单位的固定资产的价值，包括已经建成投入生产或交付使用的工程投资，达到固定资产标准的设备、工具、器具的投资，以及有关应摊入的费用。该指标是表示固定资产投资成果的价值指标，也是反映建设进度、计算固定资产投资效果的重要指标。[③]

固定资产投资反映了一定时期内实际投入的资产，新增固定资产是已经形成生产能力的资产，两者在反映资产投入上各有特色，但在实际测算中，应用前者的要多于后者。

固定资产统计口径也多次发生变化。自1997年起，除房地产开发投资、非农户投资、农户投资及城镇和工矿区私人建房投资外，固定资产投资的统计起点由5万元提高到50万元。自2006年起，非农户固定资产投资统计改为按项目统计，调查方法由抽样调查改为全面统计报表，起点提高到50万元。自2006年起，城镇和工矿区私人建房投资改为按项目统计，起点为50万元。自2011年起，除房地产开发投资、农户投资外，固定资产投资项目统计起点由计划总投资50万元及以上提高到500万元及以上。另外，固定资产投资和新增固定资产两个指标都包括购买土地和旧机器、旧房屋的支出，因而存在一定程度的重复计算。但是，由于国内有些地区缺少完整的国民经济核算历史数据，部分副省级城市和绝大部分地级城市没有进行较详细的国民经济核算，采用固定资产投资或者新增

---

①②③　参见2018年《中国统计年鉴》。

固定资产不失为替代固定资产形成或资产形成的一种权宜之策。

3. 资产服务量

以上讨论的各种反映资产投入的变量都有一个共同的特性，就是它们反映的都是可能用于生产过程的资产总量，而不是实际投入的资产投入量。比如，一个厂房或一套机械设备，建成后即算作完成了固定资产投资，这个厂房或这套机械设备可能在建成之日起就投入了生产过程，也有可能在建成后很长时间内形成闲置，并没有真正投入生产过程中，还有可能虽然投入了生产过程，但是使用并不充分，处于半闲置状态。

目前学术界对这个问题有两种不同意见。一种意见认为，即使是闲置资产也应算作资产投入，因为生产函数就是要测算投入产出效率。资产被充分利用表明效率好，闲置资产表明效率差。另一种意见认为，生产函数考察的是在完全的市场条件下，现实的要素投入和产出之间的效率，资产闲置应视为没有投入，就如同失业人员或其他社会闲散人员不应计入劳动投入一样。

基于后一种观点，发达国家，特别是 OECD 国家，普遍认为资产服务量才是反映资产投入最为理想的变量。资产服务指的是资产品在生产过程中所提供的服务流量。参照工时数是反映劳动投入的流量指标，相应的资产投入也应使用实际的资产投入流量指标来反映。例如，一个工厂有 20 辆卡车，则每一时期将产生 20 单位的资产服务。

《生产率测算手册》认为资产服务量是最理想的反映资产投入量的变量，并有十分详细的介绍，感兴趣的读者可参阅学习。

4. 反映产业资产投入的变量

反映产业或行业资产投入的指标来源有两个途径：一是和宏观变量选择一样，通过固定资产投资统计，得到固定资产投资额或新增固定资产指标；二是通过各行业统计制度得到有关数据。

在国内政府统计制度中，工业企业统计制度较为健全，一般对工业及各行业进行测算时，可能通过工业企业财务统计，得到资产总计、固定资产合计、固定资产原值、固定资产净值、折旧额等来反映。[①]

资产总计是指企业拥有或控制的能以货币计量的经济资源，包括各种财产、债权和其他权利。资产按流动性分为流动资产、长期投资、固定资产、无形资产、递延资产和其他资产。

固定资产合计是指使用期限超过一年，单位价值在规定标准以上，并且在使用过程中保持原有物质形态的资产，包括固定资产的折旧、固定资产的后续支

---

① 资产总计、固定资产合计、固定资产净值指标解释来源于 2018 年《中国统计年鉴》。

出、固定资产的弃置费用、备品备件和维修设备、经营租入固定资产改良。固定资产原值是指企业在建造、购置、安装、改建、扩建及改造某项固定资产时所支出的全部货币总额。它一般包括买价、包装费、运杂费和安装费等。固定资产净值是指固定资产原价减去历年已提折旧额后的净额。固定资产净值＝固定资产原价－累计折旧。

如果是工业科技进步贡献率测算，固定资产净值应该是最理想的反映资产投入的指标。有些人认为，还应该加上流动资金年平均余额，之所以要加上流动资金，是因为流动资金也是资产投入的一部分。但另一种观点认为，企业的流动资金一般总是一个常量，而且流动资金的用途主要是原材料、燃料、各种耗材的消费，并在生产过程中及时转移到产品或服务中去，因此不用算作资产投入。

除工业外，国内多数地区的其他行业没有健全的固定资产原值或净值统计资料，只能使用资产总计或固定资产合计，好在实际测算中需要测算的是资产投入速度，因此，几个指标之间出入不大。

关于当期固定资产投资变量，不同阶段不同学者采用了不同指标。贺菊煌、Chow（1993）、张军和章元（2003）、翁宏标和王斌会（2012）等使用生产性积累数据，即采用积累替代固定资产形成总额[13-16]。这类方法的优点在于无须考虑折旧问题，但我国在1993年更换统计体系后就不再公布积累数据，因而此类指标已经不再适用于当前固定资产存量的计算。1993年后，统计资料中提供了一个反映投资规模的新的指标——全社会固定资产投资总额，该指标由于简单易得，迅速成为替代生产性积累数据计算固定资产存量的指标。但单豪杰（2008）等学者指出，全社会固定资产投资总额指标与使用永续盘存法需要用到的投资流量指标并非完全一致，因此该指标也不再适用。Holz（2006）主张采用新增固定资产指标来反映当期固定资产投资流量，但该指标也遭到了部分学者反对。

从固定资产形成和全社会固定资产投资两个指标的定义上看，资本形成总额衡量的是资产的价值总额，且已经被纳入生产总值核算中，而全社会固定资产投资包括固定资产建造和购置时发生的工作量和费用，最终对生产总值产生贡献要晚于资本形成。

当前大多数学者计算固定资本存量时所使用的指标是固定资本形成指标。该指标是在国民经济核算体系（1993）框架下最适合作为投资数据计算的指标，是目前估算宏观和区域层面资本存量时所广泛使用的一个指标。何枫等（2003）最早使用该指标作为当期的投资流量，张军等（2004）、单豪杰（2008）、OECD（2001，2010）等学者和机构都推荐使用固定资本形成指标。李宾（2011）对比了四种投资流量指标后得出结论，认为在投资流量的指标上固定资本形成总额的表现稍优于全社会固定资产投资。

基于以上分析，本书选用固定资产形成总额作为资本投入流量指标，对京津冀固定资产形成总额（当年价）数据进行整理，如表4-19所示。

表4-19 1990~2017年京津冀固定资产形成总额及增长情况①

年份	北京		天津		河北	
	固定资产形成总额（亿元）	增长率（%）	固定资产形成总额（亿元）	增长率（%）	固定资产形成总额（亿元）	增长率（%）
1990	195.0	—	117.15	—	334.66	—
1991	208.8	7.08	139.66	19.21	384.84	14.99
1992	289.0	38.41	195.63	40.08	475.18	23.47
1993	445.5	54.15	273.03	39.56	679.12	42.92
1994	703.8	57.98	371.57	36.09	884.46	30.24
1995	912.0	29.58	442.66	19.13	1226.07	38.62
1996	978.1	7.25	515.08	16.36	1547.80	26.24
1997	1076.1	10.02	572.73	11.19	1838.54	18.78
1998	1306.7	21.43	622.39	8.67	2030.17	10.42
1999	1327.5	1.59	616.57	-0.93	2152.02	6.00
2000	1503.5	13.26	699.20	13.40	2246.67	4.40
2001	1716.5	14.17	798.30	14.17	2325.61	3.51
2002	2101.1	22.41	899.38	12.66	2429.90	4.48
2003	2613.3	24.38	1123.09	24.87	2860.73	17.73
2004	3058.6	17.04	1459.01	29.91	3686.34	28.86
2005	3461.3	13.17	1711.62	17.31	4763.16	29.21
2006	3840.9	10.97	2039.57	19.16	5529.96	16.10
2007	4380.2	14.04	2493.71	22.27	6766.87	22.37
2008	4409.6	0.67	3503.43	40.49	8347.67	23.36
2009	4849.6	9.98	4749.96	35.58	9351.77	12.03
2010	5879.0	21.23	6022.02	26.78	11140.31	19.13
2011	6578.9	11.91	7295.84	21.15	13966.77	25.37
2012	7753.5	17.85	7991.04	9.53	15315.04	9.65
2013	8512.3	9.79	8794.19	10.05	16521.41	7.88

① 按当年价核算。

续表

年份	北京		天津		河北	
	固定资产形成总额（亿元）	增长率（%）	固定资产形成总额（亿元）	增长率（%）	固定资产形成总额（亿元）	增长率（%）
2014	8813.5	3.54	9424.12	7.16	17402.95	5.34
2015	9074.6	2.96	9864.66	4.67	17384.56	−0.11
2016	9716.1	7.07	10582.50	7.28	18398.09	5.83
2017	10375.3	6.78	10467.18	−1.09	19083.16	3.72

资料来源：根据 2018 年《北京统计年鉴》《天津统计年鉴》《河北经济年鉴》测算完成。

　　表 4 - 20 显示 1990~2017 年京津冀全社会固定资产投资情况，并对比了京津冀三地全社会固定资产投资和固定资产形成的差值（全社会固定资产投资－固定资产形成）。北京固定资产形成要大于全社会固定资产投资，并且其间差距有逐渐增大的趋势，天津全社会固定资产投资逐步大于固定资产形成，2017 年河北全社会固定资产投资与固定资产形成的比值接近 1.75。

　　表 4 - 20　1990~2017 年京津冀全社会固定资产投资及增长情况①

单位：亿元

年份	北京		天津		河北	
	全社会固定资产投资	与固定资本形成总额的差值	全社会固定资产投资	与固定资本形成总额的差值	全社会固定资产投资	与固定资本形成总额的差值
1990	179.20	−15.80	83.33	−33.82	183.70	−150.96
1991	192.00	−16.80	122.27	−17.39	249.75	−135.09
1992	266.00	−23.00	163.80	−31.83	325.51	−149.67
1993	410.40	−35.10	220.20	−52.83	471.88	−207.24
1994	648.80	−55.00	307.46	−64.11	671.39	−213.07
1995	841.50	−70.50	383.82	−58.84	907.75	−318.32
1996	889.66	−88.44	438.51	−76.57	1182.59	−365.21
1997	989.71	−86.39	500.67	−72.06	1425.98	−412.56
1998	1124.66	−182.04	571.05	−51.34	1591.75	−438.42
1999	1170.60	−156.90	555.86	−60.71	1770.47	−381.55
2000	1297.40	−206.10	595.70	−103.50	1816.79	−429.88

---

　　①　按当年价核算。

续表

年份	北京		天津		河北	
	全社会固定资产投资	与固定资本形成总额的差值	全社会固定资产投资	与固定资本形成总额的差值	全社会固定资产投资	与固定资本形成总额的差值
2001	1530.50	-186.00	688.70	-109.60	1863.11	-462.50
2002	1796.14	-304.96	807.51	-91.87	2020.38	-409.52
2003	2169.26	-444.04	1039.39	-83.70	2477.98	-382.75
2004	2528.21	-530.39	1245.66	-213.35	3218.76	-467.58
2005	2827.23	-634.07	1495.13	-216.49	4139.70	-623.46
2006	3296.38	-544.52	1820.52	-219.05	5470.24	-59.72
2007	3907.20	-473.00	2353.15	-140.56	6884.68	117.81
2008	3814.73	-594.87	3389.79	-113.64	8866.56	518.89
2009	4616.92	-232.68	4738.20	-11.76	12269.80	2918.03
2010	5402.95	-476.05	6278.09	256.07	15083.35	3943.04
2011	5578.93	-999.97	7067.67	-228.17	16389.33	2422.56
2012	6112.37	-1641.13	7934.78	-56.26	19661.28	4346.24
2013	6518.30	-1994.00	9226.49	432.30	23166.60	6645.19
2014	6924.23	-1889.27	10518.19	1094.07	26671.92	9268.97
2015	7495.99	-1578.61	11831.99	1967.33	29448.27	12063.71
2016	7943.89	-1772.21	12779.39	2196.89	31750.02	13351.93
2017	8370.44	-2004.86	11288.92	821.74	33406.80	14323.64

资料来源：根据 2018 年《北京统计年鉴》《天津统计年鉴》《河北经济年鉴》测算完成。

三、价格调整方法

与按以当年价格计算的地区生产总值一样，测算资产存量涉及各个年份的资产投入量，具有不同的价格，按当年价格计算的固定资产形成总额也容易受到通货膨胀或通货紧缩等因素的影响，价格调整在所难免。因此，也需要固定某一年为基期，按照基期价格对当年固定资产形成总额进行调整，价格调整要用到价格指数，要根据选定的反映资产投入的指标来确定。此处的价格指数并非地区生产总值指数而是固定资产投资价格指数，称之为不变价（可比价）全社会固定资产投资或全社会固定资产投资。本书将 1990 年设定为基期，将 1990 年的固定资产投资价格指数设定为 100。1990 ~ 2017 年京津冀三地固定资产价格指数（上年 = 100）和固定资产价格指数（1990 年 = 100）如表 4 - 21 所示。

表4-21　1990~2017年京津冀固定资产投资价格指数

年份	北京		天津		河北	
	上年=100	1990年=100	上年=100	1990年=100	上年=100	1990年=100
1991	107.3	107.3	112.5	112.5	106.8	106.8
1992	112.2	120.4	119.4	134.3	129.3	138.0
1993	126.6	152.4	122.9	165.1	124.8	172.3
1994	116.2	177.1	111.9	184.7	110.0	189.5
1995	113.9	201.7	107.6	198.8	106.9	202.6
1996	108.2	218.3	102.5	203.7	103.9	210.4
1997	102.7	224.2	100.8	205.4	101.5	213.5
1998	100.8	226.0	98.9	203.1	97.8	208.8
1999	99.9	225.7	99.2	201.5	99.4	207.6
2000	101.0	228.0	99.9	201.3	101.1	209.9
2001	100.6	229.4	99.7	200.7	99.9	209.6
2002	100.4	230.3	99.5	199.7	99.5	208.6
2003	102.2	235.3	102.6	204.9	102.3	213.4
2004	104.3	245.5	107.3	219.8	107.0	228.3
2005	100.7	247.2	101.2	222.5	101.9	232.7
2006	100.4	248.2	100.7	224.0	101.7	236.6
2007	102.8	255.1	102.6	229.8	103.8	245.6
2008	107.8	275.0	109.2	251.0	109.6	269.2
2009	97.1	267.0	97.6	245.0	96.5	259.8
2010	102.5	273.7	102.6	251.3	103.7	269.4
2011	105.7	289.3	105.7	265.7	105.5	284.2
2012	101.3	293.1	100.0	265.7	100.3	285.1
2013	99.9	292.8	99.5	264.3	99.9	284.8
2014	100.0	292.8	100.5	265.6	100.2	285.4
2015	97.6	285.7	99.9	265.3	98.0	279.7
2016	99.7	284.9	99.4	263.7	99.4	278.0
2017	104.7	298.3	104.3	275.1	106.7	296.6

资料来源：根据2018年《北京统计年鉴》《天津统计年鉴》《河北经济年鉴》测算完成。

　　根据固定资产投资价格指数，调整以后各年以1990年价格计算的不变价
（可比价）固定资产形成，调整后的京津冀不变价（可比价）固定资产形成及增

长情况如表4-22和图4-16所示。由图4-22可知，河北省固定资产形成要高于北京、天津，2009~2017年，天津固定资产形成超过北京；京津冀三地固定资产形成在大多数年份保持正向增长，其中部分年份京津冀三地固定资产形成增长在20%以上。2012~2017年京津冀三地固定资产形成总额增长速度放缓，2017年天津、河北固定资产形成出现负增长。

表4-22　1990~2017年京津冀固定资产形成及增长情况

年份	北京		天津		河北	
	固定资产形成（亿元）	增长率（%）	固定资产形成（亿元）	增长率（%）	固定资产形成（亿元）	增长率（%）
1990	195.00		117.15	—	334.66	
1991	194.59	-0.21	124.14	5.96	360.47	7.71
1992	240.05	23.36	145.64	17.32	344.31	-4.48
1993	292.30	21.76	165.39	13.56	394.27	14.51
1994	397.39	35.96	201.14	21.62	466.76	18.39
1995	452.10	13.77	222.70	10.72	605.33	29.69
1996	448.13	-0.88	252.81	13.52	735.77	21.55
1997	480.06	7.13	278.88	10.31	861.06	17.03
1998	578.31	20.47	306.43	9.88	972.20	12.91
1999	588.10	1.69	306.01	-0.14	1036.77	6.64
2000	659.48	12.14	347.37	13.52	1070.59	3.26
2001	748.42	13.49	397.80	14.52	1109.32	3.62
2002	912.46	21.92	450.42	13.23	1164.89	5.01
2003	1110.47	21.70	548.20	21.71	1340.59	15.08
2004	1246.10	12.21	663.72	21.07	1614.48	20.43
2005	1400.37	12.38	769.40	15.92	2047.19	26.80
2006	1547.75	10.52	910.45	18.33	2337.02	14.16
2007	1717.00	10.93	1084.96	19.17	2755.06	17.89
2008	1603.45	-6.61	1395.85	28.65	3100.98	12.56
2009	1816.12	13.26	1939.04	38.91	3599.60	16.08
2010	2147.92	18.27	2396.02	23.57	4135.23	14.88
2011	2274.01	5.87	2746.31	14.62	4914.42	18.84
2012	2645.62	16.34	3007.99	9.53	5372.71	9.33
2013	2907.44	9.90	3327.62	10.63	5801.06	7.97

续表

年份	北京		天津		河北	
	固定资产形成（亿元）	增长率（%）	固定资产形成（亿元）	增长率（%）	固定资产形成（亿元）	增长率（%）
2014	3010.32	3.54	3548.24	6.63	6097.74	5.11
2015	3175.71	5.49	3717.82	4.78	6215.61	1.93
2016	3410.44	7.39	4012.44	7.92	6618.02	6.47
2017	3478.35	1.99	3805.09	-5.17	6433.97	-2.78

注：按 1990 年不变价计算。

资料来源：根据 2018 年《北京统计年鉴》《天津统计年鉴》《河北经济年鉴》测算完成。

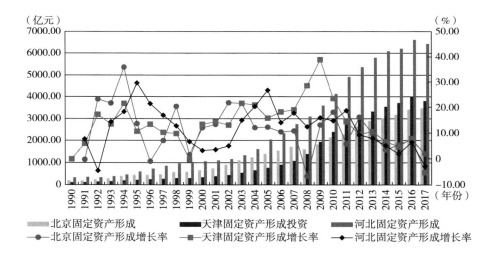

图 4-16　1990~2017 年京津冀不变价全社会固定资产投资及增长情况

四、基年固定资产存量

运用永续盘存法估算当年的资产存量，是以上年的资产存量为基础的，上年的资产存量，又是以上上年的资产存量为基础的，这样一直往前推及，总需要有某一年的资产存量为基年存量，以这个基年存量为出发点，才能逐年盘存。

永续盘存法关于起点时刻资本存量的计算公式为：

$$K_0 = \frac{I_0}{\delta_0 + g_0} \tag{4-6}$$

其中，K_0 表示某地区基期物质资本存量，I_0 表示某地区基期实际全社会固定资产投资，δ_0 为基期折旧率，g_0 表示某地区基期开始后全社会固定资产投资的 10 年平均增长率。

根据我国政府统计资料起讫年份看，多数是从国家统计局成立的 1952 年开始的，因此目前许多研究都是将基年定在 1952 年。然而，由于不同学者采用的估算方法不同，得到的基年资产存量也有较大的差别，少的有 300 多亿元（1952 年价格），多的有 3000 多亿元（1952 年价格）。

一般地，固定资产存量与当年的国内生产总值之间存在一定的比例关系，前者应该相当于后者的 3 倍左右，这样估算 1952 年固定资产形成大致应该为 2000 亿元左右，这是得到多数专家认可的数据。对各地区的基年存量，就可以按各地区生产总值占国内生产总值的比例进行分摊，从而得到各地区 1952 年的固定资产形成存量。

一般来说，基年选择越早，估计产生的误差对后续年份的影响就越小。经过实际数据的验证，基年存量的大小对计算期资产存量的影响会随着时间序列的延长而越来越小，如果以 1952 年为基年，以 300 亿元和 2000 亿元分别进行盘存，到 2012 年则有长达 60 年的时间，资产存量的差别已经很小了。李宾（2011）的研究结果佐证了这一点。

当然，我们也可以将任何一个年份作为基年，例如，本书将 1990 年作为基年，利用公式估算出 1990 年京津冀固定资产存量。

五、固定资产形成存量净额

如果从基年存量开始，将各年的可比价固定资产形成总额相加，就得到固定资产形成存量总额，在此基础上减去各年可比价折旧额，就得到固定资产形成存量净额（在各种经济学文献中，它常被称为物质资产存量）。

目前，根据政府统计的各种出版物或政府统计官网上提供的数据，大致可以按上述路径测算出全国（不包括港、澳、台，下同）和各地区（省、自治区、直辖市，下同）的固定资产形成存量净额。但由于不同学者采用的基年估算方法不同，价格调整方法不同，折旧率估算方法不同，最终测算出的存量还是存在较显著差异的。

通过对国内文献的检索，从中找出时间序列较为连贯、资产存量处于同一水平的测算结果，并调整为同样的 1952 年价格。通过这些测算结果的比较可见，我国固定资产存量净额在 2000 年达到 6 万亿元左右的水平，在 2005 年达到 10 万亿元左右的水平，在 2010 年达到 20 万亿元左右的水平。

由于科技进步速度是基于余值的测算，对余值起直接影响的不是资产存量的规模，而是资产存量的增长速度，各位学者测算的不同的规模却有可能得出同样的速度。根据部分时间序列较长的测算结果可见，1978～2000年，资产投入的增长速度在8.5%～10%，进入21世纪后，资产投入的增长速度明显加快，大约为12%。

六、城市资产存量

国内政府统计虽然集中统一，但各地区、各城市以及各部门的自由度相当大。政府统计内部数据对加工整理没有统一的要求，如对副省级及以下城市没有对国民经济核算体系各项细分指标进行核算的要求，有些城市统计工作者业务能力强、责任心强，统计资料就细一些，否则就粗一些。另外，对外发布统计数据也没有统一的要求和格式，这就使副省级城市、地县级城市的基年资产存量测算存在诸多困难，只能依据一些假定采取统计推算方法。

可以假设城市的价格变化和折旧率变化与上一级行政区划一致，如杭州市与浙江省一致，哈尔滨市和黑龙江省保持一致。这样一来，价格调整就可以利用上一级行政区划的价格指数，折旧率也可以使用上一级行政区划的折旧率替代。基年存量也可以利用上一级行政区划的基年存量按生产总值的比例推算得到。

七、固定资产折旧率

固定资产折旧率是指一定时期内固定资产折旧额与固定资产原值的比率，在"一定时期内为弥补固定资产损耗，按照核定的固定资产折旧率提取的固定资产折旧，或按国民经济核算统一规定的折旧率虚拟计算的固定资产折旧。它反映了固定资产在当期生产中转移的价值。各类企业和企业化管理的事业单位的固定资产折旧是指实际计提并计入成本费中的折旧费；不计提折旧的政府机关、非企业化管理的事业单位和居民住房的固定资产折旧是按照统一规定的折旧率和固定资产原值计算的虚拟折旧。原则上，固定资产折旧应按固定资产的重置价值计算，但是目前我国尚不具备对全社会固定资产进行重估价的基础，所以暂时只能采用上述办法"①。

21世纪初期，在使用固定资产折旧率研究中国资产存量方面，学者的态度并不一致。较早考虑折旧问题的学者如胡永泰[18]、黄勇峰等[19]、张军等[20]、孙琳琳和任若恩[21]都考虑了折旧问题，部分学者运用了积累指数，从而回避了折旧问题，如贺菊煌、张军和章元（2003）以及何枫等（2003）[13,14,22]，然而统计年鉴不再公布这一数据。虽然学者在关于折旧率取值多少的问题上没有统一意见，甚至相差甚远，但是近年来学者的意见趋于一致的是，在研究资产存量时有

---

① 参见2006年《中国统计年鉴》。

必要考虑折旧问题。

目前，学术界主流估计折旧率的方法主要有三种。

第一种是采用国民收入核算式估算各地的折旧率[15,23]。对于全国和各地区，国民经济核算的收入法国内生产总值（国内生产总值 = 劳动者报酬 + 固定资产折旧 + 生产税净额 + 营业盈余）中，已经包含固定资产折旧的数据，直接使用折旧额，将当年期初的资产投入存量减去折旧额，再加上当年新增的资产投入，就是当年期末的资产投入存量。

第二种是平均年限（直线折旧）法，区分固定资产类别，根据不同类别固定资产的预计使用年限和预计残值率估计折旧率[24,25]，其计算公式如下：

$$固定资产年折旧额 = \frac{固定资产原值 - 预计净残值}{预计使用年限} \tag{4-7}$$

$$固定资产年折旧率 = \frac{固定资产年折旧额}{固定资产原值} \times 100\% \tag{4-8}$$

或者：

$$固定资产年折旧率 = \frac{1 - 净残值率}{折旧年限} \times 100\% \tag{4-9}$$

$$固定资产月折旧额 = \frac{固定资产年折旧额}{12} \tag{4-10}$$

$$固定资产月折旧率 = \frac{固定资产年折旧率}{12} \tag{4-11}$$

第三种是直接采用文献中的折旧率，如田侃等[26]、郑世林和张美晨[27]等。

资产存量结果对于折旧率的大小很敏感[28]。李宾通过稳健性检验得出，如果假定折旧率分别为5%或10%，并以此来测算固定资产存量，在其他条件不变的情况下，资产存量的估计结果将相差50%左右。所以，准确估计折旧率对于资产存量结果测算非常重要[29]。张军等将物质资产区分为建筑、设备和其他三种类型，在法定残值率为4%的情况下计算，得到三种物质资产类型的折旧率分别为6.9%、14.9%和12.1%，并取三者的加权平均值9.6%作为资产的整体折旧率[20]。单豪杰针对建筑和设备两类资产品，在法定残值率为3%～5%的情况下，根据两者的结构比重计算得到加权平均折旧率为10.96%[24]。徐淑丹将永续盘存法进行了改进，分别假定连续两年折旧率相等或连续三年折旧率相等，从而得出唯一确定的折旧率，计算出折旧率均值为8.6%[30]。由于2008年受到全球金融危机的影响，之后投资扩张，产业调整以及技术进步等，折旧率参考区间的下限失去了实际含义，因此应将2008年以后的折旧率下限适当下调。张健华和王鹏对中国各省份的资产折旧率进行了再估计，将估算得到的资产折旧额与实际资产折旧额相比较，根据最小二乘法原则，确定最优折旧率，由此得出1993～

2010 年京津冀三地的资产折旧率分别为 6.4%、6.1%、5.1%。[31]宗振利和廖直东对 1978~2011 年中国各省的资产存量及折旧率进行了估算，认为京津冀三地的折旧率分别为 9.83%、10.47%、11.02%[32]。

根据田友春等学者的研究结论，不同产业采用同一折旧率计算固定资产存量时，结果之间存在较大误差，尤其是当分析地区间的差异时，这一假定忽视了不同地区产业之间差异和时间差异，容易造成测算结果偏离实际[17]。

综上所述，本书采用 12% 折旧率计算固定资本存量。

八、测算结果

前文提到，使用永续盘存法测算固定资产存量时，需要考虑四个变量：基期固定资产存量、价格指数、资产折旧率以及当年的投资流量。

京津冀三地的当年投资流量（固定资产形成）和价格指数（固定资产投资价格指数）均在表 4-19、表 4-20 中列出，基期资产存量根据式（4-6）确定，资产折旧率也已通过文献确定。现根据式（4-5），按照 1990 年不变价计算的京津冀三地实际固定资产存量测算结果如表 4-23 所示。北京实际固定资产存量从 1990 年的 781.31 亿元增长到 2017 年的 19392.98 亿元，年均增长 12.63%；天津实际固定资产存量从 1990 年的 498.92 亿元增长到 2017 年的 20830.24 亿元，年均增长 14.82%；河北实际固定资产存量从 1990 年的 1375.41 亿元增长到 2017 年的 36994.02 亿元，年均增长 12.97%。

表 4-23　1990~2017 年京津冀固定资产存量及增长情况

年份	北京		天津		河北	
	固定资产形成（亿元）	增长率（%）	固定资产形成（亿元）	增长率（%）	固定资产形成（亿元）	增长率（%）
1990	781.31	—	498.92	—	1375.41	—
1991	882.15	12.91	563.19	12.88	1570.84	14.21
1992	1016.35	15.21	641.25	13.86	1726.65	9.92
1993	1186.68	16.76	729.68	13.79	1913.72	10.83
1994	1441.67	21.49	843.26	15.57	2150.83	12.39
1995	1720.77	19.36	964.77	14.41	2498.06	16.14
1996	1962.40	14.04	1101.81	14.20	2934.06	17.45
1997	2206.98	12.46	1248.47	13.31	3443.03	17.35
1998	2520.45	14.20	1405.08	12.54	4002.06	16.24
1999	2806.10	11.33	1542.49	9.78	4558.59	13.91

续表

年份	北京		天津		河北	
	固定资产形成（亿元）	增长率（%）	固定资产形成（亿元）	增长率（%）	固定资产形成（亿元）	增长率（%）
2000	3128.85	11.50	1704.76	10.52	5082.15	11.49
2001	3501.81	11.92	1897.99	11.33	5581.61	9.83
2002	3994.05	14.06	2120.65	11.73	6076.70	8.87
2003	4625.23	15.80	2414.37	13.85	6688.09	10.06
2004	5316.31	14.94	2788.36	15.49	7500.00	12.14
2005	6078.72	14.34	3223.16	15.59	8647.18	15.30
2006	6897.02	13.46	3746.83	16.25	9946.54	15.03
2007	7786.38	12.89	4382.17	16.96	11508.02	15.70
2008	8455.47	8.59	5252.16	19.85	13228.04	14.95
2009	9256.93	9.48	6560.94	24.92	15240.28	15.21
2010	10294.01	11.20	8169.65	24.52	17546.67	15.13
2011	11332.74	10.09	9935.60	21.62	20355.49	16.01
2012	12618.43	11.34	11751.32	18.27	23285.54	14.39
2013	14011.65	11.04	13668.78	16.32	26292.33	12.91
2014	15340.57	9.48	15576.76	13.96	29234.99	11.19
2015	16675.42	8.70	17425.37	11.87	31942.40	9.26
2016	18084.81	8.45	19346.76	11.03	34727.33	8.72
2017	19392.98	7.23	20830.24	7.67	36994.02	6.53

注：按1990年不变价计算。

资料来源：由本书课题组测算完成。

第四节　无形资产数据的选取和调整

一、原理

以罗默为代表的新增长理论学派的核心观点是，促进经济增长的因素来自经济体系内部的变化，特别是内生的技术变化。在经济增长过程中，技术进步得以产生的前提就是资产的前期投入，因此技术进步普遍被认为是资产积累的产物。在统计核算中，往往将用于产生技术进步和创新的资产投入划归为无形资产。

索洛模型认为，除资产和劳动两个投入要素外，引发经济增长的因素就是科技进步。这一观点将科技进步与资产和劳动隔离开来，将技术进步看作外生变量，两者互不影响，此观点已经不再适用于分析当今的经济增长过程。随着科学技术的不断发展，国家、地区和企业不断提高对科学技术的投资和转化力度，加快了科技进步的脚步，科技进步早已内生化。若使用经典的索洛模型，在排除资产和劳动因素之外计算科技进步贡献率，则严重低估了科技进步的实际水平以及对经济增长的贡献。

为了克服索洛经济增长模型严重低估当今科技进步水平及对经济增长贡献的问题，考虑将无形资产投入纳入核算范围，分析其对经济增长的影响。各国纷纷采取措施，更改核算范围。欧盟委员会在第七框架计划第九主题社会人文科学下设立了"欧洲竞争力、创新和无形投资"专项研究计划（Co, Competitiveness, Innovation and Intangible Investment in Europe），项目始于 2008 年 4 月，由英国、法国、德国等和美国专家组成的研究小组负责执行，其研究成果为探索科技进步贡献的测算方法提供了新思路。2013 年 7 月，美国商务部经济分析局（BEA）首次公布了用新的统计口径和方法调整美国国内生产总值历史数据，这次调整的主要对象就是将政府、企业和非营利组织的 R&D 资产投入纳入固定资产，将 R&D 支出当作投资计入国内生产总值。2015 年 3 月，中共中央、国务院出台了《关于深化体制机制改革加快实施创新驱动发展战略的若干意见》，其中第 28 条提出："改进和完善 GDP 核算方法，体现创新的经济价值。研究建立科技创新、知识产权与产业发展相结合的创新驱动发展评价指标，并纳入国民经济和社会发展规划。"① 在一个国家的宏观经济中，无形资产占国内生产总值的比重是衡量该国是否属于价值创造型经济国家的主要评价依据。调整国民经济统计核算体系，将更多的无形资产纳入其中，已成为全球新的大趋势[33]。我国自 2016 年起也开始采用新的统计方法核算国内生产总值，调整经济发展的各项评价指标，追求经济增长的质量和效益。

二、无形资产的界定

对于无形资产的界定，我国《资产评估准则——无形资产》提出，它是特定主体所控制的无实物形态的资源，该资源能在生产经营中发挥长期的作用，并且带来经济利益。另外，我国《企业会计准则——无形资产》中提到，无形资

---

① 参见《中共中央　国务院关于深化体制机制改革加快实施创新驱动发展战略的若干意见》，http://www.most.gov.cn/yw/201503/t20150324_ 118707. htm。

产即企业为了生产产品，或者为了提供劳务以及出租给他人，或者为了管理目的而持有的无实物形态的非货币性长期资产。除了商誉属于不可辨认的无形资产外，专利权和非专利技术、著作权、商标权、特许权以及土地使用权等都属于可辨认的无形资产。这是会计学中对无形资产的界定，从经济学角度对无形资产的界定则范围更加广泛。凡是为了未来消费而降低现实消费的投资，若不能形成有形物质资产，剩余的支出都将被归类于无形资产投资[26]。

另外，学者们也都从各自角度对无形资产进行了界定。如王利政等提出判断无形资产的原则是：今天的投入是否能对未来（一年后）的收益产生影响[34]。如 R&D 投资可以使科学知识积累增加，员工教育培训可以使员工掌握的知识增加等，这些对知识的投资将会使企业在未来得到收益。张俊芳等认为，无形资产是指特定主体控制的不具有独立实体，而对生产经营长期持续发挥作用并带来经济利益的一切经济资源[33]。

三、无形资产对经济增长的影响

1. 对劳动生产率的影响

有学者研究无形资产对劳动生产率的影响，如 Corrado 等通过实证研究发现，无形资产投入导致美国 1995～2002 年的生产效率比 1973～1995 年的生产效率提高了 1.25%，而且无形资产投入不仅能提高本国的生产率，还对其他国家有显著的溢出效应[35]。Basu 等（2003）、Subramaniam 和 Youndt 等学者指出，无形资产对加速生产率增长做出了积极贡献，但由于无形资产的测算难度较大，因此只能估计出无形资产对经济增长的间接影响[36,37]。Hao 等通过实证研究发现，无形资产投资对劳动生产率有显著的提升作用，其中对法国、德国、意大利和西班牙的提升作用分别为 0.9%、0.6%、0.4% 和 0.2%[38]。OECD、Roth 和 Thum 利用实证方法证明了无形资产对生产力增长有促进作用，特别是无形资产能够显著提高劳动生产率[39,40]。Hulten 和 Hao 通过重新核算 1995～2018 年中国无形资产投资数据，发现无形资产投资有利于提升劳动生产率，缩小与发达国家的差距[41]。

2. 对经济增长的影响

目前，无形资产对经济增长的贡献已经得到诸多学者的证实。田侃等首次利用直接支出法估算 2001～2012 年我国的无形资产，研究结果表明我国的无形资产对经济增长的贡献率约为 30%，而且无形资产对经济增长、经济结构转型升级、全球价值链攀升的作用越发重要[26]。陈晓珊利用全国省际面板数据探讨 R&D 资产存量与经济绩效和产能利用率的关系，研究结果发现省际研发资产存量增加会促进经济绩效的提升[42]。还有学者研究无形资产内部各组成部分之间的相互作用，如 Li 和 Wu 的研究结果表明，我国电子信息无形资产会拉大地区之间无形资产的差异，同时还指出，如果不考虑无形资产，那么测算全要素生产率对经济增长的贡献时就会有偏差[43]。

四、无形资产的分类

国际上主流的分类方法是 CHS① 分类方法，该方法将无形资产投入划分为三种类型，包括电子信息资产、创新资产和经济竞争力资产，具体如表 4 - 24 所示。从当前经济核算范围和具体的资产细类来看，目前电子信息资产包括的计算机软件和数据库投资，创新资产中包括的自然科学 R&D 和人文科学 R&D（合并为 R&D 进行核算）、矿产勘探、版权和许可支出，在国民经济账户中作为资产进入了核算范围，其他类别的无形资产均作为中间投入未体现在国民经济核算中。本书也按照此分类方法对无形资产进行分类。

表 4 – 24　无形资产的分类

无形资产类型	细类
电子信息	计算机程序
	计算机数据库
创新资产	科学 R&D 支出
	矿产勘探
	版权和许可证支出
	金融行业新产品开发支出
	新的建筑和工程设计
经济竞争力	品牌声誉资产（广告、市场研究）
	企业提供的人力资本（培训等）
	企业的组织资产

注：认真分析可发现，即使表中未作为资产投入的类别，其实也不完全是中间投入，如自然科学的 R&D 和社科人文的 R&D，根据《弗拉斯卡蒂手册》，R&D 经费支出中包含有资产支出和劳务支出。

资料来源：Corrado C. , Hulten C. , Sichel D. Measuring Capital and Technology: An Expanded Framework [M] //Measuring Capital in the New Economy. University of Chicago Press, 2005: 11 – 46.

1. 电子信息无形资产

由上文可知，电子信息无形资产包括计算机程序和计算机数据库。按照无形资产的界定规则，政府、企业或其他类型组织拥有或控制的不具备实物形态的计算机软件或计算机数据库能够在组织中长期发挥作用，并带来经济收益。软件行

---

① CHS 是提出该方法的三位作者 Corrado、Hulten、Sichel 的首字母缩写。

业总收入不仅包括软件产品收入，还包括系统集成、嵌入式软件、数据处理与运营服务、咨询服务、IC 设计等收入组成。普遍认为，计算机程序和计算机数据库能够在组织中长期发挥作用，并且带来经济收益，故将其全部收入转化为组织无形资产，纳入无形资产核算过程。

2. 创新无形资产

根据 Corrado 等的定义，创新无形资产是指科学 R&D 和非科学 R&D 中的知识资产，主要表现为专利（patent）、许可权（license）、商业著作权（copyright）、许可和设计的艺术创新（artistic originals）等内容[35]。

R&D 支出，又称研发支出。研究与开发被视为科技活动的核心，《弗拉斯卡蒂手册》将其定义为："为增加知识存量（也包括有关人类、文化和社会的知识）以及设计已有知识的新应用而进行创造性、系统性工作。"① 研究是为了增加知识存量，开发则是对现有知识的运用。研发支出则是投资于这一工作过程所需资源的总称。研发活动是推动知识发展、技术进步和经济增长的源泉和动力，是增强国家和企业组织竞争力的重要手段。关于矿产勘探、版权和许可证支出、金融行业新产品开发支出、新的建筑和工程设计等大部分支出均已纳入《中国国民经济核算体系》中的固定资产投资，剩余部分也纳入了研发支出，为避免重复核算，不将其纳入无形资产核算。

3. 经济竞争力无形资产

经济竞争力无形资产代表的是组织品牌的价值和特有的人力和结构资源中的知识，作用于提高生产率和利润的支出（其他地方分类的软件和研发支出除外）。品牌资产代表的是组织在广告和市场投放上的支出，用于推出新产品、增加销售量以及维持或提升组织在公众面前的形象。人力资本代表的是组织在员工培训上的支出，用于提升员工的单位生产率以及创新能力。这个概念与传统观点所认为的员工受教育程度代表员工的人力资本略有不同。组织资产代表的是组织在提升组织运行效率上的支出，用于减少组织内部矛盾，最终提高经济利润，Corrado 等将组织资产分成两类：一类是外购的管理咨询服务，另一类是组织内部的管理支出[35]。

五、无形资产测算方法

国际上关于无形资产测算的方法主要有三类，分别是金融市场估值法、绩效测度法和直接支出法。

1. 金融市场估值法

金融市场估值法主要是通过公司的市值减去有形资产的价值估算无形资产。

---

① 参见《弗拉斯卡蒂手册》第 7 版。

该方法很难适用于我国情况。首先，由于金融泡沫的存在，股票市值并不一定总能反映其内在价值；其次，我国股市波动幅度较大，稳定性低。另外，有学者指出该方法也存在逻辑错误。股票价格是未来收益的贴现值，而无形资产又是影响股票价格的重要因素，因此，要准确估计股票的价值，就需要充分了解企业的无形资产的价值，但是无形资产的价值无法获悉，从而就无法准确估计股票的价值，进而也就无法估计无形资产的价值。同时，金融市场价值法无法估算整个中国的宏观无形资产，只能代表中国企业的一部分。

2. 绩效测度法

绩效测度法主要是通过理论模型估计企业的内在价值或无形资产的价值。利用经济模型或预期利润贴现测算无形资产价值，极易受到主观因素和测量误差的影响。Cummins、Mcgrattan 和 Prescott 等学者都曾采用该方法推算美国公司无形资产的价值[44,45]。

3. 直接支出法

金融市场估值法和绩效测度法都是从无形资产的产出角度核算的，而直接支出法从无形资产形成的投入成本核算。相对于前两种方法来说，直接支出法所需要的数据能够从统计年鉴中直接或间接获取，更加客观、直接，所以称为大多数学者研究无形资产投入的首要方法。

六、无形资产存量的核算

对于无形资产存量的核算方法，目前学者采用较多的还是永续盘存法。永续盘存法的具体步骤，本书已在上一节讨论固定资产存量时给出，此处不再赘述。本书直接讨论使用永续盘存法计算无形资产存量时所涉及的四个基本指标。

1. 资产投入量

（1）电子信息无形资产。在国家或地区统计年鉴中的固定资产投资核算条目中，已经对信息传输、软件和信息技术服务行业所形成的固定资产进行了核算，包含在有形资产中。而本节计算的计算机软件和计算机数据库不存在实物形态，因此，无法进入有形资产核算，对其纳入无形资产进行核算。

《2010 年全国投入产出延长表编制方法》中指出，计算固定资产形成的计算机软件是指企业从事开发、研制、销售软件所获得的收入，属于无形固定资产。由此可知，软件产品实际上已经被计入现行国民经济核算的固定资产形成中。除软件产品收入之外，软件行业收入的剩余部分，如数据处理和运营服务、咨询服务等，没有被计入无形固定资产形成。因此，本节将软件行业收入减去软件产品收入之差值当作电子信息无形资产。软件行业收入核算中并不包括组织针对自身现状自制的软件产品或服务，理论上这一部分也应被纳入软件行业收入核算中。

京津地区相关数据可以直接从《中国电子信息产业统计年鉴》中获取，河北省的数据只公布了 2005～2016 年的数据，故本书通过指数平滑法预测 2017 年河北省电子信息无形资产形成额，对于 2005 年以前的数据，则根据 2005～2009 年河北省该软件行业收入和软件产品收入的平均增长率来计算 2001～2004 年的电子信息无形资产，具体如表 4 - 25 所示。图 4 - 17 展示了三地电子信息无形资产增长情况可以看出，2002～2011 年三地电子信息无形资产增长变动幅度较大，其中 2010 年河北电子信息无形资产迅速增长，增长率达到 478.11%，2011～2017 年三地增长较为平稳。图 4 - 18 展示了京津冀三地电子信息无形资产分别占当地无形资产的比重可以看出，京津冀三地基本保持增长态势。其中，北京的电子信息无形资产占当地无形资产比重最大，2017 年占比已经超过 60%；天津的电子信息无形资产占比也持续增长，2017 年占比达 43.50%；河北的电子信息无形资产占无形资产比例较小，2017 年仅占 13.32%。

表 4 - 25　2001～2017 年京津冀电子信息无形资产形成情况　　单位：亿元

年份	软件行业收入			软件产品收入			电子信息无形资产			
	北京	天津	河北	北京	天津	河北	北京	天津	河北	总体
2001	195.22	18.90	12.44	122.62	8.35	7.22	72.60	10.54	5.23	88.37
2002	222.10	8.07	14.83	77.40	4.32	8.50	144.70	3.75	6.33	154.78
2003	389.95	26.43	17.67	155.60	17.93	10.00	234.35	8.51	7.67	250.53
2004	557.80	95.18	21.06	233.81	83.17	11.77	324.00	12.01	9.29	345.3
2005	913.95	108.49	25.10	158.21	70.52	13.86	755.74	37.97	11.24	804.95
2006	987.94	109.59	17.38	139.25	9.49	10.29	848.69	100.10	7.09	955.88
2007	1258.67	119.70	26.37	337.83	9.41	12.47	920.84	110.29	13.90	1045.03
2008	1543.08	155.36	35.42	318.68	28.65	14.26	1224.41	126.71	21.16	1372.28
2009	1882.01	200.73	38.63	668.28	38.79	21.45	1213.73	161.95	17.18	1392.86
2010	2424.65	271.29	124.22	937.31	63.49	24.90	1487.35	207.80	99.32	1794.47
2011	3009.08	370.32	118.19	1106.99	82.60	31.27	1902.09	287.72	86.92	2276.73
2012	3676.56	554.22	127.28	1396.25	136.12	34.07	2280.31	418.10	93.21	2791.62
2013	4210.63	711.39	134.23	1554.50	205.01	35.86	2656.13	506.38	98.37	3260.88
2014	4796.58	906.88	149.91	1841.98	246.12	37.06	2954.59	660.77	112.85	3728.21
2015	5422.87	1007.85	184.47	2171.23	250.26	33.71	3251.64	757.59	150.76	4159.99
2016	6416.02	1185.85	210.18	2444.83	282.44	36.50	3971.19	903.41	173.68	5048.28
2017	7836.65	1351.94	224.93	2878.08	331.02	37.95	4958.58	1020.92	186.98	6166.48

注：按当年价计算。

资料来源：根据 2005～2019 年《中国电子信息产业统计年鉴》测算完成。

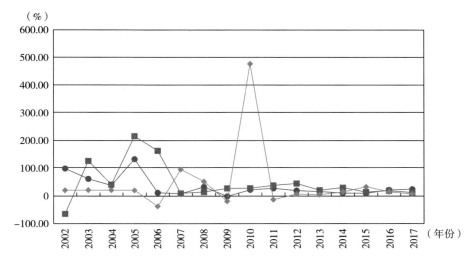

图 4 - 17　2002 ~ 2017 年京津冀电子信息无形资产增长情况

（％）

	2001年	2002年	2003年	2004年	2005年	2006年	2007年	2008年	2009年	2010年	2011年	2012年	2013年	2014年	2015年	2016年	2017年
北京（％）	20.95	27.57	35.28	38.19	53.76	52.49	48.07	50.63	48.75	49.18	51.27	52.43	52.93	53.70	54.53	58.11	62.06
天津（％）	16.38	5.31	9.11	9.75	20.21	34.31	31.68	27.53	30.39	30.34	31.82	36.10	34.03	37.04	37.68	40.22	43.50
河北（％）	3.12	3.21	3.41	3.28	2.96	2.56	4.17	5.34	3.76	17.41	12.49	11.68	10.46	11.31	13.17	13.82	13.32

图 4 - 18　2001 ~ 2017 年京津冀电子信息无形资产占当地无形资产的比重

（2）创新无形资产。从理论上看，研发资产是创新无形资产核算的最优指标。然而，研发资产难以被准确测度，因此使用研发支出代替研发资产进入创新无形资产核算，创新无形资产也用研发资本替代。资料来源于科技部公布的历年

《中国科技统计年鉴》中的 R&D 内部支出, 京津冀三地 R&D 内部支出数据具体见表 4 - 26。图 4 - 19 展示出 2002 ~ 2017 年京津冀三地创新无形资产增长总体放缓, 其中天津 2017 年创新无形资产出现负增长。图 4 - 20 展示了 2001 ~ 2017 年京津冀三地创新无形资产分别占当地无形资产的比重, 京津两地创新无形资产占当地无形资产的比重逐年降低, 河北创新无形资产占比逐年提升, 2017 年京津创新无形资产占比降至 20% 以下, 河北创新无形资产占比超过 30%。

表 4 – 26　2001 ~ 2017 年京津冀创新无形资产形成情况

年份	北京		天津		河北	
	创新无形资产 （亿元）	增长率 （%）	创新无形资产 （亿元）	增长率 （%）	创新无形资产 （亿元）	增长率 （%）
2001	171.17	—	25.16	—	25.75	—
2002	219.54	28.26	31.19	23.98	33.60	13.24
2003	256.25	16.72	40.43	29.63	38.05	15.22
2004	316.91	23.67	53.75	32.95	43.84	35.31
2005	379.55	19.77	72.57	35.01	59.32	29.23
2006	432.99	14.08	95.24	31.24	76.66	17.43
2007	527.06	21.73	114.70	20.44	90.02	21.21
2008	620.10	17.65	169.42	47.70	109.11	23.58
2009	668.64	7.83	178.47	5.34	134.84	15.32
2010	821.82	22.91	229.56	28.63	155.50	29.45
2011	936.64	13.97	297.76	29.71	201.30	22.11
2012	1063.36	13.53	360.49	21.07	245.80	14.93
2013	1185.05	11.44	428.09	18.75	282.50	11.22
2014	1268.80	7.07	464.69	8.55	314.20	12.06
2015	1384.02	9.08	510.18	9.79	352.10	8.89
2016	1484.58	7.27	537.32	5.32	383.40	17.89
2017	1579.65	6.40	458.72	- 14.63	452.00	52.28

注: 按当年价核算。

资料来源: 根据 2002 ~ 2018 年《中国科技统计年鉴》测算完成。

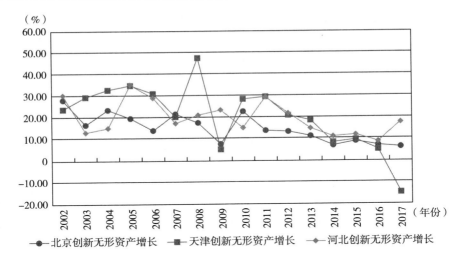

图 4 − 19　2002 ~ 2017 年京津冀创新无形资产增长情况

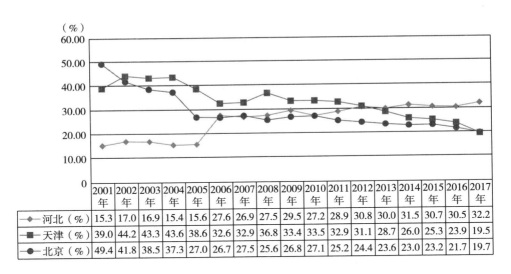

	2001年	2002年	2003年	2004年	2005年	2006年	2007年	2008年	2009年	2010年	2011年	2012年	2013年	2014年	2015年	2016年	2017年
河北（%）	15.3	17.0	16.9	15.4	15.6	27.6	26.9	27.5	29.5	27.2	28.9	30.8	30.0	31.5	30.7	30.5	32.2
天津（%）	39.0	44.2	43.3	43.6	38.6	32.6	32.9	36.8	33.4	33.5	32.9	31.1	28.7	26.0	25.3	23.9	19.5
北京（%）	49.4	41.8	38.5	37.3	27.0	26.7	27.5	25.6	26.8	27.1	25.2	24.4	23.6	23.0	23.2	21.7	19.7

图 4 − 20　2001 ~ 2017 年京津冀创新无形资产占当地无形资产的比重

（3）经济竞争力无形资产。Corrado 等的方法是将广告费用支出的 60% 作为品牌资产投资，按固定比例将工资总额的一部分作为人力资本支出，以管理人员工资的 20% 作为组织资产支出。[35] 关于品牌资产，由于我国关于品牌资产的统计核算并不精细，故目前缺乏各个组织的具体广告费用的支出，因此以广告行业的营业额代替广告费用支出，以广告营业额的 60% 作为品牌资产投资纳入无形资产核算，这不包括企业通过自制广告形成的无形资产。关于人力资本，目前没有直接可用的组织培训支出数据，需要以就业人员工资总额代替，同时，我国《中华人民共和国企业所得税法实施条例》规定，企业职工教育费用支出不超过工资总额的2.5%，故本书按照此规格进行计算。关于组织资产，企业内部管理支出的计算本节按照田侃等[26]的方法，管理资产支出占管理人员工资总额的20%，管理人员工资总额占就业人员工资总额的5.12%，由此推算组织内部的管理支出；组织外购的管理咨询服务支出的计算本书参考张俊芳等[33]的方法，用管理咨询行业收入代替组织外购的管理咨询服务支出，管理咨询行业收入根据《中国经济普查年鉴》指出的占第三产业中租赁和商业服务业的75%进入无形资产核算。北京、天津公布了租赁与管理咨询业数据，河北只公布了2004～2015年的数据，2016～2017年的数据本书通过已有数据进行预测，2001～2003年的数据通过已有数据年份租赁与商业服务业占第三产业中其他行业的比重进行估算。京津冀三地按当年价计算的品牌资产、人力资本和组织资产分别如表4-27～表4-29所示。表4-30、图4-21展示了京津冀三地经济竞争力无形资产增长情况，图4-22展示了京津冀三地经济竞争力无形资产分别占当地无形资产的比重，京津冀三地经济竞争力无形资产占当地无形资产的比重总体呈下降态势，分别从2001年的29.6%、44.5%、81.5%降至2017年的18.1%、36.9%、54.4%，河北经济竞争力无形资产占比在三地中最大。

表4-27 2001～2017年京津冀品牌资产形成情况

年份	北京		天津		河北	
	品牌资产（亿元）	增长率（%）	品牌资产（亿元）	增长率（%）	品牌资产（亿元）	增长率（%）
2001	62.74	—	14.11	—	5.33	—
2002	100.53	60.22	17.68	25.34	5.60	5.00
2003	122.71	22.07	22.39	26.61	6.18	10.35
2004	144.89	18.08	27.09	21.02	5.96	-3.48
2005	150.93	4.17	31.67	16.88	5.24	-12.03
2006	173.33	14.84	37.08	17.09	5.56	6.09
2007	207.34	19.62	44.23	19.28	7.65	37.47
2008	235.38	13.52	50.35	13.85	7.73	1.05
2009	232.03	-1.42	55.74	10.70	8.27	7.02
2010	296.44	27.76	62.48	12.10	6.72	-18.74
2011	485.77	63.87	73.44	17.53	7.04	4.83

续表

年份	北京		天津		河北	
	品牌资产（亿元）	增长率（%）	品牌资产（亿元）	增长率（%）	品牌资产（亿元）	增长率（%）
2012	1084.57	123.27	84.05	14.45	4.35	−38.24
2013	1076.82	−0.71	111.60	32.77	7.86	80.62
2014	1153.10	7.08	130.43	16.88	3.44	−56.18
2015	1094.39	−5.09	131.73	1.00	4.42	28.32
2016	1081.63	−1.17	55.16	−58.13	73.85	1571.19
2017	1039.41	−3.90	55.23	0.12	59.14	−19.92

注：按当年价计算。

资料来源：根据 2002～2018 年《中国广告市场报告》测算完成。

表 4-28 2001～2017 年京津冀人力资本形成情况

年份	北京		天津		河北	
	人力资本（亿元）	增长率（%）	人力资本（亿元）	增长率（%）	人力资本（亿元）	增长率（%）
2001	21.32	—	6.94	—	11.64	—
2002	26.25	23.14	7.61	9.61	12.85	10.37
2003	27.47	4.66	8.14	6.96	13.98	8.83
2004	36.46	32.72	10.20	25.37	15.98	14.25
2005	42.17	15.66	11.46	12.32	18.23	14.12
2006	50.59	19.95	13.26	15.72	20.64	13.21
2007	61.38	21.34	16.33	23.15	24.78	20.07
2008	79.13	28.93	19.90	21.87	30.62	23.57
2009	88.64	12.01	22.16	11.39	34.95	14.16
2010	103.40	16.65	26.28	18.58	40.74	16.55
2011	127.49	23.30	37.08	41.10	49.38	21.21
2012	150.31	17.90	44.45	19.88	59.96	21.42
2013	171.74	14.26	51.34	15.50	68.10	13.59
2014	192.19	11.90	53.85	4.88	74.14	8.86
2015	216.09	12.43	59.33	10.17	82.24	10.93
2016	236.58	9.48	62.11	4.69	87.97	6.97
2017	266.90	12.82	63.92	2.92	83.91	−4.62

注：按当年价计算。

资料来源：根据 2002～2018 年《北京统计年鉴》《天津统计年鉴》《河北经济年鉴》测算完成。

表 4 - 29 2001～2017 年京津冀组织资产形成情况

年份	北京		天津		河北	
	组织资产 （亿元）	增长率 （%）	组织资产 （亿元）	增长率 （%）	组织资产 （亿元）	增长率 （%）
2001	102.75	—	7.63	—	119.52	—
2002	160.65	56.35	10.30	35.07	138.89	16.21
2003	173.70	8.12	13.91	35.07	159.33	14.71
2004	207.45	19.43	20.19	45.12	208.24	30.70
2005	270.53	30.40	34.20	69.39	285.29	37.00
2006	335.33	23.95	46.05	34.65	167.51	-41.28
2007	467.70	39.48	62.54	35.81	197.38	17.83
2008	573.98	22.72	93.94	50.20	227.45	15.24
2009	607.20	5.79	114.66	22.06	261.65	15.04
2010	714.90	17.74	158.87	38.56	268.15	2.48
2011	871.58	21.92	208.18	31.03	351.18	30.96
2012	1005.45	15.36	251.04	20.59	394.58	12.36
2013	1177.35	17.10	390.55	55.57	483.24	22.47
2014	1278.75	8.61	474.22	21.42	492.91	2.00
2015	1327.50	3.81	551.96	16.39	554.98	12.59
2016	1378.73	3.86	688.37	24.71	537.72	-3.11
2017	1451.63	5.29	747.98	8.66	621.76	15.63

注：按当年价计算。

资料来源：根据 2002～2018 年《中国第三产业统计年鉴》测算完成。

表 4 - 30 2001～2017 年京津冀经济竞争力无形资产形成情况

年份	北京		天津		河北	
	经济竞争力 无形资产 （亿元）	增长率 （%）	经济竞争力 无形资产 （亿元）	增长率 （%）	经济竞争力 无形资产 （亿元）	增长率 （%）
2001	186.81	—	28.67	—	136.49	—
2002	287.43	53.86	35.59	24.12	157.34	15.27
2003	323.88	12.68	44.44	24.86	179.48	14.07
2004	388.80	20.04	57.48	29.36	230.18	28.24
2005	463.63	19.25	77.32	34.51	308.76	34.14

续表

年份	北京		天津		河北	
	经济竞争力 无形资产 （亿元）	增长率 （%）	经济竞争力 无形资产 （亿元）	增长率 （%）	经济竞争力 无形资产 （亿元）	增长率 （%）
2006	559.24	20.62	96.39	24.65	193.72	-37.26
2007	736.42	31.68	123.10	27.71	229.81	18.63
2008	888.49	20.65	164.19	33.38	265.80	15.66
2009	927.87	4.43	192.56	17.28	304.88	14.70
2010	1114.74	20.14	247.64	28.60	315.61	3.52
2011	1484.84	33.20	318.70	28.70	407.60	29.15
2012	2240.33	50.88	379.55	19.09	458.89	12.58
2013	2425.91	8.28	553.49	45.83	559.20	21.86
2014	2624.04	8.17	658.50	18.97	570.50	2.02
2015	2637.98	0.53	743.02	12.84	641.64	12.47
2016	2696.94	2.23	805.64	8.43	699.54	9.02
2017	2757.93	2.26	867.12	7.63	764.80	9.33

注：按当年价计算。

资料来源：由本书课题组测算完成。

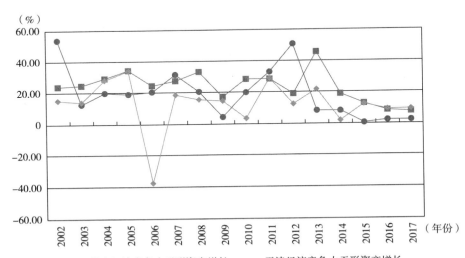

图 4 - 21　2002～2017 年京津冀经济竞争力无形资产增长情况

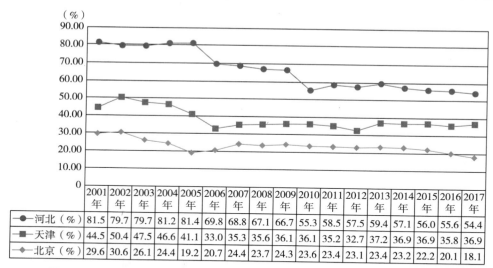

年份	2001年	2002年	2003年	2004年	2005年	2006年	2007年	2008年	2009年	2010年	2011年	2012年	2013年	2014年	2015年	2016年	2017年
河北（%）	81.5	79.7	79.7	81.2	81.4	69.8	68.8	67.1	66.7	55.3	58.5	57.5	59.4	57.1	56.0	55.6	54.4
天津（%）	44.5	50.4	47.5	46.6	41.1	33.0	35.3	35.6	36.1	36.1	35.2	32.7	37.2	36.9	36.9	35.8	36.9
北京（%）	29.6	30.6	26.1	24.4	19.2	20.7	24.4	23.7	24.3	23.6	23.4	23.1	23.4	23.2	22.2	20.1	18.1

图 4 – 22   2001～2017 年京津冀经济竞争力无形资产占当地无形资产的比重

2. 价格调整方法

由于各项数据的统计开始日期不一致，故本书统一将电子信息无形资产、创新资产和经济竞争力无形资产的统计开始日期设定在 2001 年。

以上核算的无形资产均按当年价计算，并未消除价格因素的影响，因此为准确估计无形资产对经济增长的贡献，需要对无形资产进行价格调整。与其余经济指标保持一致，根据 1990 年不变价进行调整。由于无形资产组成庞杂，不能用某一项指数调整所有无形资产，故根据不同组成部分需要使用不同的指数。

以固定资产投资价格指数（见表 4 – 31）平减获取不变价电子信息无形资产投入，具体数值如表 4 – 32 所示。

表 4 – 31   2001～2017 年京津冀电子信息无形资产价格指数

年份	北京	天津	河北
2001	229.4	200.68	209.64
2002	230.3	199.68	208.60
2003	235.3	204.87	213.39
2004	245.5	219.82	228.33
2005	247.2	222.46	232.67
2006	248.2	224.02	236.62
2007	255.1	229.84	245.62

续表

年份	北京	天津	河北
2008	275.0	250.99	269.19
2009	267.0	244.97	259.80
2010	273.7	251.33	269.40
2011	289.3	265.66	284.20
2012	293.1	265.66	285.05
2013	292.8	264.28	284.80
2014	292.8	265.60	285.40
2015	285.7	265.33	279.69
2016	284.9	263.74	278.00
2017	298.3	275.08	296.60

资料来源：根据 2002～2018 年《北京统计年鉴》《天津统计年鉴》《河北经济年鉴》测算完成。

表 4-32　2001～2017 年京津冀电子信息无形资产形成额　　单位：亿元

年份	北京	天津	河北
2001	31.66	5.25	2.05
2002	62.84	1.88	2.49
2003	99.58	4.15	3.03
2004	132.00	5.46	3.59
2005	305.76	17.07	4.07
2006	341.99	44.68	4.83
2007	360.96	47.99	3.00
2008	445.23	50.48	5.66
2009	454.53	66.11	7.86
2010	543.41	82.68	6.61
2011	657.46	108.30	36.87
2012	778.08	157.38	30.58
2013	907.22	191.61	32.70
2014	1009.16	248.78	34.54
2015	1137.93	285.52	39.55
2016	1393.93	342.53	53.93
2017	342.26	1802.57	62.50

资料来源：由本书课题组测算完成。

对于研发支出价格指数，本书参考田侃等[26]的方法，按照合成价格指数（居民消费价格指数55% + 固定资产投资价格指数45%）对 R&D 支出进行不变价调整，与其他指标一样，调整为1990年不变价，具体数值如表4 - 33 所示。

表4 - 33　2001 ~ 2017 年京津冀创新资产价格指数

年份	北京	天津	河北
2001	255.58	216.86	198.39
2002	253.25	215.91	196.88
2003	255.83	219.46	201.30
2004	261.88	229.16	212.56
2005	264.93	232.27	216.49
2006	266.75	234.95	220.18
2007	273.61	243.24	229.54
2008	290.65	260.29	247.53
2009	284.55	256.09	242.45
2010	291.49	264.08	250.63
2011	307.93	277.95	264.66
2012	315.48	282.24	268.62
2013	321.40	286.68	272.67
2014	324.44	290.46	275.43
2015	324.74	293.26	274.20
2016	327.11	296.17	275.69
2017	336.91	305.01	286.67

资料来源：根据2002 ~ 2018 年《北京统计年鉴》《天津统计年鉴》《河北经济年鉴》测算完成。

表4 - 34　2001 ~ 2017 年京津冀创新资产形成额　　　单位：亿元

年份	北京	天津	河北
2001	66.97	11.60	13.27
2002	86.69	14.44	12.98
2003	100.16	18.42	17.07
2004	121.01	23.46	18.90
2005	143.26	31.24	20.63
2006	162.32	40.53	27.40

续表

年份	北京	天津	河北
2007	192.63	47.16	34.82
2008	213.35	65.09	39.22
2009	234.98	69.69	44.08
2010	281.94	86.93	55.62
2011	304.17	107.13	62.02
2012	337.06	127.73	76.07
2013	368.71	149.33	91.49
2014	391.07	159.98	103.62
2015	426.19	173.97	114.09
2016	453.85	181.42	128.43
2017	468.87	150.39	139.08

资料来源：由本书课题组测算完成。

经济竞争力无形资产支出以居民消费价格指数（见表4-35）平减获取不变价组织资产支出，具体数据如表4-36所示。

表4-35 2001~2017年京津冀经济竞争力资产价格指数

年份	北京	天津	河北
2001	277.05	230.10	189.18
2002	272.04	229.20	187.30
2003	272.61	231.40	191.40
2004	275.32	236.80	199.66
2005	279.47	240.30	203.25
2006	281.97	243.90	206.72
2007	288.74	254.20	216.39
2008	303.45	267.90	229.81
2009	298.88	265.20	228.25
2010	306.04	274.50	235.27
2011	323.17	288.00	248.67
2012	333.82	295.80	255.18
2013	344.82	305.00	262.75

续表

年份	北京	天津	河北
2014	350.35	310.80	267.27
2015	356.64	316.10	269.70
2016	361.65	322.70	273.80
2017	368.51	329.50	278.54

资料来源：根据 2002~2018 年《北京统计年鉴》《天津统计年鉴》《河北经济年鉴》测算完成。

表 4－36　2001~2017 年京津冀经济竞争力形成额　　单位：亿元

年份	北京	天津	河北
2001	67.43	12.46	72.15
2002	105.65	15.53	84.00
2003	118.81	19.20	93.77
2004	141.22	24.28	115.29
2005	165.90	32.18	151.92
2006	198.34	39.52	93.71
2007	255.05	48.43	106.20
2008	292.79	61.29	115.66
2009	310.45	72.61	133.57
2010	364.25	90.21	134.15
2011	459.47	110.66	163.92
2012	671.11	128.31	179.83
2013	703.52	181.47	212.83
2014	748.99	211.87	213.45
2015	739.67	235.06	237.90
2016	745.74	249.65	255.49
2017	748.41	263.16	274.58

资料来源：由本书课题组测算完成。

3. 折旧率

相对于物质资产，科技更新或进步的速度更快，由此使得无形资产更容易陈旧老化，故无形资产的折旧率要比物质资产更高。

根据《财政部、国家税务总局关于促进企业技术进步有关财务税收问题的通知》（财工字〔1996〕41 号）明确规定，企业购入的计算机应用软件随同计算机一起购入的，计入固定资产价值；单独购入的，作为无形资产管理，按法律规定的有效期限或合同规定的收益年限进行摊销，没有规定有效期限或收益年限的，在五年内平均摊销。根据财政部、国家税务总局的财税〔2008〕1 号文件第一条第五款规定，企事业单位购进软件，凡符合固定资产或无形资产认定条件的，可按固定资产（随机购买）或无形资产（单独购买）进行核算，经主管税务机关核准，其折旧或摊销年限可适当缩短，最短为 2 年。同时，我国《中华人民共和国企业所得税法实施条例》第六十七条规定：无形资产按照直线法计算的摊销费用，准予扣除。无形资产与有形物质资产不同，无形资产几乎残值，故按照上述国家规定，电子信息无形资产的折旧率应为 20%。本书按照 20% 的折旧率计算电子信息无形资产存量。

Pakes 和 Schankerman 曾使用美国专利数据测算出研发资产存量较高的折旧率为 25%，并认为研发资产折旧率一般要高于物质资产折旧率[46]。Corrado 等设定的创新资产折旧率为 20%[47]。王益烜等建议在进行研发资产存量核算时的折旧率为 10%。[48]孙凤娥、江永宏采用的研发资产折旧率为 20.6%[49]。本书将研发资本的折旧率设为 20%，计算创新无形资产存量。

Corrado 等设定的经济竞争力资产中人力资本和组织资产的折旧率为 40%，品牌资产的折旧率为 60%[47]。杜伟等在测算我国人力资本存量时设定的折旧率为 10%[50]。本书按照以上学者的研究，将经济竞争力资产中品牌资产、人力资本和组织资产分别设定为 60%、10%、40%，具体如表 4 – 37 所示。

表 4 – 37　无形资产细分类别的折旧率　　　　　　　　　单位:%

无形资产类型		折旧率
电子信息		20
研发资本		20
经济竞争力	品牌声誉资产（广告、市场研究）	60
	企业提供的人力资本（培训等）	10
	企业的组织资产	40

资料来源：由本书课题组测算完成。

4. 基期无形资产存量

关于基期资产存量，本书已在核算固定资产存量时讨论过，目前学术界大多直接采用或按比例推算之前学者估计的基期资本存量，简便易行。而对于无形资产，目前学术界研究成果较少，并且无法按比例推算河北省无形资产存量，故本书根据式（4 – 5）、式（4 – 6）估算京津冀三地无形资产存量。

先根据式（4－6）计算基期开始后固定资本形成额的 5 年平均增长率g_0，计算结果如表 4－38 所示。

表 4－38　京津冀无形资产基期后五年平均增长率　　　　　单位：%

无形资产类型		5 年平均增长率g_0		
		北京	天津	河北
电子信息		66.60	93.54	17.11
研发资本		19.50	28.46	14.50
经济竞争力	品牌资产（广告、市场研究）	23.67	20.01	1.00
	企业提供的人力资本（培训等）	18.82	12.64	8.87
	企业的组织资产	27.34	42.16	30.58

资料来源：由本书课题组测算完成。

根据式（4－5）和本书推算的数据，按 1990 年不变价计算 2001 年京津冀基期无形资产存量，具体如表 4－39 所示。

表 4－39　2001 年京津冀基期无形资产存量亿元　　　　　单位：亿元

无形资产类型		基期无形资产存量		
		北京	天津	河北
电子信息		36.55	4.67	6.92
研发资本		169.56	23.93	43.76
经济竞争力	品牌资产（广告、市场研究）	27.07	7.66	4.43
	企业提供的人力资本（培训等）	26.70	13.32	33.61
	企业的组织资产	55.07	4.03	89.04
合计		314.95	53.61	177.76

资料来源：由本书课题组测算完成。

5. 测算结果

根据式（4－5）和本书已经推算的各项数据来估计 2001~2017 年京津冀三地无形资产存量及增长情况。图 4－23 和表 4－40 显示了 2001~2017 年京津冀三地无形资产存量规模及其增长情况。北京方面，电子信息无形资产存量从 2001 年的 36.55 亿元增长到 2017 年的 5175.39 亿元，年均增长 36.28%；创新无形资产存量从 2001 年的 169.56 亿元增长到 2017 年的 1836.69 亿元，年均增长 16.06%；经济竞争力无形资产存量从 2001 年的 108.84 亿元增长到 2017 年的

1783.00 亿元，年均增长 19.10%；无形资产总量从 2001 年的 314.95 亿元增长到 2017 年的 8795.08 亿元，年均增长 23.13%。天津方面，电子信息无形资产存量从 2001 年的 4.67 亿元增长到 2017 年的 1159.76 亿元，年均增长 41.15%；创新无形资产存量从 2001 年的 23.93 亿元增长到 2017 年的 672.52 亿元，年均增长 23.18%；经济竞争力无形资产存量从 2001 年的 25.02 亿元增长到 2017 年的 627.40 亿元，年均增长 22.31%；无形资产总量从 2001 年的 53.62 亿元增长到 2017 年的 2459.68 亿元，年均增长 27.10%。河北方面，电子信息无形资产存量从 2001 年的 6.92 亿元增长到 2017 年的 212.49 亿元，年均增长 23.86%；创新无形资产存量从 2001 年的 43.76 亿元增长到 2017 年的 543.05 亿元，年均增长 17.05%；经济竞争力无形资产存量从 2001 年的 127.07 亿元增长到 2017 年的 723.86 亿元，年均增长 11.49%；无形资产总量从 2001 年的 177.76 亿元增长到 2017 年的 1479.40 亿元，年均增长 14.16%。从规模上看，北京无形资产存量远多于天津和河北；从增速上看，天津无形资产存量增速最快。相比于物质资产存量，京津冀三地无形资产存量年平均增长速度要比物质固定资产年平均增长率分别快 10.50%、12.19%、1.19%。

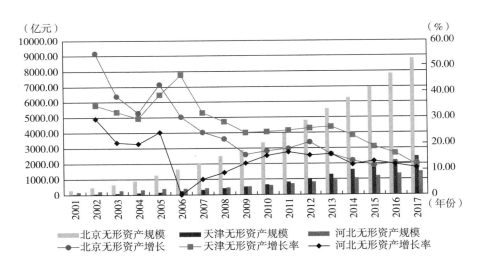

图 4 - 23　2001～2017 年京津冀无形资产存量规模及增长情况

6. 京津冀无形资产投资内部结构

表 4 - 41、表 4 - 42、表 4 - 43 和图 4 - 24、图 4 - 25、图 4 - 26 显示了京津冀三地无形资产投资的内部结构。北京方面，无形资产存量中电子信息无形资产所占比例逐年升高，从 2001 年的 11.61% 增长到 2017 年的 58.84%；创新无形资

单位：亿元

表4-40 2001~2017年京津冀无形资产存量规模

年份	北京				天津				河北				三地合计
	电子信息	创新	经济竞争力	合计	电子信息	创新	经济竞争力	合计	电子信息	创新	经济竞争力	合计	
2001	36.55	169.56	108.84	314.95	4.67	23.93	25.02	53.62	6.92	43.76	127.07	177.76	546.33
2002	92.08	222.34	173.55	487.98	5.61	33.59	33.00	72.21	8.57	52.08	169.45	230.10	790.28
2003	173.25	278.03	223.49	674.77	8.64	45.30	41.44	95.38	10.45	60.56	205.62	276.64	1046.79
2004	270.60	343.44	274.60	888.64	12.38	59.69	51.53	123.60	12.43	69.08	249.84	331.35	1343.59
2005	522.23	418.01	329.88	1270.13	26.97	79.00	65.65	171.61	14.78	82.66	314.21	411.64	1853.39
2006	759.78	496.73	397.12	1653.63	66.26	103.73	81.71	251.69	14.82	100.95	296.06	411.82	2317.14
2007	968.79	590.02	495.71	2054.51	100.99	130.14	100.55	331.69	17.51	119.98	299.19	436.68	2822.87
2008	1220.26	685.36	593.94	2499.56	131.28	169.20	125.18	425.66	21.87	140.06	312.18	474.11	3399.33
2009	1430.73	783.27	673.48	2887.49	171.13	205.05	152.06	528.24	24.11	167.67	340.04	531.82	3947.55
2010	1687.99	908.56	779.87	3376.41	219.58	250.97	186.61	657.16	56.16	196.16	359.84	612.16	4645.73
2011	2007.86	1031.02	941.15	3980.03	283.97	307.90	228.87	820.74	75.51	233.00	404.53	713.03	5513.80
2012	2384.36	1161.87	1244.70	4790.94	384.56	374.05	273.60	1032.21	93.11	277.89	450.69	821.69	6644.83
2013	2814.71	1298.21	1427.81	5540.73	499.25	448.57	355.62	1303.44	109.03	325.93	515.77	950.73	7794.90
2014	3260.93	1429.64	1578.74	6269.31	648.19	518.84	436.39	1603.42	126.77	374.83	559.73	1061.34	8934.07
2015	3746.68	1569.91	1660.87	6977.46	804.07	589.04	509.17	1902.29	155.35	428.29	615.39	1199.03	10078.77
2016	4391.27	1709.77	1727.57	7828.61	985.79	652.66	569.87	2208.32	186.78	481.71	671.33	1339.83	11376.76
2017	5175.39	1836.69	1783.00	8795.08	1159.76	672.52	627.40	2459.68	212.49	543.05	723.86	1479.40	12734.16
年均增长率（%）	36.28	16.06	19.10	23.13	41.15	23.18	22.31	27.01	23.86	17.05	11.49	14.16	21.75

资料来源：由本书课题组测算完成。

产比例则有所减少,从 2001 年的 53.84% 降至 2017 年的 20.88%;经济竞争力无形资产占比也有所减少,其中组织资产占经济竞争力无形资产的主要部分。天津方面,无形资产存量中电子信息无形资产所占比例逐年升高,从 2001 年的 8.71% 增长到 2017 年的 47.15%;创新无形资产和经济竞争力资产比例则有所减少,分别从 2001 年的 44.64% 降至 2017 年的 27.34%,从 2001 年的 46.66% 降至 2017 年的 25.51%,经济竞争力无形资产中组织资产占比上升,品牌资产和人力资本占比下降。河北方面,无形资产存量中经济竞争力无形资产所占比例有所降低,但始终保持占比最大;电子信息无形资产和创新无形资产所占比例逐渐提升。

表 4−41 2001~2017 年北京市无形资产存量内部结构 单位:%

分类	2017 年	2015 年	2010 年	2005 年	2001 年
电子信息无形资产	58.84	53.70	49.99	41.12	11.61
创新无形资产	20.88	22.50	26.91	32.91	53.84
经济竞争力无形资产	20.27	23.80	23.10	25.97	34.56
品牌资产	5.50	7.38	4.36	6.72	8.59
人力资本	4.20	4.22	4.27	4.70	8.48
组织资产	10.57	12.21	14.46	14.55	17.49
合计	100.00	100.00	100.00	100.00	100.00

资料来源:由本书课题组测算完成。

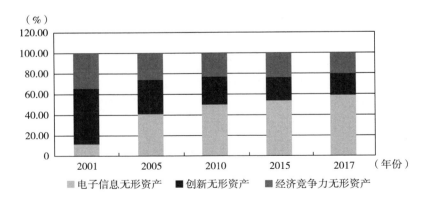

图 4−24 2001~2017 年北京市无形资产存量内部结构

表 4 – 42   2001 ~ 2017 年天津市无形资产存量内部结构   单位:%

分类	2017 年	2015 年	2010 年	2005 年	2001 年
电子信息无形资产	47.15	42.27	33.41	15.72	8.71
创新无形资产	27.34	30.96	38.19	46.03	44.64
经济竞争力无形资产	25.51	26.77	28.40	38.25	46.66
品牌资产	1.40	3.53	5.46	11.65	14.29
人力资本	4.58	4.93	6.81	13.20	24.84
组织资产	19.53	18.30	16.13	13.41	7.52
合计	100.00	100.00	100.00	100.00	100.00

资料来源：由本书课题组测算完成。

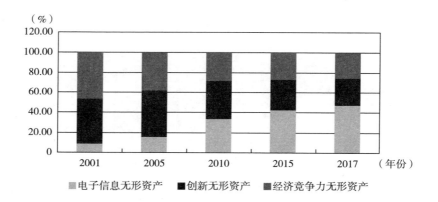

图 4 – 25   2001 ~ 2017 年天津市无形资产存量内部结构

表 4 – 43   2001 ~ 2017 年河北省无形资产存量内部结构   单位:%

分类	2017 年	2015 年	2010 年	2005 年	2001 年
电子信息无形资产	14.36	12.96	9.17	3.59	3.89
创新无形资产	36.71	35.72	32.04	20.08	24.62
经济竞争力无形资产	48.93	51.32	58.79	76.33	71.49
品牌资产	2.20	0.24	0.85	1.12	2.49
人力资本	12.60	13.12	14.02	11.94	18.91
组织资产	34.13	37.97	43.92	63.28	50.09
合计	100.00	100.00	100.00	100.00	100.00

资料来源：由本书课题组测算完成。

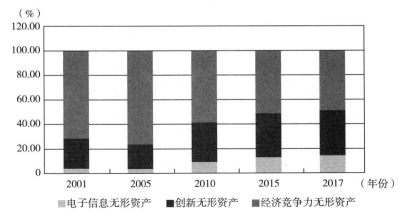

（%）

图4-26 2001～2017年河北省无形资产存量内部结构

参考文献

［1］江兵，潘妍，蔡艳．基于非参数法的合肥市科技进步贡献率研究［J］．中国管理科学，2014，22（S1）：108-113.

［2］王志刚，龚六堂，陈玉宇．地区间生产效率与全要素生产率增长率分解（1978-2003）［J］．中国社会科学，2006（2）：55-66，206.

［3］钟世川，毛艳华．中国全要素生产率的再测算与分解研究——基于多要素技术进步偏向的视角［J］．经济评论，2017（1）：3-14.

［4］洪兴建，罗刚飞．中国全要素生产率：1995～2012年FP指数的测度与分解［J］．商业经济与管理，2014（10）：82-90.

［5］蔡跃洲，张钧南．信息通信技术对中国经济增长的替代效应与渗透效应［J］．经济研究，2015，50（12）：100-114.

［6］蔡跃洲，付一夫．全要素生产率增长中的技术效应与结构效应——基于中国宏观和产业数据的测算及分解［J］．经济研究，2017，52（1）：72-88.

［7］OECD. The Well-being of Nations：The Role of Human and Social Capital［M］. Paris：OECD Publishing，2001.

［8］吴江，王选华．首都地区人才效能差异化实证研究——基于产业层面数据［J］．吉首大学学报（社会科学版），2012，33（5）：152-159.

［9］Maddison A. Causal Influences on Productivity Performance 1820-1992：A Global Perspective［J］. Journal of Productivity Analysis，1997，8（4）：325-359.

［10］Hicks J. Wealth and Welfare：Collected Essays in Economic Theory［M］. Cambridge Mass.：Harvard University Press，1981.

［11］罗伯特·M. 索洛，等．经济增长因素分析［M］．史清琪，等选译．北京：商务印书馆，1991.

［12］Goldsmith R. W. A Perpetual Inventory of National Wealth ［J］. Studies in Income and Wealth, 1951 （14）: 5 - 73.

［13］贺菊煌. 我国资产的估算 ［J］. 数量经济技术经济研究, 1992 （8）: 24 - 27.

［14］张军, 章元. 对中国资本存量 K 的再估计 ［J］. 经济研究, 2003 （7）: 35 - 43, 90.

［15］Chow G. C. Capital Formation and Economic Growth in China ［J］. The Quarterly Journal of Economics, 1993, 108 （3）: 809 - 842.

［16］翁宏标, 王斌会. 中国分行业资本存量的估计 ［J］. 统计与决策, 2012 （12）: 89 - 92.

［17］田友春. 中国分行业资本存量估算: 1990～2014 年 ［J］. 数量经济技术经济研究, 2016, 33 （6）: 3 - 21, 76.

［18］胡永泰. 中国全要素生产率: 来自农业部门劳动力再配置的首要作用 ［J］. 经济研究, 1998 （3）: 33 - 41.

［19］黄勇峰, 任若恩, 刘晓生. 中国制造业资本存量永续盘存法估计[J].经济学（季刊）, 2002 （1）: 377 - 396.

［20］张军, 吴桂英, 张吉鹏. 中国省际物质资本存量估算: 1952～2000 ［J］. 经济研究, 2004 （10）: 35 - 44.

［21］孙琳琳, 任若恩. 资本投入测量综述 ［J］. 经济学（季刊）, 2005 （3）: 823 - 842.

［22］何枫, 陈荣, 何林. 我国资本存量的估算及其相关分析 ［J］. 经济学家, 2003 （5）: 29 - 35.

［23］李治国, 唐国兴. 资本形成路径与资本存量调整模型——基于中国转型时期的分析 ［J］. 经济研究, 2003 （2）: 34 - 42, 92.

［24］单豪杰. 中国资本存量 K 的再估算: 1952～2006 年 ［J］. 数量经济技术经济研究, 2008, 25 （10）: 17 - 31.

［25］叶宗裕. 中国省际资本存量估算 ［J］. 统计研究, 2010, 27 （12）: 65 - 71.

［26］田侃, 倪红福, 李罗伟. 中国无形资产测算及其作用分析 ［J］. 中国工业经济, 2016 （3）: 5 - 19.

［27］郑世林, 张美晨. 科技进步对中国经济增长的贡献率估计: 1990～2017 年 ［J］. 世界经济, 2019, 42 （10）: 73 - 97.

［28］黄宗远, 宫汝凯. 中国物质资本存量估算方法的比较与重估 ［J］. 学术论坛, 2008 （9）: 97 - 104.

［29］李宾. 我国资本存量估算的比较分析 ［J］. 数量经济技术经济研究, 2011, 28 （12）: 21 - 36, 54.

［30］徐淑丹. 中国城市的资本存量估算和技术进步率: 1992～2014 年[J].管理世界, 2017 （1）: 17 - 29, 187.

［31］张健华, 王鹏. 中国全要素生产率: 基于分省份资本折旧率的再估计 ［J］. 管理世界, 2012 （10）: 18 - 30, 187.

［32］宗振利, 廖直东. 中国省际三次产业资本存量再估算: 1978～2011 ［J］. 贵州财经

大学学报，2014（3）：8 – 16．

［33］张俊芳，郭戎，郭永济．中国无形资产测度及其对科技进步贡献率影响的研究［J］．科学学与科学技术管理，2018，39（1）：46 – 54．

［34］王利政，高昌林，朱迎春，等．引入无形资本因素对科技进步贡献率测算的影响［J］．中国科技论坛，2012（12）：39 – 43．

［35］Corrado C，Hulten C，Sichel D．Measuring Capital and Technology：An Expanded Framework［M］．Chicago：University of Chicago Press，2005．

［36］Basu S．，Fernald J. G．，Oulton N．，et al. The Case of the Missing Productivity Growth，or does Information Technology Explain Why Productivity Accelerated in the United States but not in the United Kingdom？［J］．NBER Macroeconomics Annual，2003（18）：9 – 63．

［37］Subramaniam M．，Youndt M. A. The Influence of Intellectual Capital on the Types of Innovative Capabilities［J］．Academy of Management Journal，2005，48（3）：450 – 463．

［38］Hao J. X．，Manole V．，Van Ark B. Intangible Capital and Growth – An International Comparison［R］．Economics Program Working Paper Series，2008．

［39］OECD. Measuring Innovation：A New Perspective［M］．Paris：OECD，2010．

［40］Roth F．，Thum A. E. Does Intangible Capital Affect Economic Growth？ ［R］．CEPS Working Documents，2010．

［41］Hulten C. R．，Hao J X. The Role of Intangible Capital in the Transformation and Growth of the Chinese Economy［R］．National Bureau of Economic Research，2012．

［42］陈晓珊．中国省际研发资本存量、经济绩效与产能利用率［J］．当代经济管理，2017，39（8）：21 – 26．

［43］Li Q．，Wu Y. R. Intangible Capital in Chinese Regional Economies：Measurement and analysis［J］．China Economic Review，2018，51（c）：323 – 341．

［44］Lev B．，Radhakrishnan S. The measurement of firm – specific organization capital［R］．National Bureau of Economic Research，2003．

［45］Mcgrattan E. R．，Prescott E. C. Taxes，Regulations，and the Value of U. S. and U. K. Corporations［J］．The Review of Economic Studies，2005，72（3）：767 – 796．

［46］Pakes A．，Schankerman M. The Rate of Obsolescence of Patents，Research Gestation Lags，and the Private Rate of Return to Research Resources［M］．Chicago：University of Chicago Press，1984．

［47］Corrado C．，Hulten C．，Sichel D. Intangible Capital and U. S. Economic Growth［J］．Review of Income and Wealth，2009，55（3）：661 – 685．

［48］王益炟，江永宏，柳楠，等．将研发支出纳入 GDP 核算的思考［J］．中国统计，2014（2）：4 – 6．

［49］孙凤娥，江永宏．中国研发资本测算及其经济增长贡献［J］．经济与管理研究，2017，38（2）：3 – 12．

［50］杜伟，杨志江，夏国平．人力资本推动经济增长的作用机制研究［J］．中国软科学，2014（8）：173 – 183．

第五章　京津冀科技进步贡献率的测算及未来预测

第一节　数据整理

在科技进步贡献率的测算中，统计数据的整理占有较大工作量，其中一些不确定因素也较多，因此需要对数据整理过程中涉及的重要问题做出以下约定：

一、测算工具的选择

随着计算机技术的发展，应用现成的统计软件对繁杂的数据进行测算已不再是困难的事情了。然而，应用统计软件也并非十全十美，它是一个数据输入到数据输出的过程，之间的运算过程我们难以了解和把握，但这恰恰是经济分析过程中十分重要的环节，因为经常需要根据数据处理的中间状态对各种数据之间的关系和输出结果进行评估和修正，也需要根据数据之间的因果联系进行判断和分析，对于科技进步贡献率的测算也是如此。因此，本节建议应用 EXCEL 软件对数据进行测算。

二、测算周期的设定

时间序列的平稳性是任何统计分析的前提条件。根据前面的讨论可知，科技进步贡献率的测算主要依据的是经济产出和要素投入的时间序列数据。科技进步贡献率反映的是一个动态的变化过程。由于多方面因素，这些数据不会是十分稳定的，总会表现为各种各样的波动，其波动性来源于科技对经济增长贡献的滞后性、长期性、周期性以及政策等多方面，特别是固定资产投资，具有一定的投资周期，因此该指标适宜作为长期趋势指标，不适宜短期监测。为了保证科技进步贡献率的相对稳定性，采用移动平均法消除数据的随机波动。通常的做法是按一定的周期，例如以五年一个周期或十年一个周期进行测算。因此，我们需要在年度时间序列的基础上，整理出以五年为周期的移动平滑时间序列，才能满足测算的要求，本章使用几何平均法计算五年内实际数值的均值，并且以五年周期的最后一年代指该周期。

三、数据整理结果

调整后的各项数据如表5－1～表5－4和图5－1～图5－4所示。为计算简便，本章与资本存量有关的计算取折旧率为12%时的资本存量。

表5－1　京津冀不变价地区生产总值五年均值及年均增长率

年份	北京		天津		河北	
	不变价地区生产总值均值（亿元）	年均增长率（%）	不变价地区生产总值均值（亿元）	年均增长率（%）	不变价地区生产总值均值（亿元）	年均增长率（%）
1990～1995	668.31	11.83	405.87	11.75	1287.02	14.60
1991～1996	745.15	11.81	457.30	13.45	1472.76	15.11
1992～1997	830.09	11.59	518.12	13.53	1683.96	14.49
1993～1998	921.62	11.05	583.27	12.96	1909.64	13.09
1994～1999	1021.89	10.52	653.65	12.10	2139.36	11.93
1995～2000	1132.24	10.52	729.22	11.29	2378.73	11.05
1996～2001	1255.35	10.92	811.58	10.83	2625.44	10.09
1997～2002	1395.91	11.24	902.96	10.95	2884.31	9.52
1998～2003	1553.52	11.54	1010.65	12.05	3170.21	9.70
1999～2004	1741.97	12.19	1142.88	13.21	3501.27	10.45
2000～2005	1956.11	12.25	1301.52	14.07	3894.65	11.22
2001～2006	2199.38	12.45	1489.21	14.64	4358.50	12.17
2002～2007	2483.94	12.97	1711.74	15.22	4902.16	12.82
2003～2008	2786.58	12.54	1978.33	15.60	5503.44	12.51
2004～2009	3116.17	11.68	2292.68	15.76	6156.54	11.95
2005～2010	3467.01	11.30	2666.38	16.26	6884.68	11.71
2006～2011	3830.21	10.36	3105.99	16.62	7679.38	11.29
2007～2012	4201.87	9.10	3604.76	16.29	8519.77	10.68
2008～2013	4569.73	8.83	4155.29	15.44	9384.79	10.29

续表

年份	北京		天津		河北	
	不变价地区生产总值均值（亿元）	年均增长率（%）	不变价地区生产总值均值（亿元）	年均增长率（%）	不变价地区生产总值均值（亿元）	年均增长率（%）
2009～2014	4955.95	8.31	4735.33	14.13	10266.96	9.56
2010～2015	5350.11	7.62	5336.69	12.49	11169.67	8.49
2011～2016	5747.17	7.36	5947.06	11.00	12062.70	7.59
2012～2017	6160.57	7.10	6497.18	8.90	12945.27	6.98

资料来源：由本书课题组测算完成。

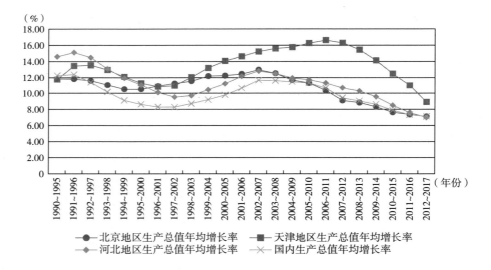

图5-1 京津冀不变价地区生产总值年均增长率（五年）

表5-2 京津冀固定资本存量五年均值及年均增长率

年份	北京		天津		河北	
	实际固定资本存量均值（亿元）	年均增长率（%）	实际固定资本存量均值（亿元）	年均增长率（%）	实际固定资本存量均值（亿元）	年均增长率（%）
1990～1995	1171.49	17.11	706.84	14.10	1872.58	12.68
1991～1996	1368.34	17.34	807.33	14.36	2132.36	13.31

续表

年份	北京		天津		河北	
	实际固定资本存量均值（亿元）	年均增长率（％）	实际固定资本存量均值（亿元）	年均增长率（％）	实际固定资本存量均值（亿元）	年均增长率（％）
1992～1997	1589.14	16.78	921.54	14.25	2444.39	14.80
1993～1998	1839.83	16.26	1048.85	14.00	2823.63	15.90
1994～1999	2109.73	14.25	1184.31	12.84	3264.44	16.21
1995～2000	2390.93	12.70	1327.90	12.06	3752.99	15.26
1996～2001	2687.77	12.28	1483.43	11.49	4266.92	13.73
1997～2002	3026.37	12.60	1653.24	11.18	4790.69	12.03
1998～2003	3429.42	12.91	1847.56	11.43	5331.53	10.82
1999～2004	3895.39	13.63	2078.10	12.57	5914.52	10.47
2000～2005	4440.83	14.21	2358.21	13.59	6595.95	11.22
2001～2006	5068.86	14.52	2698.56	14.57	7406.69	12.25
2002～2007	5782.95	14.28	3112.59	15.62	8394.42	13.62
2003～2008	6526.52	12.82	3634.51	16.82	9586.31	14.61
2004～2009	7298.47	11.73	4325.60	18.67	11011.68	15.24
2005～2010	8128.09	11.11	5222.48	20.44	12686.12	15.20
2006～2011	9003.76	10.44	6341.22	21.54	14637.51	15.40
2007～2012	9957.32	10.14	7675.31	21.81	16860.67	15.14
2008～2013	10994.87	10.63	9223.07	21.08	19324.72	14.73
2009～2014	12142.39	10.63	10943.84	18.88	21992.55	13.92
2010～2015	13378.80	10.13	12754.58	16.36	24776.24	12.73
2011～2016	14677.27	9.80	14617.43	14.26	27639.68	11.28
2012～2017	16020.64	8.98	16433.21	12.13	30412.77	9.70

资料来源：由本书课题组测算完成。

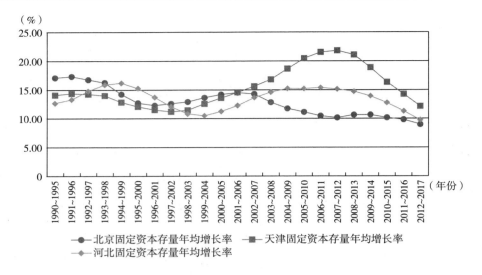

图 5－2　京津冀固定资本存量年均增长率（五年）

表 5－3　京津冀就业人数五年均值及年均增长率

年份	北京		天津		河北	
	就业人数均值（亿元）	年均增长率（%）	就业人数均值（亿元）	年均增长率（%）	就业人数均值（亿元）	年均增长率（%）
1990~1995	644.63	1.19	494.47	1.85	3122.63	1.93
1991~1996	650.15	0.81	501.46	1.31	3180.08	1.65
1992~1997	653.78	0.20	507.07	1.11	3227.40	1.37
1993~1998	649.27	-0.18	510.81	0.20	3270.89	1.21
1994~1999	647.73	-1.42	511.65	-0.19	3296.04	0.69
1995~2000	640.23	-1.42	507.29	-1.13	3325.27	0.81
1996~2001	634.17	-0.97	502.80	-0.94	3351.46	0.65
1997~2002	637.33	0.70	499.57	-0.82	3373.93	0.66
1998~2003	645.25	2.48	499.16	0.11	3398.26	0.60
1999~2004	683.90	6.66	502.44	0.76	3423.19	1.14
2000~2005	727.13	7.23	508.17	2.19	3464.30	1.06
2001~2006	777.20	7.90	520.85	2.88	3501.68	1.15
2002~2007	829.50	6.78	541.78	4.50	3544.31	1.30

续表

年份	北京		天津		河北	
	就业人数均值（亿元）	年均增长率（%）	就业人数均值（亿元）	年均增长率（%）	就业人数均值（亿元）	年均增长率（%）
2003~2008	879.78	6.88	567.56	4.85	3592.76	1.43
2004~2009	928.95	3.17	595.27	5.11	3646.47	1.52
2005~2010	958.53	3.28	628.75	6.08	3704.54	1.61
2006~2011	990.48	3.07	665.53	6.28	3770.11	1.88
2007~2012	1021.75	3.27	705.56	5.52	3849.40	2.20
2008~2013	1054.80	3.07	744.49	5.54	3935.90	2.35
2009~2014	1084.10	2.99	782.80	5.31	4015.40	2.08
2010~2015	1115.40	2.83	819.41	4.24	4085.40	1.74
2011~2016	1146.82	2.67	848.37	3.41	4145.20	1.29
2012~2017	1176.33	2.40	870.31	2.19	4185.91	0.59

资料来源：由本书课题组测算完成。

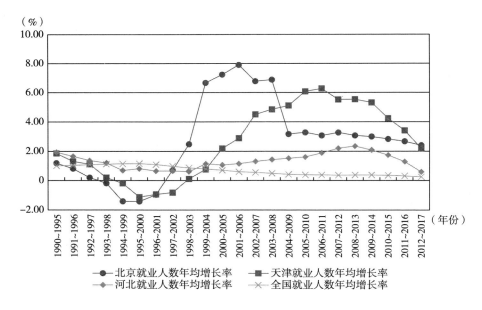

图5-3 京津冀就业人数年均增长率（五年）

表5－4　京津冀无形资本存量五年均值及年均增长率

年份	北京		天津		河北	
	无形资本存量均值（亿元）	年均增长率（％）	无形资本存量均值（亿元）	年均增长率（％）	无形资本存量均值（亿元）	年均增长率（％）
2001～2006	881.68	39.33	128.02	36.24	306.55	18.30
2002～2007	1171.61	33.31	174.36	35.65	349.70	13.67
2003～2008	1506.87	29.94	233.27	34.87	390.37	11.38
2004～2009	1875.66	26.58	305.42	33.71	432.90	9.92
2005～2010	2290.29	21.60	394.34	30.80	479.70	8.26
2006～2011	2741.94	19.20	502.53	26.67	529.94	11.60
2007～2012	3264.82	18.45	632.62	25.49	598.25	13.48
2008～2013	3845.86	17.26	794.58	25.09	683.92	14.93
2009～2014	4474.15	16.77	990.87	24.87	781.79	14.82
2010～2015	5155.81	15.62	1219.88	23.69	893.00	14.39
2011～2016	5897.85	14.49	1478.40	21.89	1014.27	13.45
2012～2017	6700.36	12.92	1751.56	18.97	1142.00	12.48

资料来源：由本书课题组测算完成。

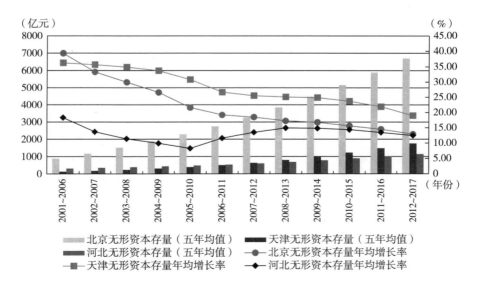

图5－4　京津冀无形资本存量均值及年均增长率（五年）

第二节　弹性系数 α 和 β 的确定

应用索洛模型测算科技进步贡献率，其重点和难点就在于如何估计参数 α、β 的值，α、β 值的大小对科技进步贡献率的测算有相当大的影响。α 为资本产出弹性，指投入一单位的资本所能获得 α 单位的产出；β 为劳动产出弹性，指投入一单位的劳动所能获得 β 单位的产出。在实际生产过程中，规模报酬一般会递增或递减，很难保持不变，所以 α 和 β 相加在多数情况下不等于1。但应用索洛余值计算科技进步贡献率的前提就是假定规模报酬不变，即 $\alpha + \beta = 1$，故本书假定规模报酬不变。

由于经济环境的复杂性，不同国家、地区、行业的参数值不尽相同，因此各国学者都立足于研究对象所处的国家、地区或行业的经济发展状况，提出参数 α、β 的值，但有时不同学者对同一研究对象的参数值的观点也不同。如第四章所述，京津冀经济发展差距仍然较大，因此三地应采用不同的弹性值。

假设产出增长速度为8%，资本增长速度为10%，劳动增长速度为2%，当 $\alpha = 0.6$，$\beta = 0.4$ 时，由索洛余值法测算出的科技进步贡献率为35%，如果 $\alpha = 0.4$，$\beta = 0.6$，那么科技进步贡献率为15%，差距相当大，如表5－5所示。因此，应尽量根据实际情况预估弹性系数。

表5－5　不同弹性系数对科技进步贡献率的影响

Y	K	L	α	β	科技进步速度（%）	科技进步贡献率（%）
8	10	2	0.4	0.6	2.8	35
8	10	2	0.6	0.4	1.2	15

资料来源：由本书课题组测算完成。

确定资本和劳动产出弹性系数的方法主要有经验估计法、回归法和比值法三类，这三类方法各有优缺点。

一、经验估计法

使用经验值法估算参数 α、β 的值主要是根据较长时期数据得出的，但其忽略了区域经济、科技发展差异性的现实特点，过于笼统，具有一定的主观随意性，且不同的劳动力产出弹性的选取对结论的影响也比较大。早期研究由于数据的限制，研究者一般选用其他资料对劳动和资本的产出弹性进行经验估计。国内大多数研究者沿用世界银行采用的两种分割方式，即劳动产出弹性和资本产出弹性分别取0.4和0.6、0.6和0.4。一般认为，发达国家大多属于资本密集型经济，因而劳动弹性系数一般较低，而资本弹性系数一般较高。劳动与资本产出弹性之比约为0.4∶0.6，而发展中国家由于大多数属于劳动密集型经济，因而两者的比例约为0.6∶0.4。改革开放以来，特别是21世纪以来，中国经济迅速发展，资本积累也以超常速度增长。

根据学者们的研究，α的取值通常在0.35～0.45，相应的β取值通常在0.55～0.65。原国家计划委员会和国家统计局在1992年的《关于开展经济增长中科技进步作用测算工作的通知》中建议，全社会GDP口径取值α为0.35，β为0.65。本书假设河北省α、β分别取0.35、0.65，在资本产出弹性保持一致的情况下，北京、天津的劳动产出弹性应比河北省略高，因此京津冀按经验值法确定的弹性系数如表5－6所示。

表5－6　经验值法确定弹性系数

地区	α	β
北京	0.30	0.70
天津	0.30	0.70
河北	0.35	0.65

资料来源：由本书课题组测算完成。

二、回归分析法

系数回归法是一个纯数理统计方法，经济意义不明确，需要的数据量大，误差不易控制。它也是假定参数在一段时期内不变，但是当时间序列数据有大起大落时，将影响回归方程的拟合优度和参数的假设检验，甚至导致谬误回归，可如果剔除这些异常值，又违背经济发展实际情况。利用回归法对C－D生产函数进行参数估计的另一个问题就是有可能出现劳动产出弹性为负的情况，这忽略了资本和劳动力的产出弹性范围（$0 < \alpha < 1$，$0 < \beta < 1$）。解决这个问题的一个办法就是增加时间序列数据的长度，但这也不能完全消除出现这种数据不平稳的状况。当然，如果一段时期的时间序列数据很平稳，则回归法是测算参数很好的选择。

回归分析法是将要素弹性看作生产函数中的两个参数，将生产函数线性化：

$$\ln Y_t = \ln A_t + \alpha \ln K_t + \beta \ln L_t \tag{5-1}$$

利用最小二乘法估计出参数值。

一种方法是直接对回归得到的参数值进行归一化处理，使 $\alpha' + \beta' = 1$：

$$\alpha' = \frac{\alpha}{\alpha + \beta} \qquad\qquad (5-2)$$

$$\beta' = \frac{\beta}{\alpha + \beta} \qquad\qquad (5-3)$$

然后用 α' 和 β' 作为弹性系数进行测算。

另一种方法是将数据事先标准化，建立标准化回归方程。两种方法求出的弹性系数是不同的。与国内实际情况联系，比较两种方法后得出，后一种方法得到的回归系数似应更为合理一些。

运用回归方程求解弹性系数一度在国内十分流行，主要是因为回归法与数学联系密切，理应比经验估计法更科学、更严谨。但是在使用过程中学者们逐渐发现回归法求解弹性系数的局限性。

一是使用时间序列数据应用回归法计算参数，这就意味着在这一段时间中，技术水平不变，资本产出弹性和劳动产出弹性也不变，这与实际情况不符。

二是当资本投入量的增长趋势和劳动投入量的增长趋势相差较大时，弹性系数有可能出现负值，违反了产出弹性范围（$0 < \alpha < 1$，$0 < \beta < 1$），错将有约束的回归简化为无条件回归，回归法失效。

三是回归法只适合一次性测算。如果对科技进步贡献率进行连续测算（每年定期进行测算），由于后续年份的增加使得时间序列的长度发生变化，拟合回归方程后回归系数必然会发生变化，这样每年都需要不断地修正前期测算结果，这实际上也是在不断否定前期测算结果，可信度自然会受到影响。

由于统计数据显示 1990 ~ 2017 年京津冀三地各项经济指标并非平稳增长，部分年份有较大起伏波动，故本书不使用回归法估计弹性系数。

三、比值法

比值法是较为简单实用的一种方法，其经济原理是：认为工资是投入劳动力的反映，利润是投入资本的结果，虽然这是一种抹杀剩余价值的表述，但在经济学中还是有一定价值的。利用与资本投入量和劳动投入量有密切联系的数据，计算出衡量两者对产出重要性的比值，作为相应要素的弹性系数。

由于比值法把弹性系数与衡量要素投入重要性联系起来，因此就可以把 α 和 β 看作是资本投入速度的权重和劳动投入速度的权重了。《生产率测算手册》将用回归方法求解 α 和 β 归结为参数方法，将比值法求解 α 和 β 归结为非参数方法。

比值法的测算基础是收入法国内生产总值（增加值）。在国民经济核算中，从收入的角度看，国内生产总值由劳动者报酬、固定资产折旧（可简称折旧）、生产税净额和营业盈余四个部分组成。劳动者报酬属于劳动的收入，折旧属于资本的补偿，营业盈余属于资本的盈余，两者合计可看作为资本的收入，生产税净额可看作是政府部门服务的报酬。这样一来，劳动产出弹性为：

$$\beta = \frac{\text{劳动者报酬}}{\text{劳动者报酬} + \text{营业盈余} + \text{折旧}} \qquad (5-4)$$

资本产出弹性为：

$$\alpha = \frac{\text{营业盈余} + \text{折旧}}{\text{劳动者报酬} + \text{营业盈余} + \text{折旧}}$$
$$= 1 - \beta \qquad (5-5)$$

在收入法核算中，生产税净额虽然属于政府服务的报酬，但是，最终还是要归结为消费和投资，因此可以通过消费率（或投资率）来分配劳动和资本应占生产税的份额，则劳动投入权重和资本投入权重还可计算为：

$$\beta = \frac{\text{劳动者报酬} + \text{生产税净额} \times \text{消费率}}{\text{劳动者报酬} + \text{生产税净额} + \text{营业盈余} + \text{折旧}}$$
$$= \frac{\text{劳动者报酬} + \text{生产税} \times \text{消费率}}{\text{国内生产总值}} \qquad (5-6)$$

再进一步，如果考虑到营业盈余中实际包含有私营业主和个体经营者自己应得到的劳动者报酬，按就业人员人均劳动者报酬将这一部分拆分出来，则劳动弹性系数可计算为：

$$\beta = \frac{\begin{array}{c}\text{劳动者报酬} + \text{折扣} + \text{生产税} \times \text{消费率} + \\ \text{私营和个体经营者人数} \times \text{人均劳动者报酬}\end{array}}{\text{国内生产总值}} \qquad (5-7)$$

使用比值法计算弹性系数是相对简单的一种方法。应用比值法也有一系列前提条件，如市场完全竞争、规模报酬不变、利润最大化等，即相对严格，但这些前提与应用索洛余值法的前提相匹配，因而有必要应用比值法估计弹性系数。根据比值法计算弹性系数的过程如式（5-6）所示。按收入法计算京津冀地区生产总值的构成如表5-7～表5-9所示，其中河北省数据仅统计到1993年，数据均按当年价计算。

表5-7 1990～2017年北京市地区生产总值构成

年份	劳动者报酬（亿元）	生产税净额（亿元）	固定资产折旧（亿元）	营业盈余（亿元）	消费率（%）
1990	207.3	72.9	62.1	158.5	53.9
1991	254.2	86.4	75.7	182.6	50.5
1992	304.7	103.3	89.5	211.6	48.2

续表

年份	劳动者报酬（亿元）	生产税净额（亿元）	固定资产折旧（亿元）	营业盈余（亿元）	消费率（%）
1993	387.7	131.4	109.0	258.1	50.3
1994	508.1	168.9	140.2	328.1	53.6
1995	647.9	227.3	193.7	438.8	56.0
1996	760.9	264.9	248.6	530.7	56.0
1997	880.1	302.6	288.9	625.1	57.2
1998	1008.5	341.3	336.9	719.5	54.3
1999	1135.3	388.1	399.5	790.6	54.6
2000	1327.7	464.1	486.5	934.5	50.9
2001	1538.7	549.8	600.6	1080.8	49.3
2002	1810.6	643.0	731.1	1211.3	50.8
2003	2119.7	753.1	854.7	1376.6	50.1
2004	2595.5	960.4	1041.2	1567.9	48.7
2005	3179.9	1093.4	1200.8	1667.3	47.6
2006	3657.3	1286.7	1395.1	1973.6	48.6
2007	4405.8	1625.8	1535.8	2504.5	49.4
2008	5615.8	1896.6	1790.3	2089.3	51.6
2009	6141.6	1953.5	1943.6	2380.3	54.6
2010	6920.0	2197.2	2163.6	3160.8	54.2
2011	7992.4	2566.2	2534.5	3534.9	55.6
2012	9102.6	2894.6	2725.6	3627.3	56.7
2013	10238.6	3179.8	2903.5	4008.2	58.4
2014	11118.4	3227.5	3001.9	4596.3	59.6
2015	12697.3	3298.7	3316.8	4372.9	60.2
2016	13483.7	3480.9	3400.6	5303.9	60.0
2017	14766.0	3655.5	3720.8	5872.6	60.1

资料来源：根据2018年《北京统计年鉴》整理。

表5-8 1990～2017年天津市地区生产总值构成

年份	劳动者报酬（亿元）	生产税净额（亿元）	固定资产折旧（亿元）	营业盈余（亿元）	消费率（%）
1990	135.54	43.64	48.41	83.36	50.4
1991	144.25	51.14	55.15	92.11	52.7

续表

年份	劳动者报酬 （亿元）	生产税净额 （亿元）	固定资产折旧 （亿元）	营业盈余 （亿元）	消费率 （％）
1992	166.13	61.39	68.74	114.78	50.6
1993	223.72	83.56	72.44	159.22	49.8
1994	319.98	117.22	99.10	196.59	48.8
1995	417.02	150.51	139.84	224.60	48.1
1996	534.48	160.57	178.28	248.60	50.6
1997	634.76	186.38	189.31	254.18	50.6
1998	699.85	223.85	210.58	240.32	50.2
1999	748.05	274.62	217.46	260.82	52.7
2000	715.11	328.92	264.63	393.22	52.2
2001	774.46	387.17	308.13	449.33	52.0
2002	835.23	416.97	358.80	539.76	50.8
2003	892.22	534.87	446.50	704.44	48.6
2004	1050.14	571.81	502.06	1017.34	46.4
2005	1427.03	748.40	555.09	1217.42	41.4
2006	1584.83	798.75	630.60	1504.76	42.3
2007	1878.24	926.88	799.91	1712.93	42.1
2008	2500.75	1013.49	791.28	2500.02	40.2
2009	2828.21	1159.32	1030.52	2600.15	40.7
2010	3543.08	1402.91	1234.76	3163.02	40.8
2011	4360.45	1771.81	1507.78	3821.66	40.3
2012	5017.97	2138.15	1623.98	4307.07	40.9
2013	5727.35	2431.55	1756.57	4744.38	41.6
2014	6264.26	2614.63	1921.85	5163.80	42.3
2015	6683.53	2741.47	1981.19	5388.48	43.4
2016	7146.25	2926.94	2134.97	5629.73	44.9
2017	7602.43	3502.74	2847.80	4596.22	45.4

资料来源：根据 2018 年《天津统计年鉴》整理。

表 5 – 9　1993 ~ 2017 年河北省地区生产总值构成

年份	劳动者报酬 （亿元）	生产税净额 （亿元）	固定资产折旧 （亿元）	营业盈余 （亿元）	消费率 （％）
1993	832.75	162.06	187.51	508.52	51.50
1994	1198.47	231.15	258.96	498.91	47.50
1995	1643.15	304.58	296.37	605.42	47.30
1996	1875.94	355.78	397.65	823.60	45.65
1997	2107.32	404.39	513.89	928.18	44.00
1998	2253.94	442.10	568.08	991.89	42.70
1999	2454.10	433.35	641.97	984.77	43.42
2000	2676.40	441.17	710.38	1216.01	44.03
2001	2900.81	528.62	797.77	1289.55	45.00
2002	3010.07	566.28	884.24	1557.70	46.10
2003	3353.11	650.97	1028.73	1888.47	45.90
2004	3482.37	1027.09	1065.95	2902.22	42.40
2005	4160.01	1254.97	1316.07	3365.06	42.70
2006	4510.24	1524.09	1491.98	4134.12	42.80
2007	5257.09	1999.13	1817.05	4636.23	43.10
2008	7785.54	1582.28	1781.23	2927.65	41.80
2009	9533.07	2034.75	2061.94	3605.72	41.90
2010	11280.60	2487.22	2342.65	4283.79	40.80
2011	12496.98	2951.14	3130.75	5936.89	39.30
2012	13656.68	3408.74	3346.67	6162.92	41.70
2013	13905.84	3890.37	3597.11	6429.47	42.00
2014	14840.75	3934.51	3904.60	6741.29	42.60
2015	15398.55	3826.50	4168.20	6412.86	44.29
2016	16293.31	3834.61	4634.40	7308.13	45.33
2017	17399.38	4060.82	4898.07	7658.05	47.20

资料来源：根据《中国国内生产总值核算历史资料（1952—2004）》、1994 ~ 2018 年《河北经济年鉴》整理。

　　按式（5 – 6）计算的 1990 ~ 2017 年京津冀比值法弹性系数如表 5 – 10 所示。

表5-10　1990~2017年京津冀比值法弹性系数

年份	北京		天津		河北	
	β	1-β	β	1-β	β	1-β
1990	0.4924	0.5076	0.5066	0.4934	—	—
1991	0.4973	0.5027	0.4996	0.5004	—	—
1992	0.4999	0.5001	0.4797	0.5203	—	—
1993	0.5121	0.4879	0.4923	0.5077	0.5419	0.4581
1994	0.5227	0.4773	0.5146	0.4854	0.5981	0.4019
1995	0.5142	0.4858	0.5252	0.4748	0.6272	0.3728
1996	0.5037	0.4963	0.5489	0.4511	0.5903	0.4097
1997	0.5023	0.4977	0.5765	0.4235	0.5780	0.4220
1998	0.4961	0.5039	0.5909	0.4091	0.5739	0.4261
1999	0.4965	0.5035	0.5948	0.4052	0.5853	0.4147
2000	0.4868	0.5132	0.5211	0.4789	0.5691	0.4309
2001	0.4801	0.5199	0.5085	0.4915	0.5689	0.4311
2002	0.4862	0.5138	0.4869	0.5131	0.5435	0.4565
2003	0.4892	0.5108	0.4468	0.5532	0.5276	0.4724
2004	0.4969	0.5031	0.4188	0.5812	0.4607	0.5393
2005	0.5182	0.4818	0.4399	0.5601	0.4674	0.5326
2006	0.5152	0.4848	0.4255	0.5745	0.4484	0.5516
2007	0.5172	0.4828	0.4266	0.5734	0.4479	0.5521
2008	0.5789	0.4211	0.4273	0.5727	0.5253	0.4747
2009	0.5804	0.4196	0.4332	0.5668	0.5997	0.4003
2010	0.5616	0.4384	0.4405	0.5595	0.5999	0.4001
2011	0.5665	0.4335	0.4427	0.5573	0.5564	0.4436
2012	0.5855	0.4145	0.4502	0.5498	0.5675	0.4325
2013	0.5950	0.4050	0.4596	0.5404	0.5474	0.4526
2014	0.5943	0.4057	0.4617	0.5383	0.5629	0.4371
2015	0.6199	0.3801	0.4689	0.5311	0.5758	0.4242
2016	0.6067	0.3933	0.4743	0.5257	0.5695	0.4305
2017	0.6055	0.3945	0.4956	0.5044	0.5678	0.4322

资料来源：由本书课题组测算完成。

科技进步贡献率是在经济增长速度和科技进步速度基础上的测算，一般称为基于增长的测算。基于增长的测算必然涉及计算期和基期之间的关系。因此，权重 α 和 β 的确定也应该兼顾计算期水平和基期水平。这样，实际确定的 α 和 β 应为：

$$\alpha = \frac{\alpha_t + \alpha_{t-1}}{2} \tag{5-8}$$

$$\beta = \frac{\beta_t + \beta_{t-1}}{2} \tag{5-9}$$

五年平均权重为：

$$\bar{\alpha} = \frac{\frac{1}{2}\alpha_t + \alpha_{t-1} + \alpha_{t-2} + \alpha_{t-3} + \alpha_{t-4} + \frac{1}{2}\alpha_{t-5}}{5} \tag{5-10}$$

$$\bar{\beta} = \frac{\frac{1}{2}\beta_t + \beta_{t-1} + \beta_{t-2} + \beta_{t-3} + \beta_{t-4} + \frac{1}{2}\beta_{t-5}}{5} \tag{5-11}$$

以五年为周期调整的京津冀弹性系数如表 5-11 所示。

表 5-11　按比值法计算京津冀弹性系数五年均值

年份	北京		天津		河北	
	β	1-β	β	1-β	β	1-β
1990~1995	0.5070	0.4930	0.5004	0.4996	0.5913	0.4087
1991~1996	0.5099	0.4901	0.5072	0.4928	0.5971	0.4029
1992~1997	0.5107	0.4893	0.5218	0.4782	0.5939	0.4061
1993~1998	0.5094	0.4906	0.5414	0.4586	0.5903	0.4097
1994~1999	0.5052	0.4948	0.5592	0.4408	0.5922	0.4078
1995~2000	0.4998	0.5002	0.5669	0.4331	0.5851	0.4149
1996~2001	0.4947	0.5053	0.5624	0.4376	0.5772	0.4228
1997~2002	0.4907	0.5093	0.5494	0.4506	0.5716	0.4284
1998~2003	0.4884	0.5116	0.5261	0.4739	0.5635	0.4365
1999~2004	0.4878	0.5122	0.4940	0.5060	0.5465	0.4535
2000~2005	0.4910	0.5090	0.4683	0.5317	0.5238	0.4762
2001~2006	0.4976	0.5024	0.4519	0.5481	0.5016	0.4984
2002~2007	0.5042	0.4958	0.4375	0.5625	0.4800	0.5200
2003~2008	0.5163	0.4837	0.4296	0.5704	0.4702	0.5298
2004~2009	0.5336	0.4664	0.4291	0.5709	0.4838	0.5162
2005~2010	0.5463	0.4537	0.4306	0.5694	0.5110	0.4890

年份	北京		天津		河北	
	β	1 − β	β	1 − β	β	1 − β
2006 ~ 2011	0.5558	0.4442	0.4323	0.5677	0.5350	0.4650
2007 ~ 2012	0.5677	0.4323	0.4364	0.5636	0.5578	0.4422
2008 ~ 2013	0.5762	0.4238	0.4420	0.5580	0.5720	0.4280
2009 ~ 2014	0.5792	0.4208	0.4481	0.5519	0.5705	0.4295
2010 ~ 2015	0.5864	0.4136	0.4538	0.5462	0.5644	0.4356
2011 ~ 2016	0.5963	0.4037	0.4598	0.5402	0.5633	0.4367
2012 ~ 2017	0.6023	0.3977	0.4675	0.5325	0.5647	0.4353

资料来源：由本书课题组测算完成。

四、势分析方法

C－D 生产函数表示在给定投入情况的最优产出表示，对于实际的计量分析，当给定一组样本值（Y，K，L）的时候，通常存在一个误差值 m，此时生产函数为：

$$Y = A K^{\alpha} L^{\beta} + m \tag{5 - 12}$$

随机扰动项 m 的存在，表明经济运行中资源发挥效能的程度并不是永远处于最理想的状态，它在理论的 C－D 生产函数曲线的周围波动。贾雨文教授在对我国古典决策理论的研究中概括出了"势"的概念，创立了具有中国特色的，在主动性决策理论基础上的势分析方法，进而发展了势分析模型。势分析方法是指投入资源在经济运行过程中所发挥效能和程度的理论和方法。其特点在于把资源投入量和资源发挥效能作为同等重要的因素进行研究，即将 K 和 L 分别引入表示它们发挥效能程度系数——势效系数。

$$Y = A (r_1 K)^{\alpha} (r_2 L)^{\beta} \tag{5 - 13}$$

其中，r_1 和 r_2 是 K 和 L 的势效系数，它们都是时点函数，是这两种资源发挥效能程度的度量。适当引入分离条件即可以从式（5 － 13）中解出这两个势效系数。

资金投入势效系数 $r_1 = \dfrac{P_1}{\overline{P}_1}$，其中 $P_1 = \dfrac{Y}{K}$，$\overline{P}_1 = \dfrac{\overline{Y}}{\overline{K}}$；劳动投入势效系数：$r_2 = \dfrac{P_2}{\overline{P}_2}$，其中 $P_2 = \dfrac{Y}{L}$，$\overline{P}_2 = \dfrac{\overline{Y}}{\overline{L}}$。

此时模型调整为：

$$Y = A\,K^{\alpha\left(1+\frac{\ln r_1}{\ln K}\right)}L^{\beta\left(1+\frac{\ln r_2}{\ln L}\right)} \tag{5-14}$$

当折旧率为12%时，1990~2017年京津冀资金产值率P_1和劳动产值率P_2如表5-12所示，其中，北京资金产值率均值$\overline{P_1}=0.4226$，劳动产值率均值$\overline{P_2}=3.2377$；天津资金产值率均值$\overline{P_1}=0.4630$，劳动产值率均值$\overline{P_2}=3.7612$；河北资金产值率均值$\overline{P_1}=0.5114$，劳动产值率均值$\overline{P_2}=1.5384$。京津冀资本、劳动投资势效系数五年均值如表5-13所示。

表5-12　京津冀资本、劳动产值率五年均值

年份	北京		天津		河北	
	P_1	P_2	P_1	P_2	P_1	P_2
1990~1995	0.5705	1.0367	0.5742	0.8208	0.6873	0.4122
1991~1996	0.5446	1.1461	0.5664	0.9119	0.6907	0.4631
1992~1997	0.5224	1.2697	0.5622	1.0218	0.6889	0.5218
1993~1998	0.5009	1.4195	0.5561	1.1419	0.6763	0.5838
1994~1999	0.4844	1.5776	0.5519	1.2775	0.6554	0.6491
1995~2000	0.4736	1.7685	0.5492	1.4375	0.6338	0.7153
1996~2001	0.4671	1.9795	0.5471	1.6141	0.6153	0.7834
1997~2002	0.4612	2.1902	0.5462	1.8075	0.6021	0.8549
1998~2003	0.4530	2.4076	0.5470	2.0247	0.5946	0.9329
1999~2004	0.4472	2.5471	0.5500	2.2746	0.5920	1.0228
2000~2005	0.4405	2.6902	0.5519	2.5612	0.5905	1.1242
2001~2006	0.4339	2.8299	0.5519	2.8592	0.5885	1.2447
2002~2007	0.4295	2.9945	0.5499	3.1595	0.5840	1.3831
2003~2008	0.4270	3.1673	0.5443	3.4857	0.5741	1.5318
2004~2009	0.4270	3.3545	0.5300	3.8515	0.5591	1.6884
2005~2010	0.4265	3.6170	0.5106	4.2407	0.5427	1.8584
2006~2011	0.4254	3.8670	0.4898	4.6670	0.5246	2.0369
2007~2012	0.4220	4.1124	0.4697	5.1091	0.5053	2.2133
2008~2013	0.4156	4.3323	0.4505	5.5814	0.4856	2.3844
2009~2014	0.4082	4.5715	0.4327	6.0492	0.4668	2.5569
2010~2015	0.3999	4.7966	0.4184	6.5128	0.4508	2.7340
2011~2016	0.3916	5.0114	0.4068	7.0100	0.4364	2.9100
2012~2017	0.3845	5.2371	0.3954	7.4654	0.4257	3.0926

资料来源：由本书课题组测算完成。

表 5 – 13   京津冀资本、劳动投资势效系数五年均值

年份	北京		天津		河北	
	r_1	r_2	r_1	r_2	r_1	r_2
1990 ~ 1995	1.3500	0.3202	1.2403	0.2182	1.3440	0.2679
1991 ~ 1996	1.2886	0.3540	1.2235	0.2425	1.3506	0.3010
1992 ~ 1997	1.2361	0.3921	1.2144	0.2717	1.3472	0.3392
1993 ~ 1998	1.1854	0.4384	1.2012	0.3036	1.3225	0.3795
1994 ~ 1999	1.1462	0.4873	1.1921	0.3397	1.2815	0.4219
1995 ~ 2000	1.1206	0.5462	1.1862	0.3822	1.2394	0.4650
1996 ~ 2001	1.1052	0.6114	1.1817	0.4292	1.2032	0.5092
1997 ~ 2002	1.0915	0.6765	1.1797	0.4806	1.1773	0.5557
1998 ~ 2003	1.0720	0.7436	1.1815	0.5383	1.1628	0.6064
1999 ~ 2004	1.0582	0.7867	1.1879	0.6048	1.1576	0.6648
2000 ~ 2005	1.0423	0.8309	1.1921	0.6810	1.1546	0.7308
2001 ~ 2006	1.0268	0.8740	1.1920	0.7602	1.1507	0.8091
2002 ~ 2007	1.0164	0.9249	1.1879	0.8400	1.1420	0.8990
2003 ~ 2008	1.0103	0.9783	1.1757	0.9268	1.1226	0.9957
2004 ~ 2009	1.0103	1.0361	1.1448	1.0240	1.0933	1.0975
2005 ~ 2010	1.0094	1.1171	1.1028	1.1275	1.0612	1.2080
2006 ~ 2011	1.0067	1.1944	1.0580	1.2408	1.0259	1.3240
2007 ~ 2012	0.9986	1.2702	1.0144	1.3584	0.9881	1.4387
2008 ~ 2013	0.9835	1.3381	0.9731	1.4840	0.9497	1.5499
2009 ~ 2014	0.9658	1.4119	0.9346	1.6083	0.9129	1.6620
2010 ~ 2015	0.9463	1.4815	0.9038	1.7316	0.8816	1.7772
2011 ~ 2016	0.9266	1.5478	0.8788	1.8638	0.8534	1.8916
2012 ~ 2017	0.9100	1.6175	0.8540	1.9849	0.8324	2.0102

资料来源：由本书课题组测算完成。

资金产出弹性系数为：

$$\alpha'_i = \alpha_0 \left(1 + \frac{\ln r_1}{\ln K} \right) \tag{5 – 15}$$

劳动产出弹性系数为：

$$\beta'_i = \beta_0 \left(1 + \frac{\ln r_2}{\ln L} \right) \tag{5 – 16}$$

此时，各地基本弹性系数 α_0、β_0 如表 5－14 所示。

这里需要指出的是由于按照式（5－16）计算出来的结果并不一定符合索洛方程的条件，因此需要做进一步的规范化处理，如下：

$$\alpha_i = \frac{\alpha'_i}{\alpha'_i + \beta'_i} \tag{5-17}$$

$$\beta_i = \frac{\beta'_i}{\alpha'_i + \beta'_i} \tag{5-18}$$

此时有：

$$Y_i = A_i K_i^{\alpha_i} L_i^{\beta_i} \tag{5-19}$$

且满足索洛方程的基本要求，即 $\alpha_i + \beta_i = 1$，综合科技水平 A_i 也变成了时点函数。

表 5－14　京津冀资本、劳动产出弹性系数

年份	北京		天津		河北	
	α	β	α	β	α	β
1990～1995	0.3516	0.6484	0.3697	0.6303	0.4009	0.5991
1991～1996	0.3457	0.6543	0.3638	0.6362	0.3967	0.6033
1992～1997	0.3401	0.6599	0.3579	0.6421	0.3922	0.6078
1993～1998	0.3343	0.6657	0.3523	0.6477	0.3877	0.6123
1994～1999	0.3292	0.6708	0.3469	0.6531	0.3832	0.6168
1995～2000	0.3242	0.6758	0.3416	0.6584	0.3789	0.6211
1996～2001	0.3196	0.6804	0.3366	0.6634	0.3751	0.6249
1997～2002	0.3156	0.6844	0.3319	0.6681	0.3717	0.6283
1998～2003	0.3118	0.6882	0.3273	0.6727	0.3686	0.6314
1999～2004	0.3094	0.6906	0.3229	0.6771	0.3657	0.6343
2000～2005	0.3071	0.6929	0.3184	0.6816	0.3627	0.6373
2001～2006	0.3050	0.6950	0.3142	0.6858	0.3596	0.6404
2002～2007	0.3029	0.6971	0.3104	0.6896	0.3563	0.6437
2003～2008	0.3009	0.6991	0.3067	0.6933	0.3530	0.6470
2004～2009	0.2992	0.7008	0.3026	0.6974	0.3496	0.6504
2005～2010	0.2969	0.7031	0.2985	0.7015	0.3463	0.6537
2006～2011	0.2948	0.7052	0.2945	0.7055	0.3430	0.6570
2007～2012	0.2929	0.7071	0.2908	0.7092	0.3400	0.6600
2008～2013	0.2911	0.7089	0.2874	0.7126	0.3372	0.6628
2009～2014	0.2892	0.7108	0.2842	0.7158	0.3346	0.6654

续表

年份	北京		天津		河北	
	α	β	α	β	α	β
2010～2015	0.2875	0.7125	0.2816	0.7184	0.3322	0.6678
2011～2016	0.2859	0.7141	0.2791	0.7209	0.3300	0.6700
2012～2017	0.2844	0.7156	0.2768	0.7232	0.3280	0.6720

资料来源：由本书课题组测算完成。

采用势理论分析的优势有：①测算公式更加严谨、科学，建立了严格意义上的调整弹性系数的推导方法；②统计数据可以通过查阅年鉴获得，数据准确而真实；③势效系数理论公式，更能真实反映社会资源投入的实际效率，增加了测算结果的信息量。

综上所述，本书通过各种不同计算方法，得到了不同的资本弹性和劳动弹性。根据不同方法具备的优势和缺陷，考虑京津冀三地经济和科技发展的实际情况，参考不同学者的研究方法，本书对各种方法得到的弹性系数分配权重（见表5-15），得到综合弹性系数如表5-16所示。

表5-15　弹性系数分配权重

方法	势分析	比值法	经验法
权重	0.4	0.3	0.3

五、弹性系数测算结果

表5-16　京津冀综合弹性系数

年份	北京		天津		河北	
	α	β	α	β	α	β
1990～1995	0.3785	0.6215	0.3878	0.6122	0.3880	0.6120
1991～1996	0.3753	0.6247	0.3833	0.6167	0.3845	0.6155
1992～1997	0.3728	0.6272	0.3766	0.6234	0.3837	0.6163
1993～1998	0.3709	0.6291	0.3685	0.6315	0.3830	0.6170
1994～1999	0.3701	0.6299	0.3610	0.6390	0.3806	0.6194
1995～2000	0.3697	0.6303	0.3566	0.6434	0.3810	0.6190
1996～2001	0.3694	0.6306	0.3559	0.6441	0.3819	0.6181
1997～2002	0.3690	0.6310	0.3579	0.6421	0.3822	0.6178

续表

年份	北京		天津		河北	
	α	β	α	β	α	β
1998～2003	0.3682	0.6318	0.3631	0.6369	0.3834	0.6166
1999～2004	0.3674	0.6326	0.3709	0.6291	0.3873	0.6127
2000～2005	0.3655	0.6345	0.3769	0.6231	0.3929	0.6071
2001～2006	0.3627	0.6373	0.3801	0.6199	0.3984	0.6016
2002～2007	0.3599	0.6401	0.3829	0.6171	0.4035	0.5965
2003～2008	0.3555	0.6445	0.3838	0.6162	0.4051	0.5949
2004～2009	0.3496	0.6504	0.3823	0.6177	0.3997	0.6003
2005～2010	0.3449	0.6551	0.3802	0.6198	0.3902	0.6098
2006～2011	0.3412	0.6588	0.3781	0.6219	0.3817	0.6183
2007～2012	0.3368	0.6632	0.3754	0.6246	0.3737	0.6263
2008～2013	0.3336	0.6664	0.3723	0.6277	0.3683	0.6317
2009～2014	0.3319	0.6681	0.3693	0.6307	0.3677	0.6323
2010～2015	0.3291	0.6709	0.3665	0.6335	0.3685	0.6315
2011～2016	0.3255	0.6745	0.3637	0.6363	0.3680	0.6320
2012～2017	0.3231	0.6769	0.3605	0.6395	0.3668	0.6332

资料来源：由本书课题组测算完成。

第三节　数据测算

索洛余值法是 OECD 在《生产率测算手册》中推荐的方法。OECD 在《生产率测算手册》中指出：从事生产率学术研究的方法与统计机构对生产率进行测算的方法是应加以区别的，并将生产率测算方法划分为参数方法（经济计量方法）和非参数方法，认为非参数方法才是定期测度生产率的推荐方法，而经济计量方法主要是学术研究者更为常用的工具。之所以如此，是基于非参数方法得到的结果会具有一定的稳定性和连贯性，而这恰恰是统计机构等定期发布和提供生产率资料所必要的。

国家相关单位推荐索洛余值法作为测算科技进步贡献率的方法。1992 年原国家计划委员会、国家统计局在《关于开展经济增长中科技进步作用测算工作的通知》中也将索洛余值法作为推广使用的主要方法。它清楚地表明经济增长是由资本和劳动的增长以及技术进步的提高带来的。科技部《全国科技进步统计监测报告》中以附录形式对"十一五"期间的科技进步贡献率及相关指标进行持续测算，以及中国科学技术发展战略研究院近几年连续发布的《国家创新指数报告》，采用的都是索洛余值法。科技部在2003年曾经下发了专门的文件，介绍科技进步贡献率的测算方法。据了解，在科技部的带动下，尽管索洛余值法测算科技进步贡献率存在一定的局限性，但是目前来说仍然是一种不可代替的方法。

一、科技进步贡献率测算结果

索洛余值法指出，科技进步速度为：

$$a = y - \alpha k - \beta l \tag{5-20}$$

科技进步贡献率为：

$$Ea = \frac{\alpha}{y} \times 100\% \tag{5-21}$$

资本贡献率为：

$$Ek = \alpha \frac{k}{y} \times 100\% \tag{5-22}$$

劳动贡献率为：

$$El = \beta \frac{l}{y} \times 100\% \tag{5-23}$$

其中，K、L分别为资本增长率和劳动增长率。

计算科技进步贡献率所需的所有变量均已得到。按照式（5-20）~式（5-23）计算的京津冀科技进步贡献率以及资本、劳动投入对经济增长的贡献率，如表5-17~表5-19和图5-5~图5-7所示。

表5-17 北京各要素对经济增长的贡献率（五年）　　　　单位：%

年份	资本产出率	资本贡献率	劳动产出率	劳动贡献率	科技进步产出率	科技进步贡献率
1990~1995	6.48	54.72	0.74	6.25	4.62	39.03
1991~1996	6.51	55.10	0.51	4.30	4.80	40.60
1992~1997	6.25	53.96	0.13	1.08	5.21	44.97
1993~1998	6.03	54.58	−0.11	−1.02	5.13	46.44
1994~1999	5.27	50.14	−0.89	−8.48	6.13	58.33
1995~2000	4.70	44.66	−0.90	−8.53	6.72	63.87
1996~2001	4.54	41.56	−0.61	−5.58	6.99	64.03
1997~2002	4.65	41.37	0.44	3.95	6.14	54.68

续表

年份	资本产出率	资本贡献率	劳动产出率	劳动贡献率	科技进步产出率	科技进步贡献率
1998～2003	4.75	41.19	1.57	13.58	5.22	45.23
1999～2004	5.01	41.07	4.22	34.57	2.97	24.36
2000～2005	5.19	42.37	4.59	37.43	2.47	20.19
2001～2006	5.27	42.28	5.03	40.41	2.16	17.31
2002～2007	5.14	39.62	4.34	33.44	3.50	26.94
2003～2008	4.56	36.35	4.43	35.35	3.55	28.30
2004～2009	4.10	35.10	2.06	17.64	5.52	47.26
2005～2010	3.83	33.90	2.15	18.99	5.32	47.11
2006～2011	3.56	34.39	2.02	19.51	4.78	46.10
2007～2012	3.41	37.54	2.17	23.85	3.51	38.61
2008～2013	3.55	40.14	2.05	23.16	3.24	36.70
2009～2014	3.53	42.44	2.00	24.02	2.79	33.54
2010～2015	3.33	43.74	1.90	24.93	2.39	31.33
2011～2016	3.19	43.34	1.80	24.44	2.37	32.23
2012～2017	2.90	40.84	1.63	22.90	2.57	36.26

资料来源：由本书课题组测算完成。

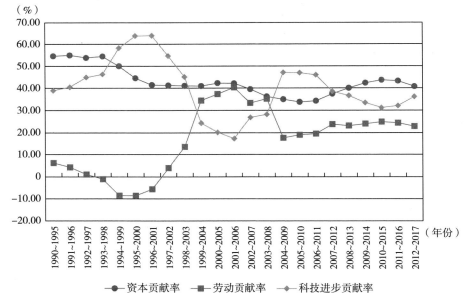

图5-5　北京各要素对经济增长的贡献率及变动情况

如表 5-17 和图 5-5 所示，2017 年北京市科技进步贡献率为 36.26%，资本贡献率为 40.84%、劳动贡献率为 22.90%，说明这一时间段内资本投入对北京经济增长的贡献率最大，其次是科技进步的贡献。北京科技进步贡献率在 1999~2003 年、2009~2012 年科技进步对经济增长贡献率超过资本贡献率和劳动贡献率。通过对图 5-5 的分析不难看出，1999~2003 年北京劳动对经济增长的贡献率较低，而后由于劳动贡献率的快速提升，造成科技进步贡献率的急速下降，从 2001 年的 64.03% 下降到 2006 年的 17.31%，而这一阶段北京资本对经济增长的贡献率变化幅度不大；2009~2015 年北京科技进步贡献率从 47.26% 下降至 31.33%，造成科技进步贡献率下降的原因，主要是资本对经济增长的贡献率有所上升，而劳动对经济增长的贡献率变化幅度较小。

如表 5-18 和图 5-6 所示，2017 年天津科技进步贡献率为 35.16%，资本贡献率为 49.13%、劳动贡献率为 15.70%，说明这一时间段内资本投入对天津经济增长的贡献率最大，其次是科技进步对经济增长的贡献。2007 年之前，对天津经济增长贡献最大的是科技进步，而 2007 年之后，对天津经济增长贡献最大的是资本投入。1995~2002 年，天津科技进步贡献率从 39.03% 增长至 68.28%，主要是由于劳动投入降低引起的；2003~2014 年，由于资本投入和劳动投入对经济增长的贡献均有所增长，所以造成天津科技进步贡献率持续下降，具体来说，2003~2007 年劳动贡献率增长迅速，资本贡献率增长缓慢，而 2008~2014 年，资本贡献率增长迅速，劳动贡献率增长缓慢。2014 年之后，劳动对天津经济增长的贡献有所下降，因此科技进步对经济增长的贡献有所上升。

表 5-18　天津各要素对经济增长的贡献率（五年）　　　　　单位：%

年份	资本产出率	资本贡献率	劳动产出率	劳动贡献率	科技进步产出率	科技进步贡献率
1990~1995	5.47	46.51	1.14	9.66	5.15	43.84
1991~1996	5.51	40.93	0.81	6.02	7.14	53.05
1992~1997	5.37	39.67	0.69	5.13	7.47	55.21
1993~1998	5.16	39.81	0.13	0.96	7.68	59.22
1994~1999	4.63	38.31	-0.12	-1.00	7.59	62.70
1995~2000	4.30	38.10	-0.73	-6.43	7.71	68.33
1996~2001	4.09	37.75	-0.61	-5.60	7.35	67.85
1997~2002	4.00	36.53	-0.53	-4.81	7.48	68.28
1998~2003	4.15	34.46	0.07	0.58	7.83	64.96
1999~2004	4.66	35.31	0.48	3.63	8.06	61.06
2000~2005	5.12	36.39	1.36	9.69	7.59	53.93

续表

年份	资本产出率	资本贡献率	劳动产出率	劳动贡献率	科技进步产出率	科技进步贡献率
2001～2006	5.54	37.84	1.79	12.21	7.31	49.94
2002～2007	5.98	39.31	2.78	18.25	6.46	42.44
2003～2008	6.45	41.38	2.99	19.15	6.16	39.47
2004～2009	7.14	45.29	3.16	20.03	5.47	34.68
2005～2010	7.77	47.82	3.77	23.17	4.72	29.01
2006～2011	8.14	49.00	3.90	23.48	4.57	27.51
2007～2012	8.19	50.25	3.45	21.16	4.66	28.59
2008～2013	7.85	50.82	3.47	22.50	4.12	26.68
2009～2014	6.97	49.34	3.35	23.72	3.80	26.93
2010～2015	5.99	48.00	2.69	21.50	3.81	30.50
2011～2016	5.19	47.12	2.17	19.71	3.65	33.17
2012～2017	4.37	49.13	1.40	15.70	3.13	35.16

资料来源：由本书课题组测算完成。

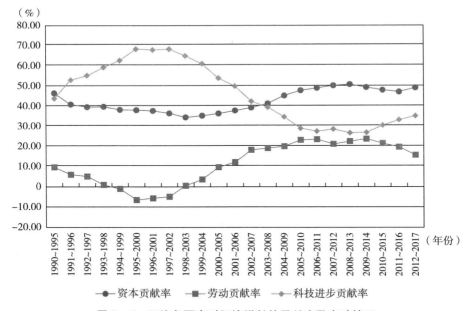

图5-6　天津各要素对经济增长的贡献率及变动情况

如表5-19和图5-7所示，2017年河北科技进步贡献率为43.70%，资本贡献率为50.99%、劳动贡献率为5.31%，说明这一时间段内资本投入对河北经济增长的贡献率最大，其次是科技进步对经济增长的贡献，劳动投入对经济增长的贡献最小。河北省科技进步贡献率主要受资本贡献率的影响。1995~2017年，河北科技进步贡献率经历了"下降—上升—下降—上升"的过程。具体来说，1996~2000年，河北科技进步贡献率有所下降，主要是因为资本贡献率有所上升；2001~2005年，河北科技进步贡献率有所上升，主要是因为资本贡献率有所下降；2006~2015年，河北科技进步贡献率有所下降，主要是因为资本贡献率有所上升；2015~2017年，河北资本贡献率、劳动贡献率均有所下降，导致科技进步贡献率有所上升。

表 5-19 河北各要素对经济增长的贡献率（五年） 单位:%

年份	资本 产出率	资本 贡献率	劳动 产出率	劳动 贡献率	科技进步 产出率	科技进步 贡献率
1990~1995	4.92	33.69	1.18	8.09	8.50	58.22
1991~1996	5.12	33.87	1.02	6.74	8.97	59.39
1992~1997	5.68	39.21	0.84	5.81	7.97	54.98
1993~1998	6.09	46.52	0.74	5.68	6.26	47.80
1994~1999	6.17	51.73	0.43	3.57	5.33	44.69
1995~2000	5.82	52.64	0.50	4.53	4.73	42.82
1996~2001	5.24	51.94	0.40	3.99	4.45	44.07
1997~2002	4.60	48.32	0.41	4.27	4.51	47.41
1998~2003	4.15	42.77	0.37	3.85	5.18	53.38
1999~2004	4.06	38.81	0.70	6.71	5.69	54.48
2000~2005	4.41	39.26	0.64	5.73	6.17	55.01
2001~2006	4.88	40.09	0.69	5.69	6.60	54.22
2002~2007	5.50	42.89	0.78	6.07	6.54	51.04
2003~2008	5.92	47.32	0.85	6.80	5.74	45.88
2004~2009	6.09	50.96	0.91	7.64	4.95	41.40
2005~2010	5.93	50.65	0.98	8.37	4.80	40.98
2006~2011	5.88	52.04	1.16	10.29	4.25	37.67
2007~2012	5.66	52.98	1.38	12.89	3.64	34.13
2008~2013	5.42	52.70	1.48	14.41	3.38	32.89
2009~2014	5.12	53.51	1.31	13.72	3.13	32.76
2010~2015	4.69	55.28	1.10	12.92	2.70	31.80
2011~2016	4.15	54.64	0.81	10.71	2.63	34.65
2012~2017	3.56	50.99	0.37	5.31	3.05	43.70

资料来源：由本书课题组测算完成。

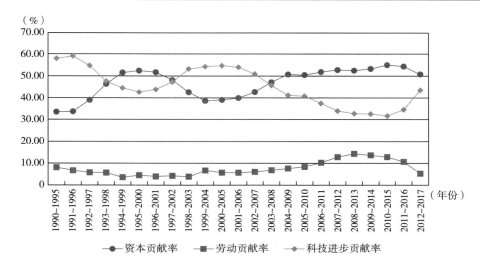

图 5 – 7　河北各要素对经济增长的贡献率及变动情况

　　图 5 – 5 ~ 图 5 – 7 展示了京津冀各地各要素对经济增长贡献的纵向变动情况，各地资本投入和科技进步是促进经济增长的关键要素。图 5 – 8 ~ 图 5 – 10 展示了京津冀各要素对经济增长贡献的横向比较。分阶段来看，2000 年前，京津科技进步贡献率呈增长态势，最高时达到 60% 以上，河北科技进步贡献率则从 58.22% 降至 42.82%；2000 年之后，京津科技进步贡献率开始下降，北京科技进

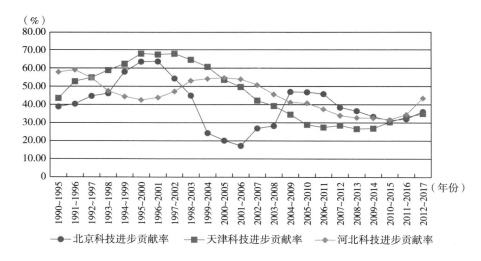

图 5 – 8　京津冀科技进步对经济增长的贡献及变动情况

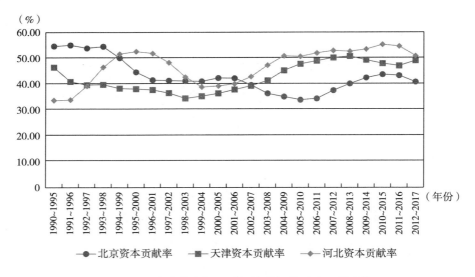

图 5 - 9 京津冀资本投入对经济增长的贡献及变动情况

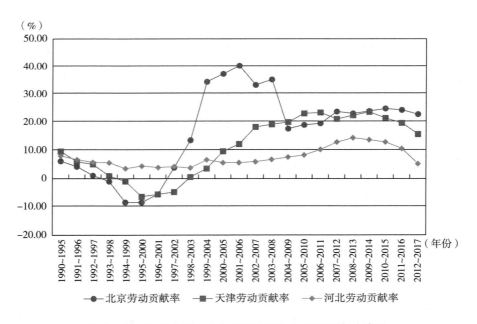

图 5 - 10 京津冀劳动投入对经济增长的贡献及变动情况

步贡献率在 2001～2006 年降至最低，为 17.31%，造成此次科技进步贡献率下降的原因是，这一时间段内京津劳动投入对经济增长的贡献率持续增加，北京从 -8.53% 迅速升至 40.41%，天津从 -6.43% 升至 23.48%，由于经济发展水平较河北更高，因此吸引的就业人口也更多，进而对经济增长的贡献也更大，河北科技进步贡献有所回升；2006 年之后，北京科技进步贡献率有所回升，天津科技进步贡献率持续下降，河北省科技进步贡献率由升转降，造成此次下降的原因是由于为应对全球金融危机，调整宏观经济政策，各地资本投入量增加，对经济增长的拉动作用更强；2015 年之后，京津冀三地科技进步贡献率则有所回升，主要是随着人口红利的消失，劳动人数增长放缓，对经济增长的贡献也有所降低。

二、加入无形资本的测算结果

考虑无形资本投入对经济增长的贡献，资本投入 K 中就增加了无形资本的投入 K^{INTAN}。所以，目前资本投入由两部分组成，生产函数变形为：

$$Y = Af(K^{TAN}, K^{INTAN}, L) \tag{5-24}$$

增长方程就可表示为：

$$y = a + \alpha k^{TAN} + \gamma k^{INTAN} + \beta l \tag{5-25}$$

无形资本对经济增长的贡献可以表示为：

$$\gamma k^{INTAN} = y - a - \alpha k^{TAN} - \beta l \tag{5-26}$$

计算无形资本对经济增长贡献，首先要估计无形资产的弹性系数，用 γ 表示，一般是通过式（5-25）和式（5-26）计算的。

物质资产弹性 + 无形资产弹性 = 1 - 劳动弹性　　　　　　(5-27)

物质资产弹性／无形资产弹性 = 物质资产存量/无形资产存量　　(5-28)

物质资产与无形资产的比值如表 5-20 和图 5-11 所示。北京、天津物质资产与无形资产之间的比值较小，且不断降低，说明物质资产与无形资产存量之间的差距在不断缩小，而河北省物质资产与无形资产存量之间的差距在不断增大。三地调整后的物质资本弹性与无形资本弹性如表 5-21~表 5-24 所示。

表5-20　京津冀物质资产存量与无形资产存量之比

年份	北京	天津	河北
2001~2006	5.9799	21.0794	25.1768
2002~2007	5.1338	17.8512	25.0084
2003~2008	4.5065	15.5806	25.5723
2004~2009	4.0513	14.1630	26.4733
2005~2010	3.6975	13.2435	27.5078
2006~2011	3.4238	12.6185	28.7163

续表

年份	北京	天津	河北
2007~2012	3.1822	12.1326	29.2915
2008~2013	2.9847	11.6075	29.3649
2009~2014	2.8347	11.0447	29.2416
2010~2015	2.7118	10.4556	28.8668
2011~2016	2.6022	9.8873	28.3661
2012~2017	2.5019	9.3820	27.7548

资料来源：由本书课题组测算完成。

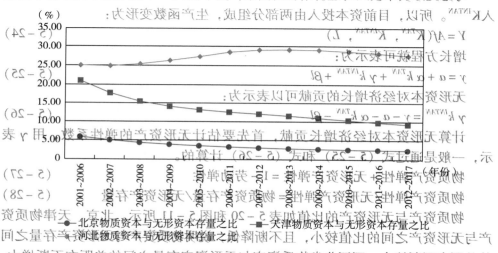

━◆━ 北京物质资本与无形资本存量之比　　━■━ 天津物质资本与无形资本存量之比
━▲━ 河北物质资本与无形资本存量之比

图5-11　京津冀物质资产存量与无形资本存量之比变动情况

表5-21　北京调整后的物质资本弹性与无形资本弹性

年份	α	物质资本弹性	无形资本弹性
2001~2006	0.3627	0.3107	0.0520
2002~2007	0.3599	0.3012	0.0587
2003~2008	0.3555	0.2909	0.0646
2004~2009	0.3496	0.2804	0.0692
2005~2010	0.3449	0.2714	0.0734
2006~2011	0.3412	0.2641	0.0771
2007~2012	0.3368	0.2563	0.0805

续表

年份	α	物质资本弹性	无形资本弹性
2008~2013	0.3336	0.2499	0.0837
2009~2014	0.3319	0.2454	0.0866
2010~2015	0.3291	0.2404	0.0887
2011~2016	0.3255	0.2351	0.0904
2012~2017	0.3231	0.2308	0.0923

资料来源：由本书课题组测算完成。

表5-22 天津调整后的物质资本弹性与无形资本弹性

年份	α	物质资本弹性	无形资本弹性
2001~2006	0.3801	0.3629	0.0172
2002~2007	0.3829	0.3626	0.0203
2003~2008	0.3838	0.3607	0.0232
2004~2009	0.3827	0.3571	0.0252
2005~2010	0.3802	0.3535	0.0267
2006~2011	0.3781	0.3503	0.0278
2007~2012	0.3754	0.3468	0.0286
2008~2013	0.3723	0.3428	0.0295
2009~2014	0.3693	0.3386	0.0307
2010~2015	0.3665	0.3345	0.0320
2011~2016	0.3637	0.3303	0.0334
2012~2017	0.3605	0.3258	0.0347

资料来源：由本书课题组测算完成。

表5-23 河北调整后的物质资本弹性与无形资本弹性

年份	α	物质资本弹性	无形资本弹性
2001~2006	0.3984	0.3831	0.0152
2002~2007	0.4035	0.3880	0.0155
2003~2008	0.4051	0.3899	0.0152
2004~2009	0.3997	0.3851	0.0145
2005~2010	0.3902	0.3765	0.0137
2006~2011	0.3817	0.3689	0.0128

续表

年份	规模报酬 α	物质资本弹性	无形资本弹性
2007～2012	0.3737	0.3613	0.0123
2008～2013	0.3683	0.3562	0.0121
2009～2014	0.3677	0.3555	0.0122
2010～2015	0.3685	0.3562	0.0123
2011～2016	0.3680	0.3555	0.0125
2012～2017	0.3668	0.3540	0.0128

资料来源：由本书课题组测算完成。

由于无形资产弹性是从未加入无形资产测算时的物质资本弹性中分化出来的，故引入无形资产弹性会造成物质资本贡献率的降低。然而当前，无形资产对经济增长的贡献还比较小。

表5-24和图5-12显示了考虑无形资产时，2001～2017年北京各要素对经济增长贡献率的变化趋势。2017年，北京科技进步贡献率（考虑无形资产）为47.92%，资本贡献率为29.18%，劳动贡献率为22.90%。分阶段来看，2006～2008年，劳动投入对经济增长的贡献最大；2008～2009年劳动贡献率从35.35%下滑到17.64%，科技进步贡献率则从34.90%上升到54.20%；2009～2015年，除2010年科技进步贡献率有短暂上升，其余年份保持下降趋势，这个阶段资本贡献率和劳动贡献率均有所回升；2015～2017年资本贡献率和劳动贡献率有所下降，因此，科技进步贡献率有所回升。

表5-24   北京各要素对经济增长的贡献率（考虑无形资本）   单位：%

年份	资本贡献率	劳动贡献率	无形资本贡献率	科技进步贡献率（包括无形资本）
2001～2006	36.22	40.41	16.41	23.37
2002～2007	33.16	33.44	15.06	33.40
2003～2008	29.74	35.35	15.41	34.90
2004～2009	28.15	17.64	15.74	54.20
2005～2010	26.68	18.99	14.03	54.32
2006～2011	26.62	19.51	14.30	53.87
2007～2012	28.56	23.85	16.34	47.59
2008～2013	30.06	23.16	16.35	46.78
2009～2014	31.37	24.02	17.46	44.61

续表

年份	资本贡献率	劳动贡献率	无形资本贡献率	科技进步贡献率（包括无形资本）
2010~2015	31.96	24.93	18.18	43.12
2011~2016	31.31	24.44	17.79	44.26
2012~2017	29.18	22.90	16.79	47.92

资料来源：由本书课题组测算完成。

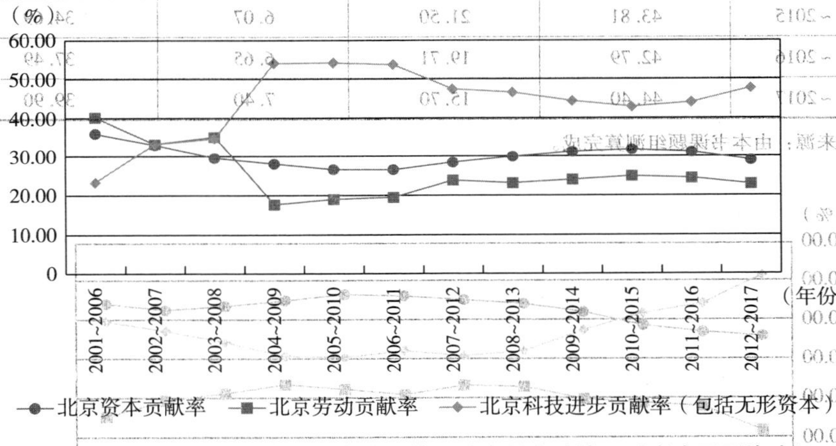

图5-12 北京各要素对经济增长的贡献率及变动情况（考虑无形资本）

表5-25和图5-13显示了考虑无形资产时，2001~2017年天津各要素对经济增长贡献率的变化趋势。2017年，天津科技进步贡献率（考虑无形资产）为39.90%，资本贡献率为44.40%，劳动贡献率为15.70%。分阶段来看，2006~2013年，天津科技进步贡献率呈下降趋势，劳动贡献率和资本贡献率呈上升趋势；2014~2017年，劳动贡献率有所下降，天津科技进步贡献率有所回升。

表5-25 天津各要素对经济增长的贡献率（考虑无形资本）　　　　　单位:%

年份	资本贡献率	劳动贡献率	无形资本贡献率	科技进步贡献率（包括无形资本）
2001~2006	36.13	12.21	4.26	51.66
2002~2007	37.22	18.25	4.26	44.53
2003~2008	38.88	19.15	5.18	41.97
2004~2009	42.30	20.89	5.39	37.67

续表

年份	资本贡献率	劳动贡献率	无形资本贡献率	科技进步贡献率（包括无形资本）
2005～2010	44.46	23.17	5.06	32.36
2006～2011	45.40	23.48	4.46	31.15
2007～2012	46.42	21.16	4.47	32.42
2008～2013	46.79	22.50	4.80	30.71
2009～2014	45.25	23.72	5.40	31.03
2010～2015	43.81	21.50	6.07	34.69
2011～2016	42.79	19.71	6.65	37.49
2012～2017	44.40	15.70	7.40	39.90

资料来源：由本书课题组测算完成。

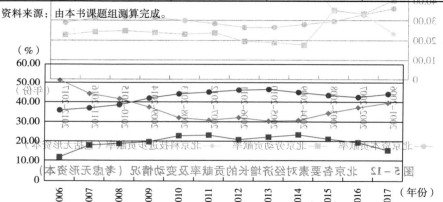

图 5-13　天津各要素对经济增长的贡献率及变动情况（考虑无形资本）

表 5-26 和图 5-14 显示了考虑无形资产时，2001～2017 年河北各要素对经济增长贡献率的变化趋势。2017 年，河北科技进步贡献率（考虑无形资产）为 45.48%，资本贡献率为 49.12%，劳动贡献率为 5.31%。分阶段来看，2006～2015 年，河北科技进步贡献率呈下降趋势，劳动贡献率和资本贡献率呈上升趋势；2015～2017 年，劳动贡献率有所下降，河北科技进步贡献率有所回升。

由图 5-15 可知，京津冀无形资本对经济增长的贡献，其中北京无形资产对经济增长的贡献最大，天津次之，且京津两地无形资产贡献率呈上升趋势；河北无形资产贡献率最低，且无明显增长趋势。

表 5-26　河北各要素对经济增长的贡献率（考虑无形资本）　（单位:%）

年份	资本贡献率	劳动贡献率	无形资本贡献率	科技进步贡献率（包括无形资本）
2001~2006	38.56	5.69	4.92	55.75
2002~2007	41.24	6.07	4.03	52.69
2003~2008	45.54	6.80	3.65	47.66
2004~2009	49.11	7.64	3.24	43.25
2005~2010	48.88	8.37	2.52	42.75
2006~2011	50.29	10.29	2.18	39.42
2007~2012	51.23	12.89	2.13	35.88
2008~2013	50.97	14.41	2.03	34.63
2009~2014	51.74	13.72	2.13	34.53
2010~2015	53.43	12.92	2.27	33.65
2011~2016	52.78	10.71	2.39	36.51
2012~2017	49.21	5.31	2.36	45.48

资料来源：由本书课题组测算完成。

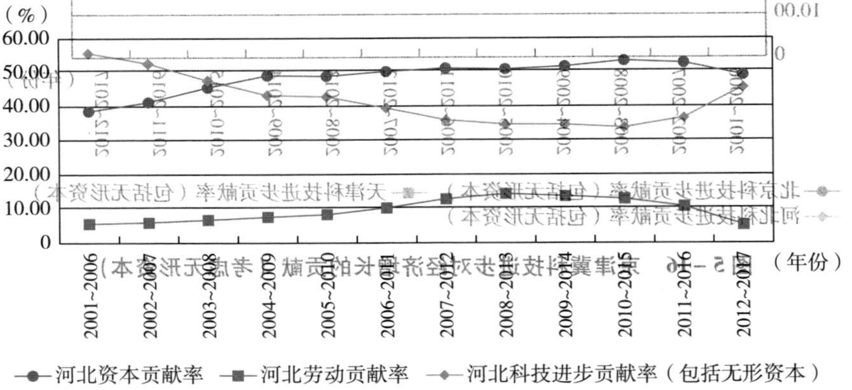

——河北资本贡献率　——河北劳动贡献率　——河北科技进步贡献率（包括无形资本）

图 5-14　河北各要素对经济增长的贡献率及变动情况（考虑无形资本）

由图 5-16 可知，考虑无形资产时，京津冀科技进步对经济增长的贡献，2017 年北京科技进步贡献率在京津冀中最大，为 47.92%，河北为 45.48%，天津科技进步贡献率最低，为 39.90%。2015 年之后，京津冀三地科技进步贡献率均有所提升，呈上升趋势。

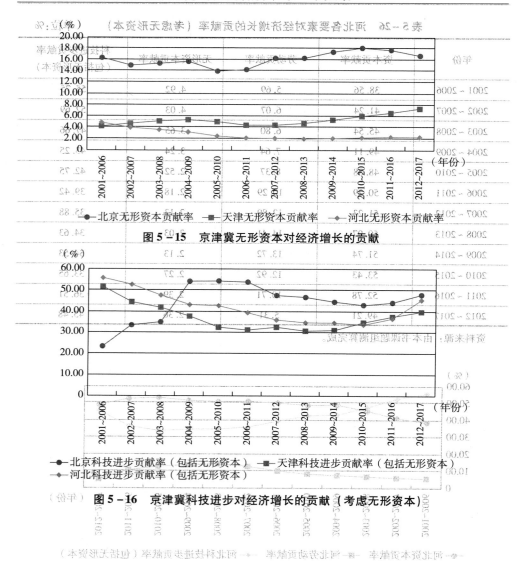

图 5-15 京津冀无形资本对经济增长的贡献

图 5-16 京津冀科技进步对经济增长的贡献（考虑无形资本）

第四节 京津冀科技进步贡献率预测

由图 5-16 可知，考虑无形资本后，京津冀科技进步对经济增长的贡献，2017 年北京科技进步贡献率在京津冀中最大，为 47.92%，河北为 45.48%，天津科技进步贡献率最低，为 39.90%。2015 年后，京津冀三地科技进步贡献率

一、数据补充

由于本书在写作过程中，北京、天津先后公布了 2019 年统计年鉴，包含 2018 年京津两地的统计数据，而截至本书写作完毕，河北还未公布 2019 年河北

省经济统计年鉴，因此本书暂时仅对京津两地 2018 年的科技进步贡献率进行补充测算。

1. 产出量

由表 5 - 27 和图 5 - 17 可知，2018 年北京、天津不变价地区生产总值分别为 7711.48 亿元、8003.41 亿元，较 2017 年增长率分别为 6.6% 和 3.6%。

表 5 - 27　2018 年京津地区生产总值

地区	名义地区生产总值	地区生产总值指数（上年=100）	地区生产总值指数（1990 年=100）	不变价地区生产总值（亿元）	较上年增长（%）
北京	30320.00	106.60	1539.83	7711.48	6.6
天津	18809.60	103.60	2573.9	8003.41	3.6

资料来源：根据 2019 年《北京统计年鉴》、《天津统计年鉴》测算完成

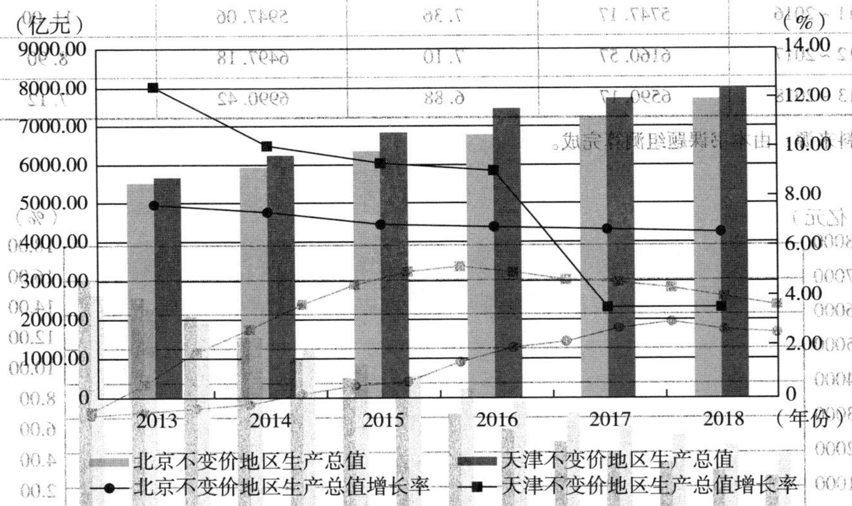

图 5 - 17　2013 ~ 2018 年京津不变价地区生产总值及其增长率

表 5 - 28　京津不变价地区生产总值五年均值及年均增长率

年份	北京		天津	
	不变价地区生产总值均值（亿元）	年均增长率（%）	不变价地区生产总值均值（亿元）	年均增长率（%）
2000 ~ 2005	1956.11	12.25	1301.52	14.07
2001 ~ 2006	2199.38	12.45	1489.21	14.64
2002 ~ 2007	2483.94	12.97	1711.74	15.22

续表

年份	北京		天津	
	不变价地区生产总值均值（亿元）	年均增长率（%）	不变价地区生产总值均值（亿元）	年均增长率（%）
2003～2008	2786.38	12.54	1978.33	15.60
2004～2009	3116.17	11.68	2292.68	15.76
2005～2010	3467.01	11.30	2666.38	16.26
2006～2011	3830.21	10.36	3105.99	16.62
2007～2012	4201.87	9.10	3604.76	16.29
2008～2013	4569.73	8.83	4155.29	15.44
2009～2014	4955.95	8.31	4735.33	14.13
2010～2015	5350.11	7.62	5336.69	12.49
2011～2016	5747.17	7.36	5947.06	11.00
2012～2017	6160.57	7.10	6497.18	8.90
2013～2018	6590.17	6.88	6990.42	7.12

资料来源：由本书课题组测算完成。

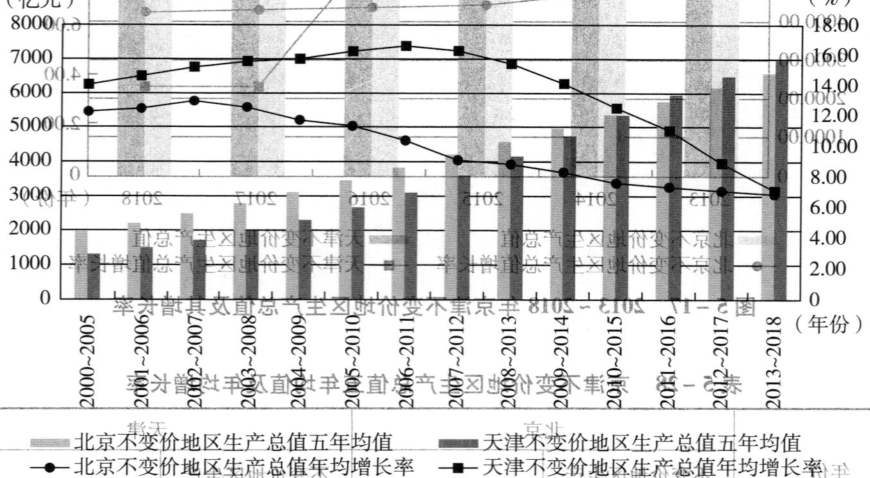

图 5－18　京津不变价地区生产总值五年均值及年均增长率

由表 5－28 和图 5－18 可知，2013～2018 年，北京、天津不变价地区生产总值五年均值分别为 6590.17 亿元、6990.42 亿元，较 2017 年增长率分别为 6.88%

和7.12%。

2. 劳动投入

由表5-29和图5-19可知，2018年北京、天津就业人数分别为1237.8万人、896.6万人，较2017年增长率分别为-0.72%和0.19%。

表5-29　2018年京津就业人数

地区	就业人数（万人）	增长率（%）
北京	1237.8	-0.72
天津	896.6	0.19

资料来源：根据2019年《北京统计年鉴》、《天津统计年鉴》测算完成。

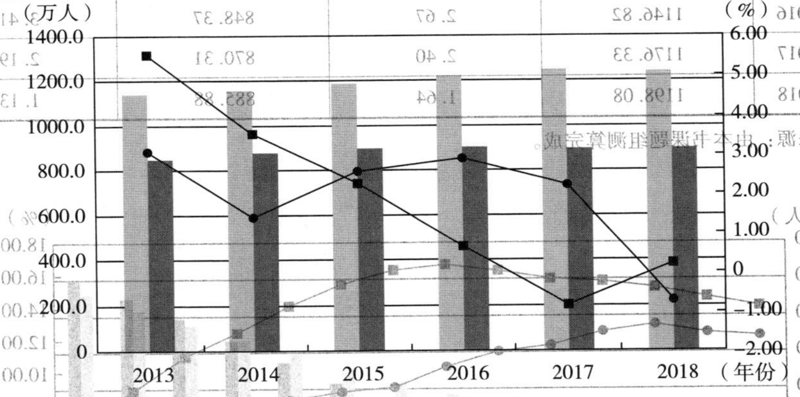

图5-19　2013~2018年京津就业人数及其增长率

由表5-30和图5-20可知，2013~2018年北京、天津就业人数五年均值分别为1198.08万人、885.88万人，较2017年增长率分别为1.64%和1.13%。

表5-30　京津就业人数五年均值及年均增长率

年份	北京		天津	
	就业人数均值（万人）	年均增长率（%）	就业人数均值（万人）	年均增长率（%）
2000~2005	727.13	7.23	508.17	2.19
2001~2006	777.20	7.90	520.85	3.88
2002~2007	829.50	6.78	541.78	4.50

续表2%。

年份	北京		天津	
	就业人数均值（万人）	年均增长率（%）	就业人数均值（万人）	年均增长率（%）
2003～2008	879.78	6.88	567.56	4.85
2004～2009	928.95	3.17	595.27	5.11
2005～2010	958.53	3.28	628.75	6.08
2006～2011	990.48	3.07	665.53	6.28
2007～2012	1021.75	3.27	705.56	5.52
2008～2013	1054.80	3.07	744.49	5.54
2009～2014	1084.10	2.99	782.80	5.31
2010～2015	1115.69	2.83	819.41	4.24
2011～2016	1146.82	2.67	848.37	3.41
2012～2017	1176.33	2.40	870.31	2.19
2013～2018	1198.08	1.64	885.88	1.13

资料来源：由本书课题组测算完成。

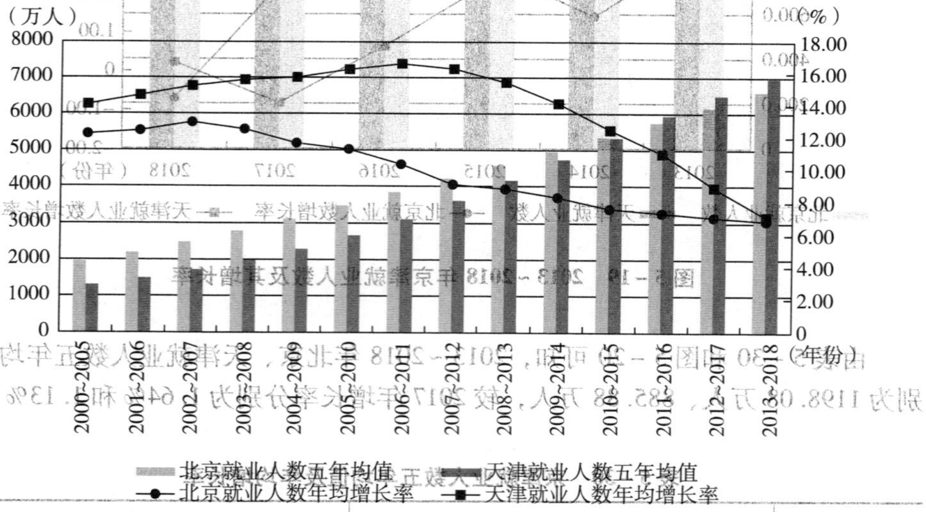

图 5-20　京津就业人数五年均值及年均增长率

3. 资本存量

表 5-31 显示了 2018 年京津固定资产形成总额。由表 5-32 和图 5-21 可知，2018 年北京、天津固定资本存量分别为 20554.39 亿元、21767.88 亿元，较

2017 年增长率分别为 5.99% 和 4.50%。

表 5 - 31 2018 年京津固定资产形成总额

地区	固定资本 形成额（亿元）	固定资产投资 价格指数 （上年 = 100）	固定资产 投资价格指数 （1990 年 = 100）	实际固定资产 形成总额（亿元）	实际固定资产 形成总额 增长率（%）
北京	10801.2	103.8	309.6	3488.56	0.29
天津	9880.85①	104.5	287.46	3437.27	9.67

注：《天津统计年鉴》（2019）并未公布固定资产形成总额，本书根据固定资产投资较上年增长率，对天津 2018 年固定资产形成总额进行估算。

资料来源：根据 2019 年《北京统计年鉴》、《天津统计年鉴》测算完成。

表 5 - 32 2018 年京津固定资本存量

地区	固定资本存量（亿元）	增长率（%）
北京	20554.39	5.99
天津	21767.88	4.50

资料来源：由本书课题组测算完成。

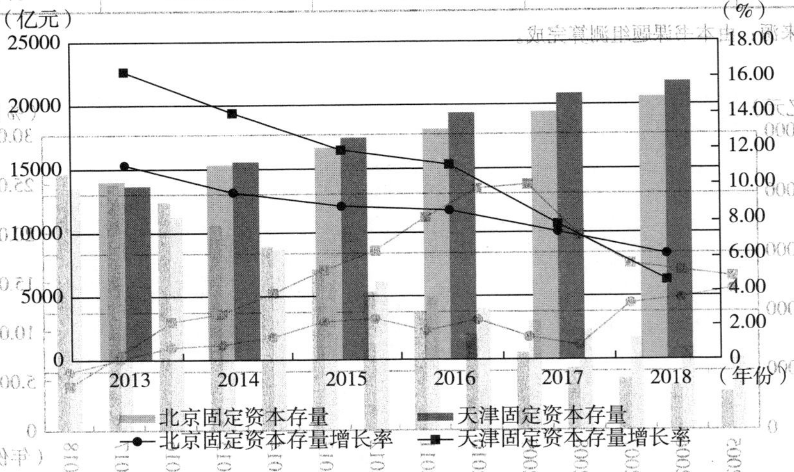

图 5 -21 2013～2018 年京津固定资本存量及其增长率

由表 5 - 33 和图 5 - 22 可知，2013～2018 年北京、天津固定资本存量五年均值分别为 17343.30 亿元、18102.63 亿元，较 2017 年增长率分别为 7.97% 和 9.75%。

表 5-33　京津固定资本存量五年均值及年均增长率

年份	北京		天津	
	实际固定资本存量均值（亿元）	年均增长率（%）	实际固定资本存量均值（亿元）	年均增长率（%）
2000~2005	4440.83	14.21	2358.21	13.59
2001~2006	5068.86	14.52	2698.56	14.57
2002~2007	5782.95	14.28	3112.59	15.62
2003~2008	6526.52	12.82	3634.51	16.82
2004~2009	7298.47	11.73	4325.60	18.67
2005~2010	8128.09	11.11	5222.48	20.44
2006~2011	9003.76	10.44	6341.22	21.54
2007~2012	9957.32	10.14	7675.31	21.81
2008~2013	10994.87	10.63	9223.07	21.08
2009~2014	12142.39	10.63	10943.84	18.88
2010~2015	13378.80	10.13	12754.58	16.36
2011~2016	14677.27	9.80	14617.43	14.26
2012~2017	16020.64	8.98	16433.21	12.13
2013~2018	17343.30	7.97	18102.63	9.75

资料来源：由本书课题组测算完成。

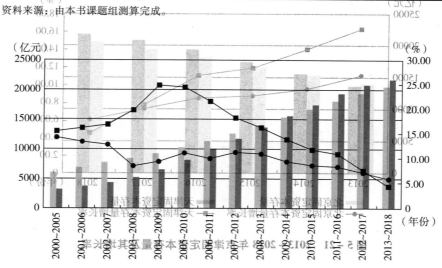

图 5-22　京津固定资本存量五年均值及年均增长率

由表 5-33，京津固定资本存量五年均值呈现正增长，北京固定资本存量五年均值分别为 17343.30 亿元、18102.63 亿元，较 2012 年增长率分别为 7.97%和 9.75%。

二、数据预测

为把握和了解京津冀地区的宏观经济走势，本书在科学理论的基础上对京津冀科技进步贡献率进行大胆预测，预测方法选择当前主流的三种预测方法，分别是直线趋势外推预测法、加权直线趋势外推预测法、指数平滑法。由于截至本书写作完毕时，北京、天津2018年数据已公布，河北还未公布2018年数据，为保持一致，本节京津2018年数据为实际值，河北2018年数据为预测值，京津冀2019~2015年数据为预测值。

考虑到劳动者素质随受教育年限增加而提升，有利于生产效率的提升。本书将这一情况考虑在内，以劳动者数量和劳动者质量预估人力资本存量，并以此预测科技进步贡献率。

1. 地区生产总值增长率预测

如表5-34~表5-39和图5-23所示，综合三种预测方法可知，2018~2025年京津冀地区生产总值增长率总体呈下降趋势，增长速度放缓。其中，北京、河北地区生产总值增长率变化同步性较强，天津由于2017年主动"挤水"，地区生产总值增速放缓，预计未来几年天津地区生产总值增长率有所回升，预计到2025年京津冀地区生产总值增长率分别为4.87%、5.33%、4.92%。

表5-34　北京地区生产总值预测　　　　　　　　　单位：亿元

年份	直线趋势外推预测法	加权直线趋势外推预测法	指数平滑法	综合
2013~2018	6590.17	6590.17	6590.17	6590.17
2014~2019	7043.92	7062.59	7001.69	7036.07
2015~2020	7502.04	7562.20	7410.92	7491.72
2016~2021	7964.42	8088.88	7817.75	7957.02
2017~2022	8427.42	8639.00	8218.53	8428.32
2018~2023	8887.42	9208.78	8609.51	8901.85
2019~2024	9340.09	9794.36	8986.80	9373.75
2020~2025	9775.44	10366.60	9382.19	9841.41

资料来源：由本书课题组测算完成。

表5-35　北京地区生产总值增长率预测　　　　　　单位：%

年份	直线趋势外推预测法	加权直线趋势外推预测法	指数平滑法	综合
2013~2018	6.88	6.88	6.88	6.88
2014~2019	6.80	7.09	6.14	6.68
2015~2020	6.47	7.08	5.75	6.43

续表

年份	直线趋势外推预测法	加权直线趋势外推预测法	指数平滑法	综合
2016～2021	6.12	7.00	5.33	6.15
2017～2022	5.73	6.86	4.89	5.83
2018～2023	5.32	6.68	4.43	5.48
2019～2024	4.79	6.06	4.52	5.12
2020～2025	4.57	5.71	4.32	4.87

资料来源：由本书课题组测算完成。

表5-36　天津地区生产总值预测　　　　　　　　　　单位：亿元

年份	直线趋势外推预测法	加权直线趋势外推预测法	指数平滑法	综合
2013～2018	6990.42	6990.42	6990.42	6990.42
2014～2019	7564.35	7507.39	7462.30	7511.55
2015～2020	8139.67	8027.11	7922.30	8029.70
2016～2021	8714.02	8545.43	8368.07	8542.51
2017～2022	9281.62	9057.16	8793.83	9044.20
2018～2023	9901.39	9621.21	9258.48	9593.69
2019～2024	10571.71	10235.99	9760.43	10189.38
2020～2025	11153.17	10818.43	10262.29	10744.63

资料来源：由本书课题组测算完成。

表5-37　天津地区生产总值增长率预测　　　　　　　单位：%

年份	直线趋势外推预测法	加权直线趋势外推预测法	指数平滑法	综合
2013～2018	7.12	7.12	7.12	7.12
2014～2019	7.85	7.04	6.37	7.09
2015～2020	7.25	6.50	5.68	6.47
2016～2021	6.63	5.93	4.98	5.85
2017～2022	7.05	6.38		
2018～2023	7.41	6.78	5.61	6.60
2019～2024	5.69	5.90	5.31	5.63
2020～2025	5.38	5.57	5.04	5.33

资料来源：由本书课题组测算完成。

表5-38　河北地区生产总值预测　　　　　　　　　　单位：亿元

年份	直线趋势外推预测法	加权直线趋势外推预测法	指数平滑法	综合
2013～2018	13799.97	13912.18	13813.01	13841.72
2014～2019	14651.26	14939.31	14677.54	14756.04

续表

年份	直线趋势外推预测法	加权直线趋势外推预测法	指数平滑法	综合
2015～2020	15520.20	16047.71	15559.88	15709.26
2016～2021	16392.30	17222.91	16445.56	16686.92
2017～2022	17257.96	18455.29	17324.98	17679.41
2018～2023	18111.66	19739.34	18192.62	18681.21
2019～2024	18978.25	20987.70	19060.29	19675.41
2020～2025	19844.84	22236.06	19927.96	20669.62

资料来源：由本书课题组测算完成。

表5－39　河北地区生产总值增长率预测　　　　　　　　单位：%

年份	直线趋势外推预测法	加权直线趋势外推预测法	指数平滑法	综合
2013～2018	6.38	7.26	6.48	6.71
2014～2019	6.17	7.47	6.27	6.63
2015～2020	5.84	7.50	5.93	6.42
2016～2021	5.46	7.45	5.55	6.15
2017～2022	5.07	7.35	5.16	5.86
2018～2023	4.93	6.59	4.91	5.47
2019～2024	4.69	6.18	4.68	5.18
2020～2025	4.48	5.81	4.47	4.92

资料来源：由本书课题组测算完成。

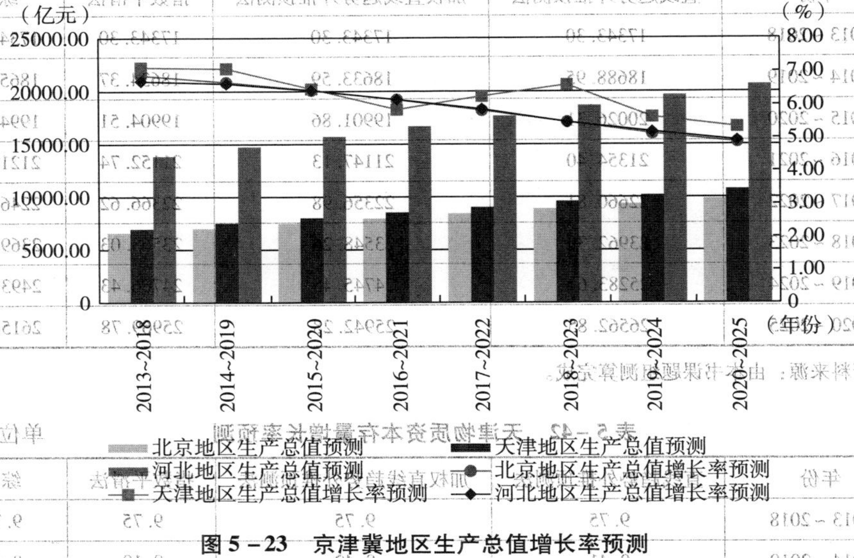

图5－23　京津冀地区生产总值增长率预测

2. 物质资本存量预测

如表5－40～表5－45和图5－24所示，综合三种预测方法可知，2018～2025年京津冀物质资本存量总体呈上升趋势，但三地增长速度均有所放缓。京津冀协同发展战略要求疏散北京非首都功能，部分产业会被转移到天津、河北，因此物质资本存量增长速度较慢。天津、河北承接北京部分产业，有很大概率会增加物质资本投入，进而加快物质资本存量增长速度。

表5－40　北京物质资本存量增长率预测　　　　　单位：%

年份	直线趋势外推预测法	加权直线趋势外推预测法	指数平滑法	综合
2013～2018	7.97	7.97	7.97	7.97
2014～2019	7.56	7.24	7.24	7.35
2015～2020	6.98	6.60	6.61	6.73
2016～2021	6.38	5.95	5.97	6.10
2017～2022	5.98	5.50	5.52	5.66
2018～2023	5.76	5.25	5.27	5.43
2019～2024	5.22	4.98	5.00	5.07
2020～2025	4.96	4.74	4.76	4.82

资料来源：由本书课题组测算完成。

表5－41　北京物质资本存量预测　　　　　单位：亿元

年份	直线趋势外推预测法	加权直线趋势外推预测法	指数平滑法	综合
2013～2018	17343.30	17343.30	17343.30	17343.30
2014～2019	18688.95	18633.59	18634.37	18652.30
2015～2020	20026.31	19901.86	19904.51	19944.23
2016～2021	21354.40	21147.13	21152.74	21218.09
2017～2022	22660.81	22356.98	22366.62	22461.47
2018～2023	23962.39	23548.26	23563.03	23691.23
2019～2024	25283.61	24745.45	24766.43	24931.83
2020～2025	26562.85	25942.28	25969.78	26158.30

资料来源：由本书课题组测算完成。

表5－42　天津物质资本存量增长率预测　　　　　单位：%

年份	直线趋势外推预测法	加权直线趋势外推预测法	指数平滑法	综合
2013～2018	9.75	9.75	9.75	9.75
2014～2019	9.41	8.42	8.18	8.67

单位：亿元

续表

年份	直线趋势外推预测法	加权直线趋势外推预测法	指数平滑法	综合
2015~2020	8.47	7.29	6.96	7.57
2016~2021	7.60	6.26	5.85	6.57
2017~2022	7.32	5.83	5.34	6.16
2018~2023	7.61	5.97	5.41	6.33
2019~2024	6.31	5.52	5.13	5.65
2020~2025	5.93	5.23	4.88	5.35

资料来源：由本书课题组测算完成。

表5-43　天津物质资本存量预测　　　　　　单位：亿元

年份	直线趋势外推预测法	加权直线趋势外推预测法	指数平滑法	综合
2013~2018	18102.63	18102.63	18102.63	18102.63
2014~2019	19893.88	19713.04	19671.41	19759.44
2015~2020	21658.32	21245.37	21140.87	21348.18
2016~2021	23405.87	22709.50	22520.90	22878.75
2017~2022	25124.39	24093.31	23799.37	24339.02
2018~2023	26886.86	25469.78	25049.27	25801.97
2019~2024	28784.26	26929.89	26361.58	27358.58
2020~2025	28734.6	29962.15	26564.86	28420.54

资料来源：由本书课题组测算完成。

表5-44　河北物质资本存量增长率预测　　　　　　单位：%

年份	直线趋势外推预测法	加权直线趋势外推预测法	指数平滑法	综合
2013~2018	8.35	8.35	8.50	8.55
2014~2019	7.43	7.61	7.54	7.67
2015~2020	6.82	6.99	6.90	7.08
2016~2021	6.24	6.40	6.29	6.53
2017~2022	6.03	6.18	6.06	6.34
2018~2023	5.84	5.80	5.71	5.98
2019~2024	5.51	5.48	5.40	5.64
2020~2025	5.22	5.19	5.12	5.34

资料来源：由本书课题组测算完成。

表 5 – 45　河北物质资本存量预测　　　　　单位：亿元

年份	直线趋势外推预测法	加权直线趋势外推预测法	指数平滑法	综合
2013~2018	33076.33	33133.82	33119.49	33109.88
2014~2019	35668.03	35783.58	35746.87	35732.83
2015~2020	38198.56	38372.75	38305.60	38292.30
2016~2021	40707.14	40940.52	40834.90	40827.52
2017~2022	43180.83	43473.99	43321.84	43325.55
2018~2023	45706.02	46059.53	45852.79	45872.78
2019~2024	48281.68	48638.60	48383.57	48434.61
2020~2025	50857.33	51217.68	50914.34	50996.45

资料来源：由本书课题组测算完成。

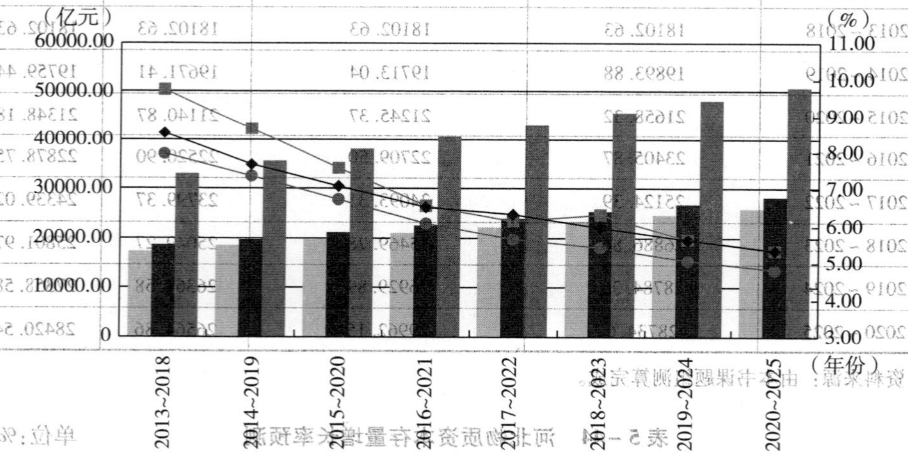

图 5 – 24　京津冀物质资本存量规模及增长率预测

3. 劳动投入量增长率预测

应用三种预测方法分别对劳动投入量进行预测，此处以北京为例，预测结果如图 5 – 25 所示。在人口老龄化、劳动力数量增长速度放缓的背景下，京津冀劳动投入量增速难以出现图中直线趋势外推预测法和指数平滑法预测的情况，若综合考虑三种预测结果，可能与现实情况存在较大差距。因此预计京津冀劳动投入，仅使用加权直线趋势外推预测方法进行预测。由表 5 – 46 和图 5 – 26 可知，2018~2025 年北京、天津劳动投入量增长率总体呈下降趋势，河北劳动力投入量增长率有所提升。北京劳动投入量增长率下降速度较快，预计 2022 年劳动投入量增长率小于 0，即劳动力数量出现负增长。预测结果显示，2022 年之后京津冀三地劳动投入量增长率几乎保持不变。

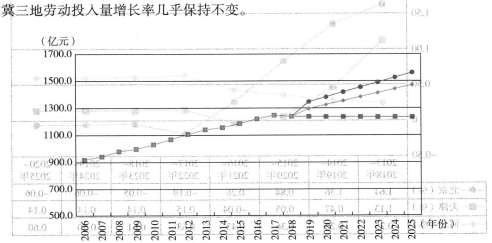

图 5－25　2006～2025 年北京劳动投入量增长预测

表 5－46　京津冀劳动投入量及增长率预测

年份	北京（亿元）	预测（%）	天津（亿元）	预测（%）	河北（亿元）	预测（%）
2013～2018	1198.08	1.64	885.88	1.13	4211.07	0.25
2014～2019	1214.17	1.36	894.28	0.47	4224.19	0.28
2015～2020	1227.51	0.84	897.94	0.05	4238.52	0.36
2016～2021	1235.82	0.26	898.55	−0.04	4255.54	0.43
2017～2022	1233.34	−0.19	898.43	0.15	4274.97	0.63
2018～2023	1236.28	−0.05	899.80	0.14	4301.61	0.61
2019～2024	1235.59	−0.06	901.09	0.14	4327.57	0.60
2020～2025	1234.81	−0.06	902.37	0.14	4353.53	0.60

资料来源：由本书课题组测算完成。

4.无形资本存量预测

如表 5－47～表 5－52 和图 5－27 所示，综合三种预测方法可知，2018～2025 年京津冀无形资产存量规模呈上升趋势，但三地增长速度呈下滑趋势。北京无形资产存量规模上占据绝对优势，天津、河北规模较小。北京、天津无形资产存量增长率较为接近，河北无形资产存量增长率相对较低。

图 5-26　京津冀劳动投入量增长率预测

年份	2013~2018年	2014~2019年	2015~2020年	2016~2021年	2017~2022年	2018~2023年	2019~2024年	2020~2025年
北京（%）	1.64	1.36	0.84	0.26	-0.19	-0.05	-0.06	-0.06
天津（%）	1.13	0.47	0.05	-0.04	0.15	0.14	0.14	0.14
河北（%）	0.25	0.28	0.36	0.43	0.63	0.61	0.60	0.60

表 5-47　北京无形资本存量增长率预测　　　　　　　　　单位:%

年份	直线趋势外推预测法	加权直线趋势外推预测法	指数平滑法	综合
2013~2018	10.07	11.18	11.96	11.07
2014~2019	8.90	10.12	11.31	10.11
2015~2020	8.00	9.31	10.85	9.39
2016~2021	6.85	8.23	10.06	8.38
2017~2022	5.61	7.04	9.12	7.26
2018~2023	6.40	6.83	8.38	7.20
2019~2024	6.01	6.39	7.73	6.71
2020~2025	5.67	6.00	7.17	6.28

资料来源：由本书课题组测算完成。

表 5-48　北京无形资本存量预测　　　　　　　　　单位:亿元

年份	直线趋势外推预测法	加权直线趋势外推预测法	指数平滑法	综合
2013~2018	6732.38	7463.13	7526.25	7240.59
2014~2019	7257.79	8229.00	8388.16	7958.32
2015~2020	7783.20	8994.87	9289.63	8689.23
2016~2021	8308.60	9760.74	10234.05	9434.46
2017~2022	8834.01	10526.61	11197.59	10186.07

续表

年份	直线趋势外推预测法	加权直线趋势外推预测法	指数平滑法	综合
2018~2023	9359.41	11292.49	12161.04	10937.65
2019~2024	9884.82	12058.36	13126.94	11690.04
2020~2025	10410.23	12824.23	14092.84	12617.57

资料来源：由本书课题组测算完成。

表 5-49　天津无形资本存量增长率预测　单位：%

年份	直线趋势外推预测法	加权直线趋势外推预测法	指数平滑法	综合
2013~2018	13.63	15.06	15.87	14.85
2014~2019	10.78	12.09	13.19	12.02
2015~2020	8.66	9.87	11.21	
2016~2021	6.94	8.06	9.61	8.20
2017~2022	6.02	7.08	8.81	7.30
2018~2023	7.24	6.91	8.04	7.40
2019~2024	6.74	6.46	7.44	6.88
2020~2025	6.31	6.07	6.92	6.43

资料来源：由本书课题组测算完成。

表 5-50　天津无形资本存量预测　单位：亿元

年份	直线趋势外推预测法	加权直线趋势外推预测法	指数平滑法	综合
2013~2018	1991.00	2017.54	2033.23	2013.92
2014~2019	2219.64	2273.07	2312.55	2268.42
2015~2020	2432.70	2513.35	2584.74	2510.26
2016~2021	2630.34	2738.58	2849.97	2739.63
2017~2022	2811.39	2947.54	3107.05	2955.33
2018~2023	2984.95	3149.36	3365.10	3166.47
2019~2024	3191.38	3357.86	3622.25	3390.50
2020~2025	3397.82	3566.36	3879.40	3614.53

资料来源：由本书课题组测算完成。

表 5-51　河北无形资本存量增长率预测　单位：%

年份	直线趋势外推预测法	加权直线趋势外推预测法	指数平滑法	综合
2013~2018	9.38	11.21	11.23	10.61
2014~2019	8.41	10.59	10.63	9.87

续表

年份	直线趋势外推预测法	加权直线趋势外推预测法	指数平滑法	综合
2015～2020	7.10	9.57	9.62	8.76
2016～2021	5.96	8.68	8.75	7.80
2017～2022	5.02	7.96	8.04	7.01
2018～2023	5.98	7.37	7.43	
2019～2024	5.64	6.86	6.92	6.47
2020～2025	5.34	6.41	6.46	6.07

资料来源：由本书课题组测算完成

表 5－52　河北无形资本存量预测　　　　单位：亿元

年份	直线趋势外推预测法	加权直线趋势外推预测法	指数平滑法	综合
2013～2018	1253.16	1274.59	1274.90	1267.55
2014～2019	1359.55	1408.68	1409.56	1392.60
2015～2020	1464.24	1547.33	1549.06	1520.21
2016～2021	1562.72	1686.03	1688.89	1645.88
2017～2022	1654.47	1824.27	1828.53	1769.09
2018～2023	1739.69	1962.24	1968.18	1890.04
2019～2024	1840.10	2100.25	2107.83	2016.06
2020～2025	1940.51	2238.25	2247.48	2142.08

资料来源：由本书课题组测算完成

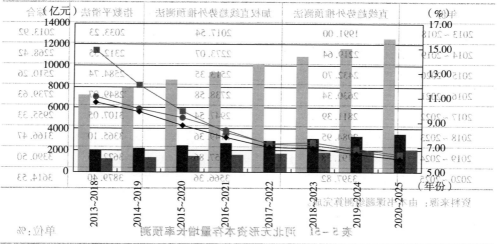

图 5－27　京津冀物质资本存量预测

5. 弹性系数预测

如表 5 - 53 ~ 表 5 - 55 和图 5 - 28 所示，综合三种预测方法可知，2018 ~ 2025 年京津冀劳动弹性系数呈上升趋势，说明三地在劳动投入不变时，能够创造更多的地区生产总值。京津冀劳动弹性系数增长速度接近，其中预计 2018 ~ 2025 年北京劳动弹性系数明显高于天津、河北。

表 5 - 53　北京劳动弹性系数预测

年份	直线趋势外推预测法	加权直线趋势外推预测法	指数平滑法	综合
2013 ~ 2018	0.6829	0.6858	0.6796	0.6828
2014 ~ 2019	0.6866	0.6940	0.6822	0.6876
2015 ~ 2020	0.6903	0.7023	0.6849	0.6925
2016 ~ 2021	0.6940	0.7105	0.6875	0.6973
2017 ~ 2022	0.6977	0.7188	0.6902	0.7022
2018 ~ 2023	0.7014	0.7271	0.6929	0.7071
2019 ~ 2024	0.7051	0.7353	0.6955	0.7120
2020 ~ 2025	0.7124	0.7436	0.6982	0.7181

资料来源：由本书课题组测算完成。

表 5 - 54　天津劳动弹性系数预测

年份	直线趋势外推预测法	加权直线趋势外推预测法	指数平滑法	综合
2013 ~ 2018	0.6391	0.6484	0.6426	0.6434
2014 ~ 2019	0.6412	0.6568	0.6457	0.6479
2015 ~ 2020	0.6433	0.6652	0.6488	0.6524
2016 ~ 2021	0.6454	0.6736	0.6519	0.6570
2017 ~ 2022	0.6475	0.6820	0.6550	0.6615
2018 ~ 2023	0.6496	0.6903	0.6581	0.6660
2019 ~ 2024	0.6517	0.6987	0.6612	0.6705
2020 ~ 2025	0.6559	0.7071	0.6643	0.6751

资料来源：由本书课题组测算完成。

表 5 - 55　河北劳动弹性系数预测

年份	直线趋势外推预测法	加权直线趋势外推预测法	指数平滑法	综合
2013 ~ 2018	0.6437	0.6402	0.6429	0.6423
2014 ~ 2019	0.6477	0.6467	0.6469	0.6471
2015 ~ 2020	0.6518	0.6532	0.6509	0.6520

续表

年份	直线趋势外推预测法	加权直线趋势外推预测法	指数平滑法	综合
2016~2021	0.6558	0.6596	0.6549	0.6568
2017~2022	0.6599	0.6661	0.6590	0.6617
2018~2023	0.6639	0.6726	0.6630	0.6665
2019~2024	0.6680	0.6791	0.6670	0.6713
2020~2025	0.6720	0.6855	0.6710	0.6762

资料来源：由本书课题组测算完成。

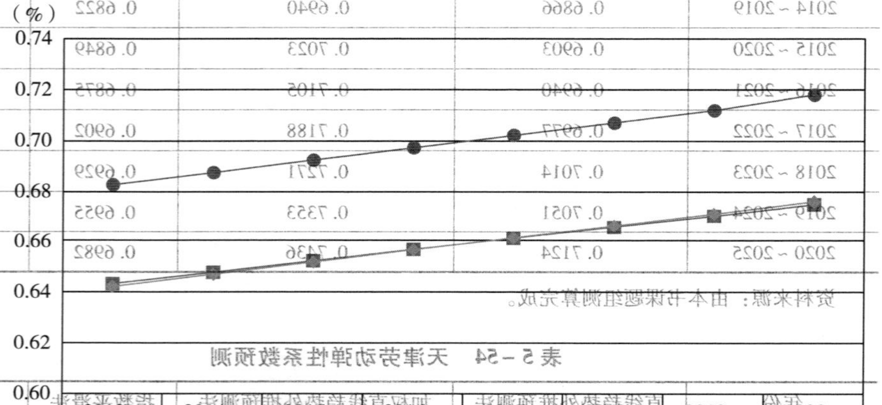

年份	2013~2018年	2014~2019年	2015~2020年	2016~2021年	2017~2022年	2018~2023年	2019~2024年	2020~2025年
北京（%）	0.6828	0.6876	0.6925	0.6973	0.7022	0.7071	0.712	0.7181
天津（%）	0.6434	0.6479	0.6524	0.6570	0.6615	0.6660	0.6705	0.6751
河北（%）	0.6423	0.6471	0.6520	0.6568	0.6617	0.6665	0.6713	0.6762

图 5-28 京津冀劳动弹性系数预测

6. 要素贡献率预测

（1）北京要素贡献率预测。由表 5-56 和图 5-29 可知，2018~2025 年北京科技进步贡献率会呈上升趋势，预计 2025 年左右，北京科技进步贡献率达到 82.06%。由于京津冀协同发展战略规划和北京城市规划要求，对人口进行限制，因此劳动投入对北京经济增长的贡献越来越低。另外，由于京津冀协同发展规划的实施，疏解北京的非首都功能，调整产业结构，所以固定资产投资可能会减少，相应固定资本存量增速下降，对经济增长的贡献也会降低。无形资产增速放缓是无形资本贡献率下降的主要原因。京津冀协同发展规划中将北京定位于科技创新中心，北京科技创新潜力巨大，促进经济增长的主要动力就是科技创新。

表5-56　北京各要素对经济增长贡献率的预测　　　　　单位:%

年份	资本贡献率	劳动贡献率	无形资本贡献率	科技进步贡献率（包括无形资本）
2013~2018	25.92	16.28	15.03	57.80
2014~2019	24.09	14.00	14.14	61.91
2015~2020	22.42	9.05	13.63	68.54
2016~2021	20.78	2.95	12.69	76.27
2017~2022	19.89	-2.29	11.57	82.40
2018~2023	19.86	-0.65	12.16	80.79
2019~2024	19.42	-0.83	12.05	81.42
2020~2025	18.82	-0.88	11.83	82.06

资料来源：由本书课题组测算完成。

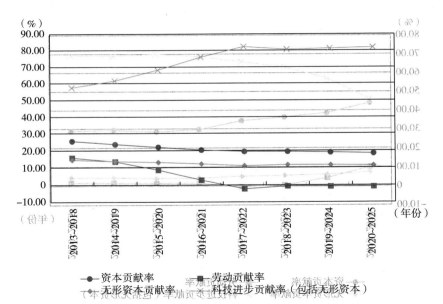

图5-29　北京未来各要素对经济增长贡献率的预测

（2）天津要素贡献率预测　由表5-57和图5-30可知，2018~2025年天津科技进步贡献率总体呈上升趋势，预计2025年左右，天津科技进步贡献率达到69.29%。物质资本贡献率、劳动贡献率下降幅度较小，可能是由于京津冀协同发展战略以及北京城市规划规定北京"人口天花板"，天津会承接一部分北京流出的劳动力，并对天津经济增长产生贡献。天津无形资产存量增速放缓，无形资产贡献率变动较小。

表5-57 对天津未来各要素对经济增长贡献率的预测　　单位:%

年份	资本贡献率	劳动贡献率	无形资本贡献率	科技进步贡献率（包括无形资本）
2013~2018	43.95	10.21	7.45	45.84
2014~2019	38.62	4.29	6.15	57.08
2015~2020	36.39	0.50	5.60	63.11
2016~2021	34.41	-0.45	5.14	66.04
2017~2022	29.75	1.59	4.28	68.66
2018~2023	28.53	1.41	4.09	70.06
2019~2024	29.42	1.67	4.44	68.92
2020~2025	28.93	1.77	4.42	69.29

资料来源：由本书课题组测算完成。

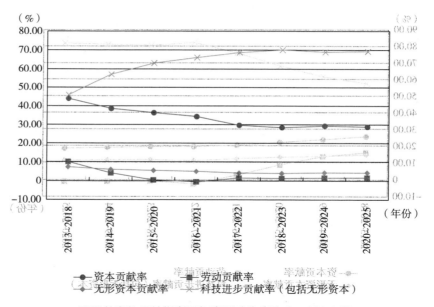

图5-30 天津未来各要素对经济增长贡献率的预测

（3）河北要素贡献率预测。由表5-58和图5-31可知，2018~2025年，河北科技进步贡献率增长趋势不明显，预计2020年河北科技进步贡献率达到60.37%。随着京津冀协同发展战略的实施，河北可能会承接一部分流出北京的劳动力，短时间内河北劳动力数量仍然呈上升趋势，因此劳动贡献率有所提升。京津冀协同发展规划要求综合治理环境，改善环境状况，对河北支柱产业影响较大，因此短时间内可能会降低物质资本投入，从而影响物质资本贡献率。河北无形资产贡献率基本持平。

表5-58 对河北未来各要素对经济增长贡献率的预测 单位:%

年份	资本贡献率	劳动贡献率	无形资本贡献率	科技进步贡献率（包括无形资本）
2013~2018	43.46	2.39	2.09	54.15
2014~2019	38.58	2.73	1.97	58.69
2015~2020	35.98	3.66	1.81	60.37
2016~2021	33.84	4.59	1.69	61.57
2017~2022	33.78	7.11	1.59	59.11
2018~2023	33.86	7.43	1.67	58.71
2019~2024	33.29	7.78	1.64	58.94
2020~2025	32.72	8.25	1.61	59.04

资料来源：由本书课题组测算完成。

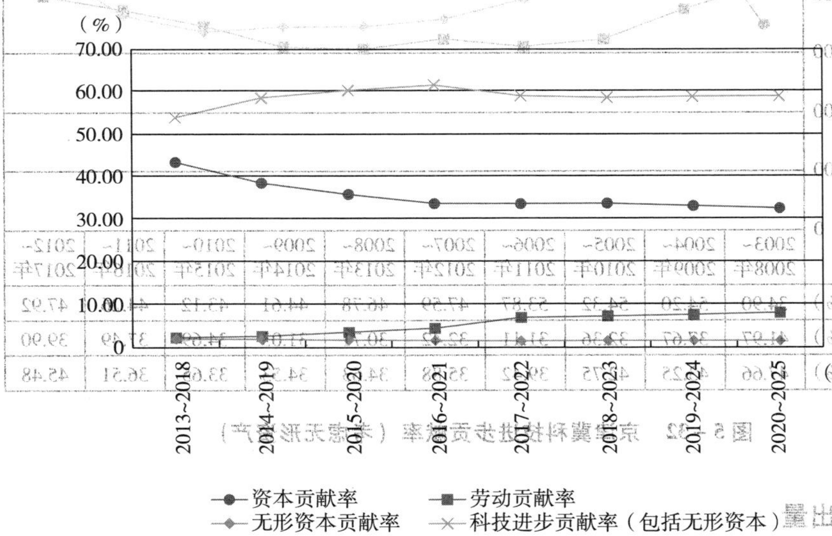

图5-31 河北未来各要素对经济增长贡献率的预测

—●— 资本贡献率   —■— 劳动贡献率
—◆— 无形资本贡献率   —×— 科技进步贡献率（包括无形资本）

第五节 京津冀科技进步贡献率差异原因分析

京津冀区域协同发展战略要求疏解北京非首都功能，调整区域内经济结构和空间布局，促进区域协调发展，推动京津冀一体化建设进程，形成新增长极。科技进步在京津冀协同发展过程中发挥着重要作用，本节将讨论哪些因素导致京津冀三地科技进步贡献率差异。

　　京津冀 2008 ~ 2017 年科技进步贡献率如图 5 - 32 所示。由图 5 - 32 可知，2008 ~ 2017 年北京科技进步贡献率最高，其次是河北、天津，京津冀 2017 年科技进步贡献率分别达到 47.92%、39.90%、45.48%。2008 ~ 2015 年京津冀科技进步贡献率呈下降趋势，2015 ~ 2017 年，京津冀科技进步贡献率呈上升趋势，其中河北上升较快。

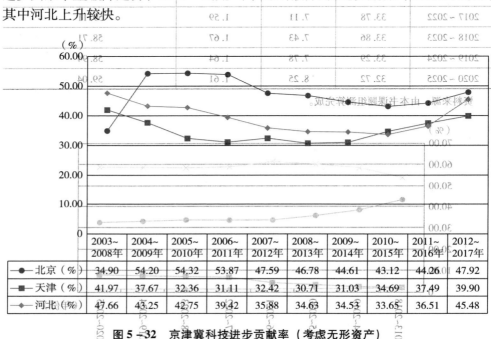

	2003~ 2008年	2004~ 2009年	2005~ 2010年	2006~ 2011年	2007~ 2012年	2008~ 2013年	2009~ 2014年	2010~ 2015年	2011~ 2016年	2012~ 2017年
北京（%）	34.90	54.20	54.32	53.87	47.59	46.78	44.61	43.12	44.26	47.92
天津（%）	41.97	37.67	32.36	31.11	32.42	30.71	31.03	34.69	37.49	39.90
河北（%）	47.66	43.25	42.75	39.42	35.88	34.63	34.53	33.65	36.51	45.48

图 5 - 32　京津冀科技进步贡献率（考虑无形资产）

一、产出量

　　2008 ~ 2017 年京津冀地区生产总值增长率（实际地区生产总值增长率）如图 5 - 33 所示。总体上看，2008 ~ 2017 年，北京和河北实际地区生产总值增长率较为接近，2012 年之后两地地区生产总值增长率降至 10% 以下，2015 年之后两地地区生产总值增长率差距不大于 0.1%，经济增长速度基本保持同步。天津与北京、河北相比，变动幅度较大。2017 年之前，天津经济发展速度要明显高于北京、河北，2017 年天津主动"挤水"，实际地区生产总值增长率为 3.6%，经济发展速度后于北京、河北，经济发展速度与北京、河北也相差较大。

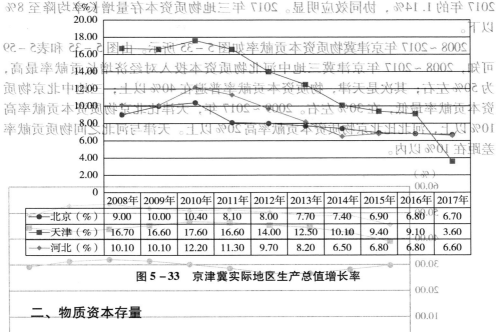

	2008年	2009年	2010年	2011年	2012年	2013年	2014年	2015年	2016年	2017年
北京（%）	9.00	10.00	10.40	8.10	8.00	7.70	7.40	6.90	6.80	6.70
天津（%）	16.70	16.60	17.60	16.60	14.00	12.50	10.10	9.40	9.10	3.60
河北（%）	10.10	10.10	12.20	11.30	9.70	8.20	6.50	6.80	6.80	6.60

图 5-33　京津冀实际地区生产总值增长率

二、物质资本存量

2008～2017 年京津冀物质资本存量增长率如图 5-34 所示。总体上看，2008～2017 年北京物质资本存量增长率低于天津、河北，天津物质资本存量增长速度快于河北。分阶段来看，2008～2011 年京津冀物质资本存量增长率相差较大，2011 年以后三地物质资本增长速度极差逐渐缩小，从 2008 年的 11.26% 下降到

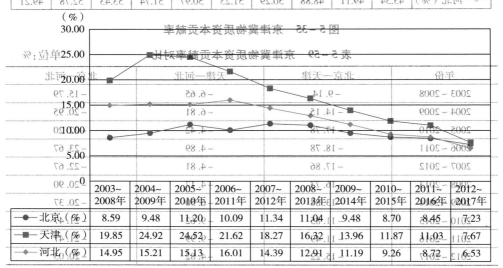

	2003～2008年	2004～2009年	2005～2010年	2006～2011年	2007～2012年	2008～2013年	2009～2014年	2010～2015年	2011～2016年	2012～2017年
北京（%）	8.59	9.48	11.20	10.09	11.34	11.04	9.48	8.70	8.45	7.23
天津（%）	19.85	24.92	24.52	21.62	18.27	16.32	13.96	11.87	11.03	7.67
河北（%）	14.95	15.21	15.13	16.01	14.39	12.91	11.19	9.26	8.72	6.53

图 5-34　京津冀物质资本存量增长率

2017年的1.14%，协同效应明显。2017年三地物质资本存量增长率均降至8%以下。

2008～2017年京津冀物质资本贡献率如图5－35所示。由图5－35和表5－59可知，2008～2017年京津冀三地中河北物质资本投入对经济增长贡献率最高，为50%左右；其次是天津，物质资本贡献率普遍在40%以上；三地中北京物质资本贡献率最低，在30%左右。2009～2017年，天津比北京物质资本贡献率高10%以上，河北比北京物质资本贡献率高20%以上。天津与河北之间物质贡献率差距在10%以内。

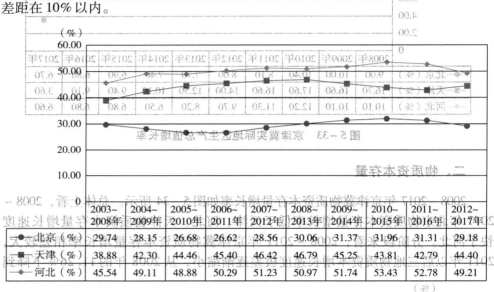

	2003～2008年	2004～2009年	2005～2010年	2006～2011年	2007～2012年	2008～2013年	2009～2014年	2010～2015年	2011～2016年	2012～2017年
北京（%）	29.74	28.15	26.68	26.62	28.56	30.06	31.37	31.96	31.31	29.18
天津（%）	38.88	42.30	44.46	45.40	46.42	46.79	45.25	43.81	42.79	44.40
河北（%）	45.54	49.11	48.88	50.29	51.23	50.97	51.74	53.43	52.78	49.21

图5－35 京津冀物质资本贡献率

表5－59 京津冀物质资本贡献率对比   单位：%

年份	北京—天津	天津—河北	北京—河北
2003～2008	−9.14	−6.65	−15.79
2004～2009	−14.15	−6.81	−20.95
2005～2010	−17.78	−4.42	−22.20
2006～2011	−18.78	−4.89	−23.67
2007～2012	−17.86	−4.81	−22.67
2008～2013	−16.73	−4.17	−20.90
2009～2014	−13.88	−6.50	−20.37
2010～2015	−11.85	−9.62	−21.47
2011～2016	−11.49	−9.99	−21.47
2012～2017	−15.22	−4.82	−20.03

资料来源：由本书课题组测算完成。

三、劳动投入量

2008～2017 年京津冀劳动投入增长率如图 5－36 所示。由图 5－36 可知，2008～2017 年北京、天津劳动投入增长率总体呈下降趋势，其中北京下降幅度最小，天津呈震荡下降趋势，极差达到 8.46%，河北 2008～2012 年劳动投入呈上升态势，2012～2017 年劳动投入呈下降趋势。2017 年天津、河北劳动投入增长率小于 0，说明两地劳动力数量较上年有所下降。京津冀劳动投入差异较大，协同效应较弱。

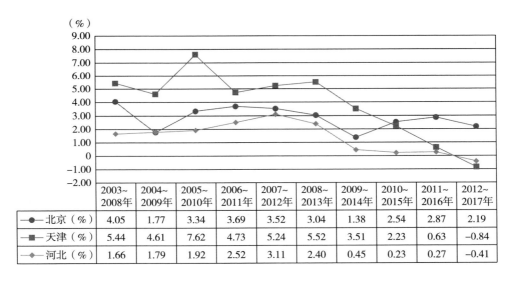

（%）	2003～2008年	2004～2009年	2005～2010年	2006～2011年	2007～2012年	2008～2013年	2009～2014年	2010～2015年	2011～2016年	2012～2017年
北京（%）	4.05	1.77	3.34	3.69	3.52	3.04	1.38	2.54	2.87	2.19
天津（%）	5.44	4.61	7.62	4.73	5.24	5.52	3.51	2.23	0.63	-0.84
河北（%）	1.66	1.79	1.92	2.52	3.11	2.40	0.45	0.23	0.27	-0.41

图 5－36　京津冀劳动投入增长率

2008～2017 年京津冀劳动贡献率如图 5－37 所示。由图 5－37 和表 5－60 可知，2008～2017 年北京、天津劳动投入对经济增长贡献率均高于河北，京津冀三地劳动贡献率大致呈先上升后下降的态势。2012～2017 年，北京劳动贡献率较高，平均在 20% 以上。其次是天津，劳动贡献率均在 15% 以上；河北劳动贡献率在三地中最小，在 5%～15%。北京劳动贡献率普遍高于天津，2008～2014 年北京、天津之间劳动贡献率差距减小，2014～2017 年，北京、天津之间劳动贡献率差距拉大。2008～2013 年，北京与河北之间劳动贡献率差距减小，2013～2017 年，北京、河北之间劳动贡献率差距拉大。

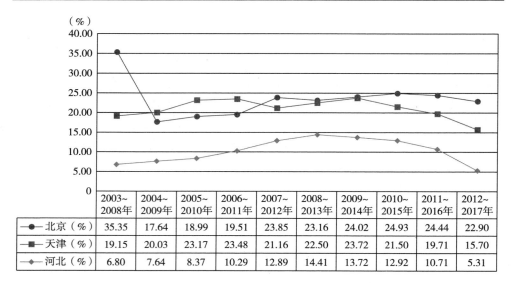

	2003~ 2008年	2004~ 2009年	2005~ 2010年	2006~ 2011年	2007~ 2012年	2008~ 2013年	2009~ 2014年	2010~ 2015年	2011~ 2016年	2012~ 2017年
—●— 北京（%）	35.35	17.64	18.99	19.51	23.85	23.16	24.02	24.93	24.44	22.90
—■— 天津（%）	19.15	20.03	23.17	23.48	21.16	22.50	23.72	21.50	19.71	15.70
—◆— 河北（%）	6.80	7.64	8.37	10.29	12.89	14.41	13.72	12.92	10.71	5.31

图 5 - 37　京津冀劳动贡献率

表 5 - 60　京津冀劳动资本贡献率对比　　　　　　　　　单位:%

年份	北京—天津	天津—河北	北京—河北
2003 ~ 2008	16. 21	12. 35	28. 55
2004 ~ 2009	- 2. 39	12. 39	10. 00
2005 ~ 2010	- 4. 18	14. 81	10. 63
2006 ~ 2011	- 3. 97	13. 19	9. 22
2007 ~ 2012	2. 69	8. 27	10. 96
2008 ~ 2013	0. 66	8. 09	8. 75
2009 ~ 2014	0. 29	10. 00	10. 29
2010 ~ 2015	3. 42	8. 58	12. 01
2011 ~ 2016	4. 72	9. 01	13. 73
2012 ~ 2017	7. 19	10. 40	17. 59

资料来源: 由本书课题组测算完成。

四、无形资产存量

2008 ~ 2017 年京津冀无形资产存量增长率如图 5 - 38 所示。由图 5 - 38 可知，2008 ~ 2017 年，京津冀无形资产存量增长速度大致经历了加快和减缓的过程，2012 年左右京津冀无形资产存量增长率由增长转向下降。2008 ~ 2016 年天津无形资产存量增长速度在京津冀中最快，2013 年、2015 年河北无形资产存量增长速度超过北京。

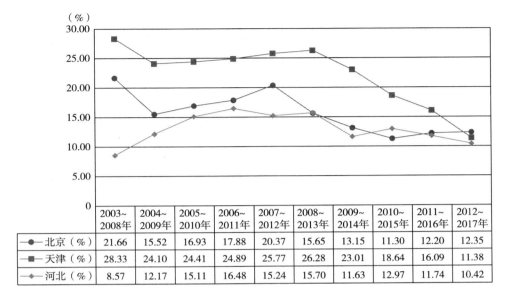

	2003~ 2008年	2004~ 2009年	2005~ 2010年	2006~ 2011年	2007~ 2012年	2008~ 2013年	2009~ 2014年	2010~ 2015年	2011~ 2016年	2012~ 2017年
北京（%）	21.66	15.52	16.93	17.88	20.37	15.65	13.15	11.30	12.20	12.35
天津（%）	28.33	24.10	24.41	24.89	25.77	26.28	23.01	18.64	16.09	11.38
河北（%）	8.57	12.17	15.11	16.48	15.24	15.70	11.63	12.97	11.74	10.42

图 5 – 38　京津冀无形资本存量增长率

2008～2017年京津冀无形资产存量贡献率如图 5 – 39 所示。由图 5 – 39 可知，2008～2017年，京津冀无形资产存量贡献率总体呈上升态势，即无形资产对经济增长的贡献率越来越高。京津冀无形资产贡献率相差较大。2008～2017年北京无形资产存量贡献率比天津高 10% 左右，比河北高 13% 左右；天津比河北

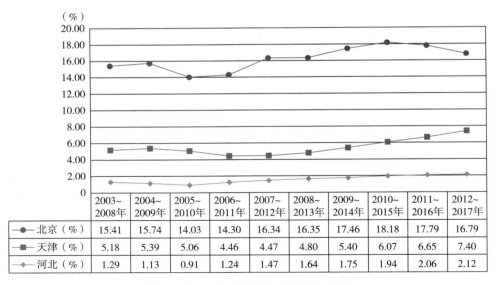

	2003~ 2008年	2004~ 2009年	2005~ 2010年	2006~ 2011年	2007~ 2012年	2008~ 2013年	2009~ 2014年	2010~ 2015年	2011~ 2016年	2012~ 2017年
北京（%）	15.41	15.74	14.03	14.30	16.34	16.35	17.46	18.18	17.79	16.79
天津（%）	5.18	5.39	5.06	4.46	4.47	4.80	5.40	6.07	6.65	7.40
河北（%）	1.29	1.13	0.91	1.24	1.47	1.64	1.75	1.94	2.06	2.12

图 5 – 39　京津冀无形资本存量贡献率

高 3% 左右，且天津与河北的无形资产存量贡献率差距有增大趋势。主要原因是天津、河北无形资产存量规模较小，与物质资产存量的比值较大，因此按比值分配的弹性系数较小，最终导致天津、河北无形资产贡献率较小。

表 5 -61　京津冀无形资本贡献率对比　　　　　单位:%

年份	北京—天津	天津—河北	北京—河北
2003 ~ 2008	10. 23	1. 53	11. 76
2004 ~ 2009	10. 35	2. 16	12. 51
2005 ~ 2010	8. 97	2. 53	11. 50
2006 ~ 2011	9. 84	2. 27	12. 11
2007 ~ 2012	11. 87	2. 34	14. 21
2008 ~ 2013	11. 56	2. 76	14. 32
2009 ~ 2014	12. 06	3. 26	15. 33
2010 ~ 2015	12. 11	3. 79	15. 91
2011 ~ 2016	11. 14	4. 25	15. 40
2012 ~ 2017	9. 39	5. 04	14. 43

资料来源：由本书课题组测算完成。

五、弹性系数

2008 ~ 2017 年京津冀劳动弹性系数如图 5 - 40 所示，此处以劳动弹性系数（β）为例。由图 5 - 40 可知，2008 ~ 2017 年京津冀劳动弹性系数均呈上升趋势，其中北京劳动弹性系数高于天津、河北，说明京津冀增加相同数量的劳动投入，

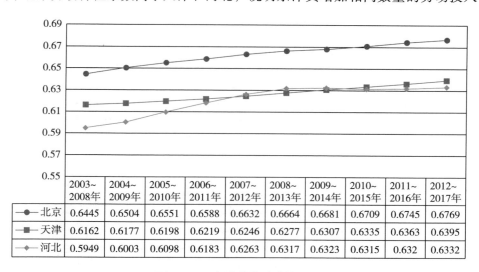

	2003~2008年	2004~2009年	2005~2010年	2006~2011年	2007~2012年	2008~2013年	2009~2014年	2010~2015年	2011~2016年	2012~2017年
北京	0.6445	0.6504	0.6551	0.6588	0.6632	0.6664	0.6681	0.6709	0.6745	0.6769
天津	0.6162	0.6177	0.6198	0.6219	0.6246	0.6277	0.6307	0.6335	0.6363	0.6395
河北	0.5949	0.6003	0.6098	0.6183	0.6263	0.6317	0.6323	0.6315	0.632	0.6332

图 5 - 40　京津冀劳动弹性系数

北京能够获得更高的产出，主要是由于北京劳动力素质水平更高。除此之外，河北劳动弹性系数增长速度快于北京、天津，平均每年增长 0.0038，说明河北劳动力素质水平有明显提升。

2008 ~ 2017 年京津冀无形资产弹性系数如图 5 - 41 所示。由图 5 - 41 可知，2008 ~ 2017 年北京无形资产弹性系数要远高于天津、河北，且北京无形资产弹性系数的增长速度要快于天津、河北。

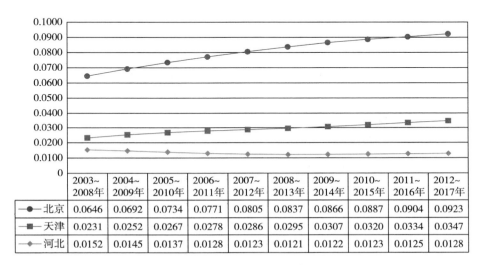

	2003~2008年	2004~2009年	2005~2010年	2006~2011年	2007~2012年	2008~2013年	2009~2014年	2010~2015年	2011~2016年	2012~2017年
北京	0.0646	0.0692	0.0734	0.0771	0.0805	0.0837	0.0866	0.0887	0.0904	0.0923
天津	0.0231	0.0252	0.0267	0.0278	0.0286	0.0295	0.0307	0.0320	0.0334	0.0347
河北	0.0152	0.0145	0.0137	0.0128	0.0123	0.0121	0.0122	0.0123	0.0125	0.0128

图 5 - 41　京津冀无形资产弹性系数

第六节　京津冀区域科技协同发展分析

科技进步贡献率属于一个相对量指标，易受资本贡献率和劳动贡献率的影响，若仅从科技进步贡献角度说明一个地区科技进步情况，不免有些局限。本节对京津冀区域科技活动产出指标进行描述，以期从多个角度研究京津冀区域科技创新情况。

一、京津冀科技活动产出情况

1. 规模以上工业企业科技产出

如图 5 - 42 和图 5 - 43 所示，2018 年京津冀规模以上工业企业新产品销售收入分别为 41366175.3 万元、38556643 万元、52288698 万元，相比于 2017 年，北京、河北新产品销售收入有所增长，增长率为 0.82%、18.84%，河北增长速度较快。2017 年，天津规模以上工业企业新产品销售收入相比于 2016 年下降 27.43%。北京、天津规上工业企业新产品销售收入下降可能和产业结构调整有关，京津第二产业占比逐年下降，河北承接来自北京、天津的工业企业。京津冀规模以上工业企业科技产出差距逐渐缩小，协同效应明显。

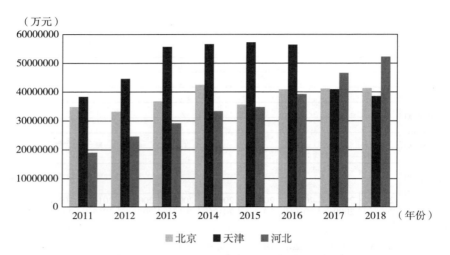

图 5 - 42　2011 ~ 2018 年京津冀规上工业企业新产品销售收入

资料来源：根据 2012 ~ 2018 年《中国统计年鉴》《中国科技统计年鉴》整理。

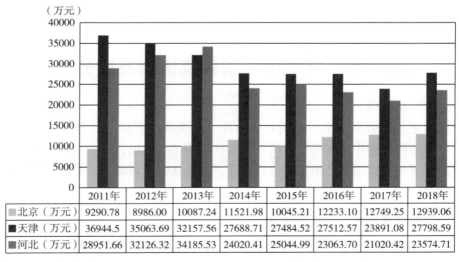

	2011年	2012年	2013年	2014年	2015年	2016年	2017年	2018年
北京（万元）	9290.78	8986.00	10087.24	11521.98	10045.21	12233.10	12749.25	12939.06
天津（万元）	36944.5	35063.69	32157.56	27688.71	27484.52	27512.57	23891.08	27798.59
河北（万元）	28951.66	32126.32	34185.53	24020.41	25044.99	23063.70	21020.42	23574.71

图 5 - 43　2011 ~ 2018 年京津冀规上工业企业平均新产品销售收入

资料来源：根据 2012 ~ 2018 年《中国统计年鉴》《中国科技统计年鉴》整理。

2. R&D 机构产出

如图 5 - 44 和图 5 - 45 所示，2018 年京津冀 R&D 机构发表科技论文数量分别为 58671 篇、2907 篇、2454 篇，相比于 2017 年分别增加 1.20%、1.75%、- 11.18%，相比于 2011 年分别增加 12185 篇、318 篇、- 307 篇，年均增长率为 3.38%、

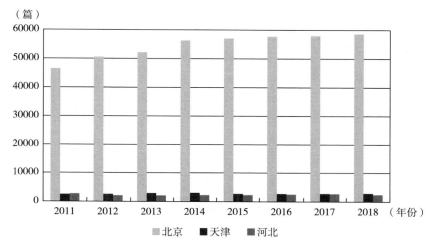

图 5 - 44　2011 ~ 2018 年京津冀 R&D 机构发表科技论文数量

资料来源：根据 2012 ~ 2018 年《中国科技统计年鉴》整理。

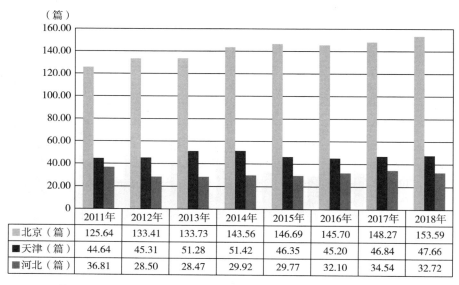

	2011年	2012年	2013年	2014年	2015年	2016年	2017年	2018年
北京（篇）	125.64	133.41	133.73	143.56	146.69	145.70	148.27	153.59
天津（篇）	44.64	45.31	51.28	51.42	46.35	45.20	46.84	47.66
河北（篇）	36.81	28.50	28.47	29.92	29.77	32.10	34.54	32.72

图 5 - 45　2011 ~ 2018 年京津冀 R&D 机构平均发表科技论文数量

资料来源：根据 2012 ~ 2018 年《中国科技统计年鉴》整理。

1.67%、−1.67%。北京 R&D 机构发表科技论文数量最多，年均增长最快，其次是天津，河北 R&D 机构发表科技论文数量最少。在 R&D 机构发表科技论文数量上，北京与天津、河北之间差距较大，协同效应较弱。

如图 5-46 和图 5-47 所示，2018 年京津冀 R&D 机构专利申请数量分别为 15991 件、1594 件、1062 件，相比于 2017 年分别增加 10.77%、−0.62%、

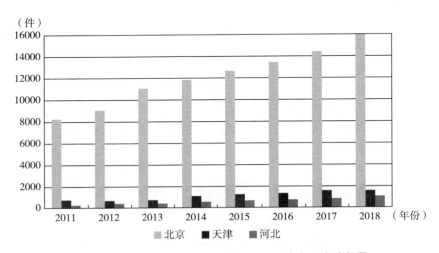

图 5-46 2011~2018 年京津冀 R&D 机构专利申请数量

资料来源：根据 2012~2018 年《中国科技统计年鉴》整理。

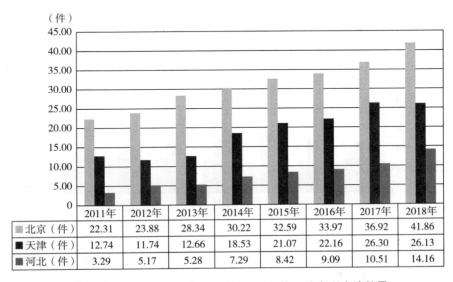

	2011年	2012年	2013年	2014年	2015年	2016年	2017年	2018年
北京（件）	22.31	23.88	28.34	30.22	32.59	33.97	36.92	41.86
天津（件）	12.74	11.74	12.66	18.53	21.07	22.16	26.30	26.13
河北（件）	3.29	5.17	5.28	7.29	8.42	9.09	10.51	14.16

图 5-47 2011~2018 年京津冀 R&D 机构平均专利申请数量

资料来源：根据 2012~2018 年《中国科技统计年鉴》整理。

26.28%，相比于 2011 年分别增加 7735 件、855 件、815 件，年均增长率为 9.90%、11.61%、23.17%。北京 R&D 机构专利申请数量最多，河北 R&D 机构专利申请数量年均增长最快。在 R&D 机构专利申请数量上，北京与天津、河北之间差距极大，主要是由于北京集聚的 R&D 机构数量较多。从 R&D 机构平均专利申请数量上看，京津冀差距拉大，协同效应不明显。

3. 高等学校科技产出

如图 5－48 和图 5－49 所示，2018 年京津冀高等学校发表科技论文数量分别为 129562 篇、35322 篇、34470 篇，相比于 2017 年北京、天津分别增加 1.52%、

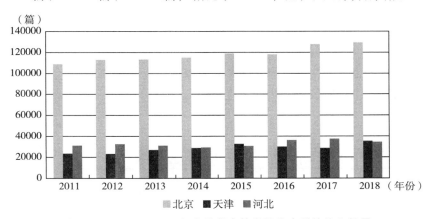

图 5－48　2011～2018 年京津冀高等学校发表科技论文数量

资料来源：根据 2012～2018 年《中国科技统计年鉴》整理。

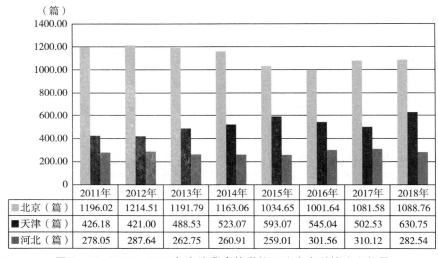

	2011年	2012年	2013年	2014年	2015年	2016年	2017年	2018年
北京（篇）	1196.02	1214.51	1191.79	1163.06	1034.65	1001.64	1081.58	1088.76
天津（篇）	426.18	421.00	488.53	523.07	593.07	545.04	502.53	630.75
河北（篇）	278.05	287.64	262.75	260.91	259.01	301.56	310.12	282.54

图 5－49　2012～2018 年京津冀高等学校平均发表科技论文数量

资料来源：根据 2012～2018 年《中国科技统计年鉴》整理。

23.31%，河北高等学校发表科技论文数量有所下降，减少8.14%。2018年京津冀高等学校发表科技论文数量相比于2011年分别增加20724篇、11882篇、3328篇，年均增长率为2.52%、6.03%、1.46%。北京高等学校发表科技论文数量最多，天津高等学校发表科技论文数量年均增长最快。北京高等学校数量占绝对优势，天津、河北高等学校数量较少，科技产出相对较少。从三地高等学校平均发表科技论文数量上看，天津与北京之间差距减小，存在协同效应，河北与北京、天津之间差距无明显缩小，协同效应不明显。

如图5-50和图5-51所示，2018年京津冀高等学校专利申请数量分别为17479件、10012件、5761件，相比于2017年分别增加14.47%、27.10%、7.32%，相比于2011年分别增加8066件、6907件、4605件，年均增长率为9.24%、18.21%、25.79%。北京高等学校专利申请数量最多，河北高等学校专利申请数量年均增长最快。京津之间差距不断减小，协同效应明显，但河北与北京、天津之间差距仍然较大，协同效应不明显。

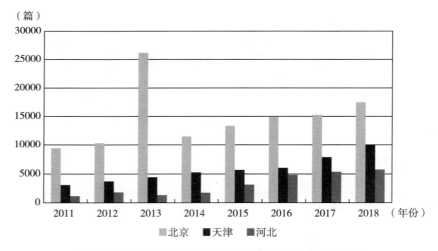

图5-50 2011~2018年京津冀高等学校专利申请数量

资料来源：根据2012~2018年《中国科技统计年鉴》整理。

4. 高技术产业科技产出

如图5-52和图5-53所示，2018年京津冀高技术产业新产品销售收入分别为20280792.9万元、10844171.4万元、5261734万元，相比于2017年北京、河北分别增加15.44%、8.76%，天津高技术产业新产品销售收入有所下降，减少10.38%。2018年京津冀高技术产业新产品销售收入相比于2011年分别增加5385039.8万元、2893220.1万元、4447926.8万元，年均增长率为4.51%、4.53%、30.56%。北京高技术产业新产品销售收入最多，河北高技术产业新产

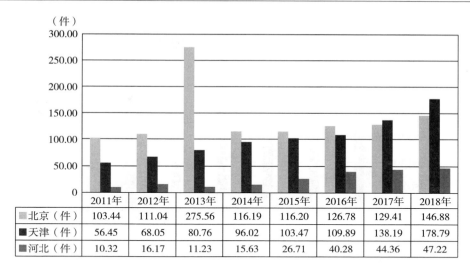

	2011年	2012年	2013年	2014年	2015年	2016年	2017年	2018年
北京（件）	103.44	111.04	275.56	116.19	116.20	126.78	129.41	146.88
天津（件）	56.45	68.05	80.76	96.02	103.47	109.89	138.19	178.79
河北（件）	10.32	16.17	11.23	15.63	26.71	40.28	44.36	47.22

图 5 - 51　2011 ~ 2018 年京津冀高等学校平均专利申请数量

资料来源：根据 2012 ~ 2018 年《中国科技统计年鉴》整理。

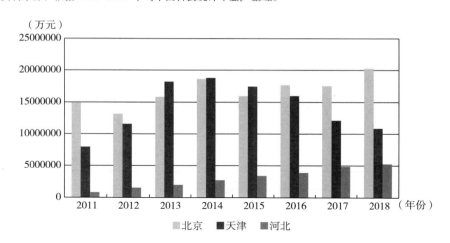

图 5 - 52　2011 ~ 2018 年京津冀高技术产业新产品销售收入

资料来源：根据 2012 ~ 2018 年《中国统计年鉴》《中国科技统计年鉴》整理。

品销售收入年均增长最快。近四年，河北高技术产业新产品销售收入增长速度高于北京、天津。高技术产业新产品销售差距不断减小，协同效应明显，但河北与北京、天津之间差距仍然较大，协同效应不明显。

如图 5 - 54 和图 5 - 55 所示，2018 年京津冀高技术产业专利申请数分别为 7796 件、2459 件、1633 件，相比于 2017 年北京增加 8.47%，天津、河北高技术产业专利申请数有所下降，分别减少 16.02%、9.53%。2018 年京津冀高技术

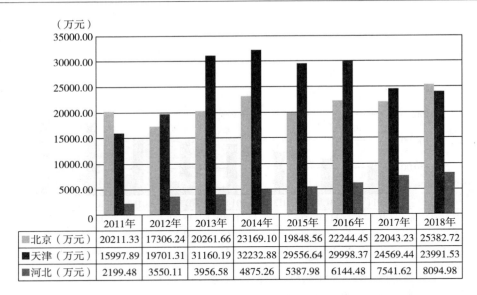

图 5 – 53　2011～2018 年京津冀高技术产业平均新产品销售收入

资料来源：根据 2012～2018 年《中国统计年鉴》《中国科技统计年鉴》整理。

	2011年	2012年	2013年	2014年	2015年	2016年	2017年	2018年
北京（万元）	20211.33	17306.24	20261.66	23169.10	19848.56	22244.45	22043.23	25382.72
天津（万元）	15997.89	19701.31	31160.19	32232.88	29556.64	29998.37	24569.44	23991.53
河北（万元）	2199.48	3550.11	3956.58	4875.26	5387.98	6144.48	7541.62	8094.98

产业专利申请数相比于 2011 年分别增加 4229 件、464 件、1324 件，年均增长率为 11.74%、2.18%、17.98%。北京高技术产业专利申请数最多，河北高技术产业专利申请数年均增长最快。京津冀高技术产业协同效应不明显。

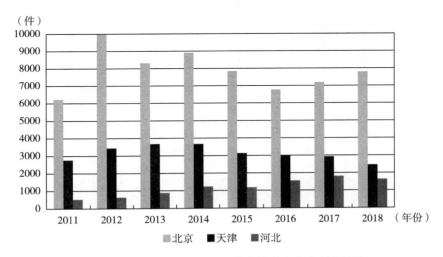

图 5 – 54　2011～2018 年京津冀高技术产业专利申请数

资料来源：根据 2012～2018 年《中国科技统计年鉴》整理。

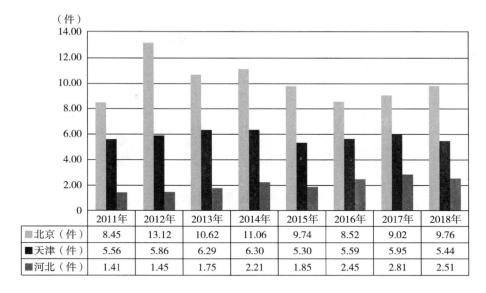

	2011年	2012年	2013年	2014年	2015年	2016年	2017年	2018年
■北京（件）	8.45	13.12	10.62	11.06	9.74	8.52	9.02	9.76
■天津（件）	5.56	5.86	6.29	6.30	5.30	5.59	5.95	5.44
□河北（件）	1.41	1.45	1.75	2.21	1.85	2.45	2.81	2.51

图 5 – 55　2012 ~ 2018 年京津冀高技术产业平均专利申请数

资料来源：根据 2012 ~ 2018 年《中国科技统计年鉴》整理。

二、阻碍京津冀区域科技协同发展的原因分析

相比于长三角和珠三角，京津冀区域整体协同发展水平较低，京津冀区域科技协同发展差距尤为明显，尚未形成区域整体协同效应，原因有多方面。

1. 经济发展差距

一个地区的经济发展水平与其科技发展水平紧密相关，经济发展是促进科技发展的必要条件。京津冀协同发展战略尚未出台时，北京、天津凭借其特有的地位和资源优势，吸引周边地区要素资源流入，河北受到的"虹吸效应"尤为明显，造成京津冀三地经济发展水平存在较大差距，阻碍了京津冀区域科技协同发展。据统计，2018 年北京人均地区生产总值为 140211 元，天津人均地区生产总值为 120711 元，而同期，河北人均地区生产总值仅为 47772 元，全国人均地区生产总值为 64644 元，河北经济发展水平明显落后于北京、天津（见图 5 – 56）。经济差距决定了京津冀区域内产业结构与布局，人才集聚和流动，教育、卫生、医疗等公共服务资源以及对外经济贸易活动等要素资源在区域内的分布差异，同时产业结构、人才要素、公共服务资源、对外经济贸易活动等要素资源在区域内的分布不均又进一步拉大了京津冀三地经济差距。京津冀区域科技协同发展道路上的主要障碍就是京津冀三地经济发展差距。

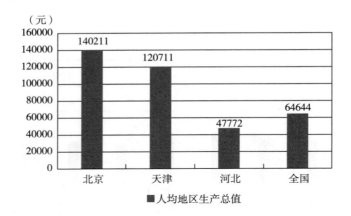

图 5 - 56 2018 年京津冀经济发展差距

资料来源：根据 2012 ~ 2018 年《中国统计年鉴》整理。

2. 产业结构差异

京津冀区域内部产业结构差异悬殊，造成京津冀区域产业相互独立，产业协同效应尚未形成。据统计，2018 年北京三次产业占比分别为第一产业 0.4%，第二产业 18.6%，第三产业 81.0%；2018 年天津三次产业占比分别为第一产业 0.9%，第二产业 40.5%，第三产业 58.6%；2018 年河北三次产业占比分别为第一产业 9.3%，第二产业 44.5%，第三产业 46.2%（见图 5 - 57）。按照行业划分，2018 年北京产值前五名的行业是：金融业，工业，信息传输、软件和信息技术服务业，科学研究和技术服务业，批发和零售业，其中工业产值中 92.19% 来自规模以上战略新兴产业，如新一代信息技术产业、生物产业、装备制造业等；2018 年天津产值前五名的行业是：工业，批发和零售业，金融业，科学研究、技术服务业，租赁与商务服务业，其中工业战略性新兴产业增加值占规模以上工业比重为 23.5%，高技术产业（制造业）增加值占规模以上工业比重为 13.3%；2017 年河北产值前五名的行业是：制造业，农林牧渔业，批发和零售业，交通运输、仓储和邮政业，建筑业。由此可见，北京、天津与河北之间的产业结构差异较大，尚未形成产业上下游关系，产业关联性较弱，必要的产业互动较少，区域产业协同效应不明显。区域产业结构的不均衡影响科技资源分布的不均衡，包括科技人才和科技创新投入等，进而影响区域科技协同效果。

3. 科技发展水平差距

京津冀科技发展水平差距是阻碍京津冀区域科技协同发展的重要原因。科技发展水平主要体现在科技活动场所数量分布、科技人员数量分布和集聚以及科技投入水平和集聚等方面。

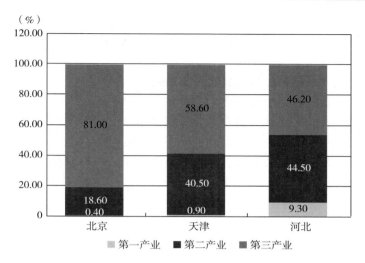

图 5 - 57　2018 年京津冀产业结构

资料来源：根据 2012～2018 年《中国统计年鉴》整理。

（1）京津冀科技活动场所数量分布。如图 5 - 58 所示，从京津冀科技活动场所数量分布来看，2018 年河北规模以上工业企业（有研发活动）数量、高等学校数量多于北京、天津，而 R&D 机构数量比北京、天津少。

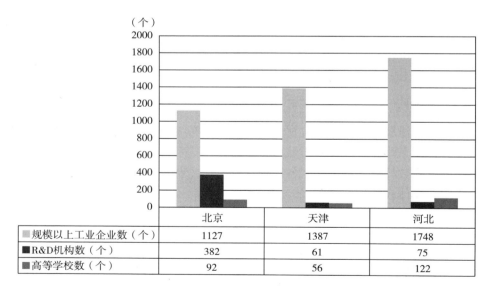

图 5 - 58　2018 年京津冀科技活动场所数量分布

资料来源：根据 2012～2018 年《中国统计年鉴》《中国科技统计年鉴》整理。

（2）科技人员数量分布和集聚。如图 5 - 59 所示，2018 年京津冀 R&D 人员全时当量分别为 267338 人·年、99490 人·年、103275 人·年，相比 2017 年京津冀科技人员投入均有所下降，分别下降 0.93%、3.49%、8.76%。2018 年，北京科技人力投入量最多，河北其次，天津最少，北京科技人力投入量分别为天津的 2.69 倍、河北的 2.59 倍。京津冀科技人员数量分布不均衡，地区间差距较大。2018 年京津冀 R&D 人员全时当量较 2001 年提升 172083 人·年、75597 人·年、75053 人·年，增长率为 180.66%、316.40%、265.94%，年均增长率分别为 6.26%、8.75%、7.93%，三地科技人力投入有显著提升，其中天津年均增长最快。

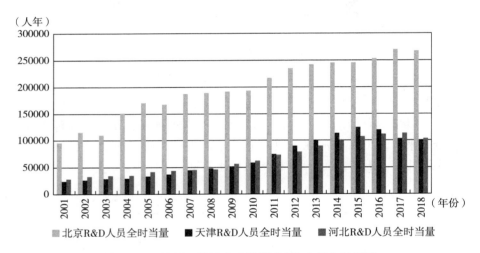

图 5 - 59　2001～2018 年京津冀 R&D 人员全时当量

资料来源：根据 2012～2018 年《中国统计年鉴》《中国科技统计年鉴》整理。

为探究京津冀区域城市群科技人员的空间分布情况，考虑到数据的准确性和可得性，使用京津冀区域各城市从事科学研究、技术服务与地质勘查业从业人数与城市就业人数计算。本书根据各地统计年鉴和政府发布的统计公报信息，调整统计年限，具体表达如式（5 - 29）所示。

$$RDLQ_i = \frac{RDL_i / L_i}{\sum\limits_{i=1}^{n} RDL_i \bigg/ \sum\limits_{i=1}^{n} L_i} \qquad (5-29)$$

其中，$RDLQ_i$ 表示 i 地区科技人员集聚水平，RDL_i 表示 i 地区科学研究、技术服务与地质勘查业从业人员数量，在本书中指京津冀地区各城市，L_i 表示 i 地区所有行业从业人数，$\sum\limits_{i=1}^{n} RDL_i$ 表示所有地区科学研究、技术服务与地质勘查业从业人员数量（见表 5 – 62），$\sum_{i=1}^{n} L_i$ 表示所有地区所有行业从业人数。表 5 – 63 显示了 2012～2017 年京津冀科技人员区位熵。结果显示，京津冀科技要素主要集聚在北京、保定，其次是天津、廊坊、石家庄、沧州，而且仅北京科技人员区位熵超过 1，其他城市则集聚度较低，京津冀区域科技人员数量分布差距较明显。2012～2017 年，北京、石家庄等地科技人员区位熵有所下降，天津、保定等地科技人员区位熵有所上升，说明以往集聚在北京、石家庄等地的研发人员向周边流动，京津冀区域科技人员数量差距逐渐缩小，协同效应呈增强态势。

表 5 – 62　2012～2017 年京津冀城市群科技人员数量　　　　单位：人

城市	2012 年	2013 年	2014 年	2015 年	2016 年	2017 年
北京	540500	596500	597980	593471	689751	712481
天津	82700	107500	106900	113175	114870	119441
石家庄	29700	32000	36929	39047	39039	35730
唐山	5500	8300	7674	8184	8205	5619
秦皇岛	5100	5800	5881	5802	5689	4449
邯郸	10200	10600	10894	10941	11346	9377
邢台	4700	4800	5524	5383	5419	4453
保定	35000	44500	44331	44843	42053	41341
张家口	5500	7000	7808	8343	8079	5877
承德	3700	5900	6473	6181	5822	4872
沧州	5900	5000	4827	4079	21826	19527
廊坊	17700	12300	11432	12136	12923	7713
衡水	2400	2900	2975	2853	2852	2150

资料来源：根据 2013～2018 年《中国城市统计年鉴》整理。

表 5 – 63　2012～2017 年京津冀城市群科技人员区位熵

城市	2012 年	2013 年	2014 年	2015 年	2016 年	2017 年
北京	1.64	1.60	1.57	1.53	1.54	1.50
天津	0.65	0.77	0.83	0.77	0.71	0.76
石家庄	0.70	0.67	0.71	0.78	0.69	0.67
唐山	0.12	0.17	0.16	0.18	0.16	0.13
秦皇岛	0.32	0.33	0.34	0.35	0.31	0.26
邯郸	0.34	0.26	0.26	0.28	0.26	0.27
邢台	0.22	0.20	0.23	0.24	0.21	0.22

续表

城市	2012 年	2013 年	2014 年	2015 年	2016 年	2017 年
保定	0.74	0.87	0.81	0.90	0.74	0.95
张家口	0.29	0.35	0.40	0.44	0.39	0.32
承德	0.30	0.38	0.42	0.41	0.35	0.31
沧州	0.24	0.19	0.18	0.16	0.74	0.77
廊坊	0.89	0.55	0.49	0.55	0.50	0.14
衡水	0.18	0.19	0.20	0.19	0.18	0.16

资料来源：根据 2013～2018 年《中国城市统计年鉴》测算完成。

（3）科技投入水平和集聚。如图 5-60 所示，2018 年京津冀 R&D 经费内部支出分别为 18707701 万元、4923997 万元、4997415 万元，相比 2017 年增长率分别为 18.43%、7.34%、10.55%，由此可见，北京 R&D 经费内部支出最多，较 2017 年增长最快。2017 年，北京 R&D 经费内部支出分别为天津的 3.80 倍、河北的 3.74 倍。2018 年京津冀 R&D 经费内部支出较 2001 年提升 16996005 万元、4672444 万元、4739911 万元，增长率为 992.93%、1857.44%、1840.71%，年均增长率分别为 15.10%、19.12%、19.06%，三地 R&D 经费内部支出有显著提升，其中天津年均增长最快。结合图 5-61，2006～2018 年京津冀地区中北京 R&D 经费投入占北京地区生产总值比值最高，R&D 经费投入强度最高，其次是天津，京津 R&D 经费投入强度高于全国平均水平，河北 R&D 经费投入强度低于全国平均水平。

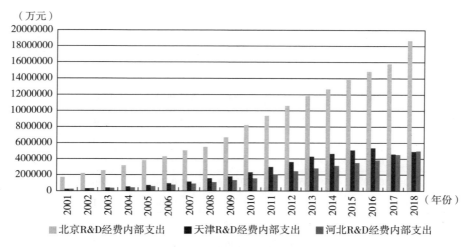

图 5-60　2001～2018 年京津冀 R&D 经费内部支出

资料来源：根据 2012～2018 年《中国统计年鉴》《中国科技统计年鉴》整理。

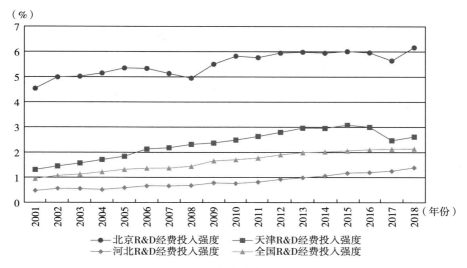

图5-61 2001~2018年京津冀R&D经费投入强度

资料来源：根据2012~2018年《中国统计年鉴》《中国科技统计年鉴》整理。

为探究京津冀区域城市群科技投入要素的空间分布情况，考虑到数据的准确性和可得性，本书根据各地统计年鉴和政府发布的统计公报信息，调整统计年限。研发支出占地区生产总值的比例是衡量一个地区研发投入的关键指标，因此本节使用其计算研发投入在京津冀的集聚水平，具体表达如式（5-30）所示。

$$RDKQ_i = \frac{RDK_i / GDP_i}{\sum_{i=1}^{n} RDK_i / \sum_{i=1}^{n} GDP_i} \qquad (5-30)$$

其中，$RDKQ_i$表示i地区研发支出集聚水平，RDK_i表示i地区研发支出，在本书中指京津冀地区各城市，GDP_i表示i地区生产总值，$\sum_{i=1}^{n} RDK_i$表示所有地区研发支出（见表5-64），$\sum_{i=1}^{n} GDP_i$表示所有地区的生产总值，由此计算京津冀地区研发支出集聚区位熵。资料来源于《北京统计年鉴》《天津统计年鉴》《河北经济年鉴》《中国城市统计年鉴》《中国科技统计年鉴》。表5-65显示了2012~2017年京津冀城市群研发支出区位熵。结果显示，京津冀研发支出主要集聚在北京、天津、保定，其次是石家庄，而且仅北京研发支出区位熵超过1，其他城市则集聚度较低，京津冀区域科技投入分布差距明显。2012~2017年，北京、天津研发支出区位熵有所下降，石家庄、保定、廊坊等地研发支出区位熵有所上升，说明京津冀区域研发支出差距缩小，研发投入过度集中的情况有所缓解。

表 5 – 64　2012 ~ 2017 年京津冀城市群 R&D 经费内部支出　单位：亿元

城市	2012 年	2013 年	2014 年	2015 年	2016 年	2017 年
北京	1063.36	1185.05	1268.80	1384.02	1484.58	1579.65
天津	360.49	428.09	464.69	510.18	537.32	458.72
石家庄	63.80	72.90	83.40	99.30	107.50	128.30
唐山	58.20	67.60	72.40	69.10	68.70	82.20
秦皇岛	15.00	12.20	13.40	13.50	15.40	17.80
邯郸	24.50	23.70	27.20	34.30	32.60	35.50
邢台	9.70	11.20	12.40	15.40	19.50	22.10
保定	41.20	50.90	52.30	59.40	66.20	75.30
张家口	6.10	8.20	8.80	6.90	5.50	6.30
承德	6.40	6.80	8.00	7.10	7.80	9.20
沧州	7.70	10.90	12.60	16.00	18.10	23.20
廊坊	8.40	10.90	14.30	20.10	28.50	40.70
衡水	4.10	6.50	8.30	9.60	10.50	11.40

资料来源：根据 2013 ~ 2018 年《中国科技统计年鉴》《河北省科技经费投入统计公报》整理。

表 5 – 65　2012 ~ 2017 年京津冀城市群研发支出区位熵

城市	2012 年	2013 年	2014 年	2015 年	2016 年	2017 年
北京	1.39	1.33	1.29	1.23	1.23	1.19
天津	0.66	0.66	0.65	0.64	0.64	0.52
石家庄	0.34	0.34	0.36	0.38	0.38	0.44
唐山	0.24	0.25	0.26	0.24	0.23	0.27
秦皇岛	0.32	0.24	0.25	0.23	0.24	0.25
邯郸	0.19	0.18	0.20	0.23	0.21	0.22
邢台	0.15	0.16	0.17	0.18	0.21	0.22
保定	0.36	0.40	0.38	0.42	0.40	0.46
张家口	0.12	0.12	0.14	0.11	0.08	0.09
承德	0.12	0.12	0.13	0.11	0.11	0.13
沧州	0.07	0.08	0.09	0.10	0.11	0.13
廊坊	0.11	0.12	0.15	0.17	0.22	0.30
衡水	0.10	0.14	0.16	0.17	0.16	0.16

资料来源：根据 2013 ~ 2018 年《中国科技统计年鉴》《河北省科技经费投入统计公报》测算完成。

4. 对外开放程度

外商直接投资（Foreign Direct Investment，FDI）作为国际要素流动的重要载体和连接国内外市场的重要纽带，对我国技术创新产生了重要影响。如图 5－62 所示，2017 年京津冀外商直接投资分别为 2433000 万美元、1060800 万美元、848951 万美元，相比 2016 年，增长率分别为 86.72%、5.03%、15.44%。2017 年京津冀外商直接投资较 2001 年提升 2256000 万美元、847452 万美元、773290 万美元，增长率为 1275%、397%、1022%，年均增长率分别为 15.67%、9.32%、14.38%，北京外商直接投资增长速度最快。2007～2015 年天津外商直接投资总量在京津冀中最多，增长速度最快，达到 18.94%，2016 年天津外商直接投资较 2015 年下降 52.21%。

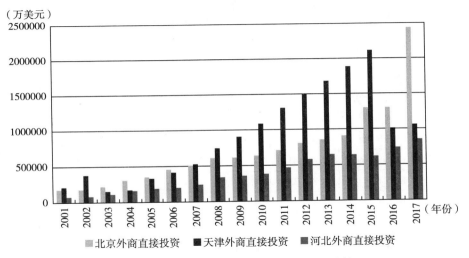

图 5－62　2001～2017 年京津冀外商直接投资情况

资料来源：根据 2012～2018 年《中国统计年鉴》整理。

探究外商直接投资在京津冀城市群的空间集聚水平，使用京津冀区域各城市外商直接投资与地区生产总值计算，具体表达式如式（5－31）所示。

$$FDIQ_i = \frac{FDI_i / GDP_i}{\sum\limits_{i=1}^{n} FDI_i \Big/ \sum\limits_{i=1}^{n} GDP_i} \qquad (5-31)$$

其中，$FDIQ_i$ 表示 i 地区外商直接投资集聚水平，FDI_i 表示 i 地区外商直接投资，在本书中指京津冀地区各城市，GDP_i 表示 i 地区生产总值，$\sum\limits_{i=1}^{n} FDI_i$ 表示京津冀所有地区外商直接投资（见表 5－66），$\sum\limits_{i=1}^{n} GDP_i$ 表示所有地区生产总值。

由此计算的京津冀地区外商直接投资集聚区位熵如表 5 - 67 所示，结果显示，京津冀外商直接投资主要集聚在北京、天津、秦皇岛，其次是廊坊。

表 5 - 66　2001～2017 年京津冀区域城市群外商直接投资　　　单位：亿元

年份	北京	天津	石家庄	唐山	秦皇岛	邯郸	邢台	保定	张家口	承德	沧州	廊坊	衡水
2001	146.5	176.6	12.6	9.5	6.2	9.6	3.5	5.5	0.3	2.7	1.6	7.9	3.3
2002	148.1	315.0	14.9	10.7	8.5	5.2	3.8	7.4	0.8	4.1	1.4	7.7	3.7
2003	182.1	127.0	18.3	15.0	12.5	5.5	4.5	10.5	1.7	6.0	2.5	10.7	5.2
2004	255.2	142.4	23.8	32.1	16.7	8.8	8.9	12.3	2.4	8.1	6.9	7.1	7.4
2005	289.2	272.7	21.6	37.8	19.4	10.6	11.6	8.6	2.0	9.0	11.8	15.9	8.5
2006	362.9	329.3	27.9	38.2	21.2	12.1	13.0	14.2	2.0	0.4	10.9	15.1	6.0
2007	385.5	401.3	24.9	48.8	25.9	12.6	11.5	13.3	3.6	0.8	11.9	26.4	4.1
2008	422.4	515.3	35.3	58.1	27.9	17.6	13.6	37.1	4.4	3.9	11.2	29.3	3.9
2009	418.1	616.1	38.2	54.2	31.2	22.7	13.9	29.0	5.5	4.6	11.3	31.6	4.7
2010	430.8	734.5	43.1	59.2	33.7	33.3	17.3	32.1	6.8	4.7	15.7	33.2	6.8
2011	455.7	843.4	52.3	69.8	38.7	41.1	23.4	28.0	8.8	3.4	18.7	37.2	9.5
2012	507.5	947.5	55.5	76.6	39.6	49.4	22.5	34.5	15.5	7.6	22.4	33.3	11.4
2013	705.8	1393.4	81.1	111.4	61.1	70.1	34.2	52.4	22.7	2.9	33.7	49.5	16.7
2014	612.1	1277.3	69.1	92.4	41.0	59.6	31.5	41.0	21.5	9.7	22.3	44.6	14.6
2015	809.7	1316.6	71.0	76.8	32.8	49.4	9.1	25.9	19.7	7.2	25.0	41.6	10.3
2016	865.2	670.6	78.4	95.3	43.8	64.4	33.6	42.1	27.4	7.4	27.7	52.0	14.5
2017	1644.7	717.1	87.2	106.8	68.6	72.5	39.2	42.9	27.0	1.8	41.7	65.5	17.1

资料来源：根据 2002～2018 年《中国城市统计年鉴》《河北经济年鉴》整理。

表 5 - 67　2001～2017 年京津冀区域城市群外商直接投资区位熵

年份	北京	天津	石家庄	唐山	秦皇岛	邯郸	邢台	保定	张家口	承德	沧州	廊坊	衡水
2001	1.27	2.49	0.20	0.32	0.73	0.42	0.21	0.41	0.55	0.32	0.06	0.47	0.41
2002	1.15	2.72	0.36	0.28	0.64	0.48	0.25	0.22	0.03	0.46	0.09	0.56	0.32
2003	0.81	3.54	0.32	0.24	0.61	0.19	0.21	0.22	0.07	0.52	0.07	0.40	0.26
2004	1.33	1.84	0.52	0.43	1.20	0.27	0.32	0.24	0.21	1.00	0.15	0.75	0.49
2005	1.40	1.54	0.52	0.67	1.25	0.32	0.47	0.38	0.23	0.96	0.30	0.44	0.53
2006	1.18	2.04	0.38	0.54	1.25	0.28	0.51	0.24	0.13	0.75	0.33	0.76	0.49
2007	1.24	2.07	0.42	0.47	1.13	0.25	0.48	0.35	0.11	0.02	0.26	0.60	0.32
2008	1.14	2.25	0.33	0.52	1.19	0.23	0.38	0.30	0.18	0.04	0.26	0.89	0.23
2009	1.08	2.21	0.38	0.48	1.07	0.27	0.41	0.71	0.17	0.15	0.20	0.81	0.19

续表

年份	北京	天津	石家庄	唐山	秦皇岛	邯郸	邢台	保定	张家口	承德	沧州	廊坊	衡水
2010	0.99	2.37	0.37	0.42	1.14	0.33	0.39	0.49	0.20	0.18	0.18	0.81	0.21
2011	0.91	2.43	0.39	0.40	1.10	0.43	0.43	0.48	0.21	0.16	0.22	0.75	0.27
2012	0.88	2.34	0.40	0.40	1.14	0.46	0.51	0.36	0.25	1.02	0.23	0.72	0.32
2013	0.88	2.28	0.38	0.41	1.08	0.51	0.45	0.39	0.39	1.29	0.25	0.58	0.35
2014	0.83	2.26	0.39	0.43	1.22	0.54	0.51	0.42	0.41	0.25	0.26	0.58	0.36
2015	0.81	2.28	0.37	0.42	0.96	0.54	0.54	0.38	0.45	0.80	0.20	0.57	0.36
2016	0.95	2.22	0.36	0.35	0.73	0.44	0.14	0.24	0.40	0.56	0.21	0.47	0.23
2017	1.32	1.47	0.52	0.59	1.27	0.75	0.68	0.53	0.73	0.07	0.31	0.75	0.40

资料来源：根据 2002～2018 年《中国城市统计年鉴》《河北经济年鉴》测算完成。

探究外商投资企业就业在京津冀区域城市群的空间集聚水平，使用京津冀区域各城市外商投资企业就业人数与地区就业人数计算，具体表达式如式（5-32）所示。

$$FDILQ_i = \frac{FDIL_i/L_i}{\sum_{i=1}^{n} FDIL_i \Big/ \sum_{i=1}^{n} L_i} \tag{5-32}$$

其中，$FDILQ_i$ 表示 i 地区外企就业集聚水平，本书将外商投资企业就业人员数量作为外商直接投资的代理变量，$FDIL_i$ 表示 i 地区外商直接投资，在本书中指京津冀地区各城市，L_i 表示 i 地区就业人员的数量，$\sum_{i=1}^{n} FDIL_i$ 表示京津冀所有地区外商直接投资，$\sum_{i=1}^{n} L_i$ 表示所有地区的就业人数。外商投资企业就业人员数据如表 5-68 所示，根据省级外商投资企业就业人员和各城市外商投资企业数量，估算京津冀地区外商直接投资集聚区位熵（见表 5-69），结果显示，京津冀外商直接投资主要集聚在北京、天津、秦皇岛，而且仅京津两地外商直接投资区位熵超过 1，其他城市则集聚度较低。

表 5-68　2001～2017 年京津冀地区外商投资企业就业人员　　单位：人

年份	北京	天津	河北
2001	256746	269866	74639
2002	291855	296777	90171
2003	314762	341597	100304
2004	450400	368076	114712
2005	495802	412040	121170

年份	北京	天津	河北
2006	573130	437988	139966
2007	692890	448487	150107
2008	727337	437886	159420
2009	712323	412768	165208
2010	748518	469624	220634
2011	900766	597981	259311
2012	927230	594855	288034
2013	907745	606090	293909
2014	898452	564765	296092
2015	835783	510145	242080
2016	816267	483150	228745
2017	796694	448129	283024

资料来源：根据 2002～2018 年《中国劳动统计年鉴》测算完成。

表 5 - 69　2000～2017 年京津冀地区外商投资企业就业集聚区位熵

年份	北京	天津	石家庄	唐山	秦皇岛	邯郸	邢台	保定	张家口	承德	沧州	廊坊	衡水
2000	3.06	4.00	0.14	0.25	0.44	0.18	0.09	0.14	0.20	0.10	0.03	0.27	0.20
2001	3.00	4.06	0.24	0.22	0.38	0.21	0.10	0.09	0.01	0.14	0.04	0.38	0.15
2002	2.82	3.95	0.28	0.26	0.51	0.12	0.11	0.11	0.03	0.21	0.04	0.37	0.17
2003	2.76	4.13	0.26	0.27	0.55	0.09	0.09	0.12	0.06	0.22	0.05	0.36	0.17
2004	2.77	3.66	0.23	0.37	0.49	0.09	0.12	0.09	0.05	0.19	0.09	0.15	0.16
2005	2.75	3.69	0.17	0.37	0.46	0.09	0.13	0.05	0.03	0.18	0.12	0.28	0.16
2006	2.77	3.46	0.23	0.37	0.51	0.11	0.15	0.09	0.04	0.01	0.11	0.27	0.11
2007	2.99	2.97	0.17	0.40	0.53	0.09	0.11	0.07	0.05	0.01	0.10	0.41	0.06
2008	3.11	2.84	0.20	0.39	0.48	0.08	0.11	0.17	0.05	0.05	0.08	0.37	0.05
2009	3.16	2.70	0.22	0.37	0.56	0.10	0.11	0.14	0.06	0.06	0.09	0.40	0.06
2010	2.90	2.58	0.26	0.42	0.65	0.14	0.15	0.08	0.07	0.12	0.43	0.09	
2011	2.82	2.63	0.26	0.42	0.63	0.20	0.16	0.11	0.09	0.04	0.12	0.39	0.11
2012	2.81	2.49	0.28	0.45	0.61	0.22	0.15	0.14	0.15	0.09	0.14	0.34	0.13
2013	2.75	2.48	0.29	0.46	0.67	0.22	0.16	0.15	0.15	0.02	0.15	0.36	0.13
2014	2.80	2.32	0.32	0.48	0.57	0.25	0.19	0.09	0.19	0.11	0.12	0.42	0.15
2015	2.84	2.30	0.33	0.44	0.46	0.06	0.15	0.17	0.08	0.14	0.40	0.11	
2016	2.83	2.26	0.29	0.43	0.48	0.20	0.17	0.13	0.19	0.07	0.12	0.39	0.12
2017	2.70	2.12	0.34	0.51	0.81	0.24	0.21	0.14	0.20	0.02	0.20	0.52	0.15

资料来源：根据 2002～2018 年《中国劳动统计年鉴》测算完成。

5. 政府支持

政府支持是影响科技进步的重要因素。如图 5 - 63 和图 5 - 64 所示，2017 年京津冀 R&D 内部支出中政府资金分别为 8224113 万元、1043628 万元、679937 万元，相比 2016 年京津冀增长率分别为 2.47%、11.00%、21.92%。由此可见，2009～2017 年，北京政府研发资助金额最大，天津其次，河北最少。2017 年京

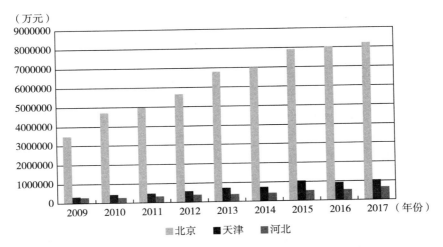

图 5 - 63 2009～2017 年京津冀 R&D 内部支出中政府资金

资料来源：根据 2010～2018 年《中国统计年鉴》《中国科技统计年鉴》整理。

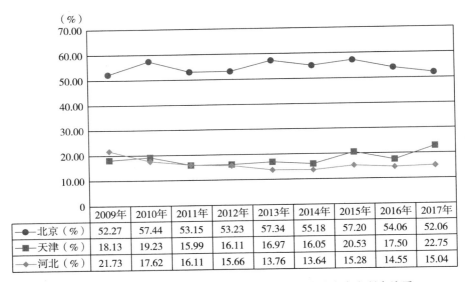

	2009年	2010年	2011年	2012年	2013年	2014年	2015年	2016年	2017年
北京（%）	52.27	57.44	53.15	53.23	57.34	55.18	57.20	54.06	52.06
天津（%）	18.13	19.23	15.99	16.11	16.97	16.05	20.53	17.50	22.75
河北（%）	21.73	17.62	16.11	15.66	13.76	13.64	15.28	14.55	15.04

图 5 - 64 2009～2017 年京津冀 R&D 内部支出中政府资金所占比重

资料来源：根据 2012～2018 年《中国统计年鉴》《中国科技统计年鉴》整理。

津冀 R&D 内部支出中政府资金较 2009 年提升 4729182 万元、719987 万元、386939.5 万元，增长率为 135.32%、222.46%、132.06%，年均增长率分别为 11.29%、15.76%、11.10%，天津年均增长速度最快。2009～2017 年，北京 R&D 内部支出中政府资金占 50% 以上，天津和河北 R&D 内部支出中政府资金占 20% 左右，天津和河北政府研发资助力度小于北京。

利用地方财政预算内支出中科研支出比重进一步研究京津冀区域城市群政府对科研工作的支持力度，具体如表 5 – 70 所示。2001～2017 年，京津冀区域大部分城市政府对科研工作的支持力度总体呈上升趋势，北京、天津、石家庄政府对科研工作的支持力度较大，其次是廊坊、邯郸，其余城市对科研工作的支持力度不明显。

表 5 – 70　2001～2017 年京津冀城市群地方财政预算内支出中科研支出比重

单位:%

年份	北京	天津	石家庄	唐山	秦皇岛	邯郸	邢台	保定	张家口	承德	沧州	廊坊	衡水
2001	1.30	0.62	0.52	0.56	0.20	0.39	0.37	0.22	0.36	0.64	0.97	0.65	—
2002	1.44	0.53	0.67	0.35	0.19	0.39	0.41	0.20	0.29	0.52	0.98	0.72	0.64
2003	1.46	0.62	0.41	0.28	0.15	0.25	0.19	0.15	0.28	0.28	0.38	0.45	0.36
2004	1.48	0.61	0.41	0.14	0.14	0.24	0.19	0.14	0.14	0.29	0.39	0.48	0.35
2005	1.49	0.63	0.42	0.20	0.14	0.23	0.18	0.14	0.25	0.23	0.35	0.44	0.24
2006	1.49	0.61	0.35	0.22	0.13	0.20	0.13	0.12	0.31	0.20	0.30	0.38	0.24
2007	5.50	3.31	1.93	1.53	0.73	1.21	0.69	0.48	0.46	0.93	0.80	1.63	0.72
2008	5.73	3.30	2.11	1.52	0.54	1.15	0.58	0.54	0.59	0.81	0.73	1.40	0.73
2009	5.45	3.02	1.61	1.35	0.58	1.02	0.72	0.45	1.99	0.73	0.64	1.56	0.61
2010	6.58	3.14	1.48	1.44	0.57	0.82	0.49	0.81	0.66	0.66	0.55	1.31	0.60
2011	5.64	3.35	1.57	1.40	0.64	0.81	0.50	0.47	0.44	0.71	0.43	1.22	0.49
2012	5.43	3.57	1.62	2.16	0.60	1.28	0.47	0.50	0.49	0.67	0.47	1.26	0.46
2013	5.62	3.64	1.53	1.82	0.69	1.47	0.50	0.53	0.46	0.82	0.59	1.08	0.43
2014	6.25	3.78	1.29	1.55	0.89	1.67	0.65	0.50	0.46	0.66	0.92	0.97	0.34
2015	5.02	3.74	1.33	1.08	0.40	0.80	0.37	0.39	0.30	0.53	0.38	0.86	0.32
2016	4.46	3.38	1.64	1.34	1.19	0.83	0.60	0.61	0.54	0.79	0.86	1.50	0.56
2017	5.30	3.53	1.25	1.07	1.16	0.92	0.59	0.67	0.44	0.63	0.84	1.15	1.05

资料来源：根据 2002～2018 年《中国统计年鉴》《中国科技统计年鉴》《中国城市统计年鉴》测算完成。

6. 公共服务资源配置

京津冀三地公共服务资源配置不均等，在很大程度上影响了京津冀科技人力资源的流动和集聚。相较于河北，北京、天津拥有丰沛的公共服务资源，例如基础设施、教育资源、医疗卫生资源、社会保障资源和公共环境资源等，吸引周边地区的人力资源向北京、天津流动，并在此集聚。

（1）交通基础设施。如图 5 - 65 和图 5 - 66 所示，2017 年京津冀公路里程分别达到 22226 千米、16532 千米、191693 千米，分别较 2001 年增加 8626 千米、7586 千米、132541 千米。2017 年京津冀铁路里程分别达到 1103 千米、1036.57千米、2350.0 千米，北京、河北分别较 2001 年增加 106 千米、1795 千米，天津铁路里程较 2001 年减少 265 千米。资料来源于各地统计年鉴。

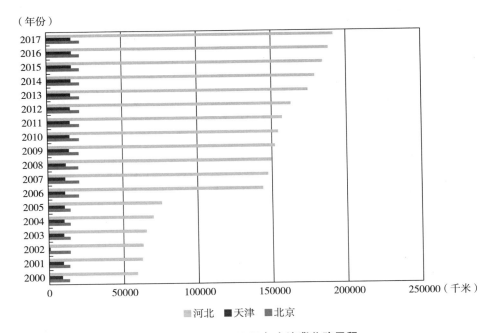

图 5 - 65　2001～2017 年京津冀公路里程

资料来源：根据 2002～2018 年《中国城市统计年鉴》、《河北经济年鉴》整理。

（2）通信基础设施。如图 5 - 67 和图 5 - 68 所示，2017 年京津冀移动电话普及率分别达到 172.9 部/百人、101.5 部/百人、100.8 部/百人，分别较 2004年增加 82 部/百人、56.1 部/百人、78.4 部/百人，年均增长率达 5.1%、6.4%、12.3%。2016 年京津冀互联网普及率分别达到 77.8%、64.6%、53.3%，分别较 2009 年增加 12.7%、16.6%、26.9%。

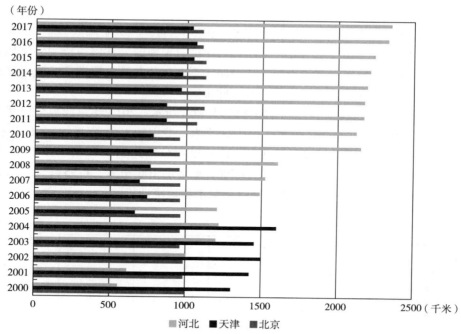

图 5-66 2001~2017 年京津冀铁路里程

资料整理：根据 2002~2018 年《中国城市统计年鉴》整理。

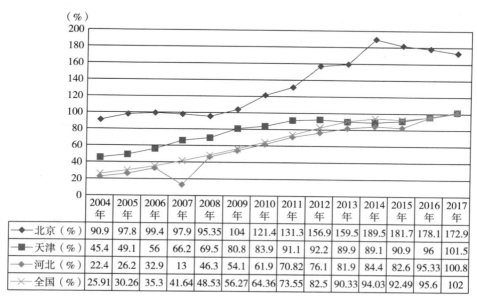

	2004年	2005年	2006年	2007年	2008年	2009年	2010年	2011年	2012年	2013年	2014年	2015年	2016年	2017年
北京（%）	90.9	97.8	99.4	97.9	95.35	104	121.4	131.3	156.9	159.5	189.5	181.7	178.1	172.9
天津（%）	45.4	49.1	56	66.2	69.5	80.8	83.9	91.1	92.2	89.9	89.1	90.9	96	101.5
河北（%）	22.4	26.2	32.9	13	46.3	54.1	61.9	70.82	76.1	81.9	84.4	82.6	95.33	100.8
全国（%）	25.91	30.26	35.3	41.64	48.53	56.27	64.36	73.55	82.5	90.33	94.03	92.49	95.6	102

图 5-67 2004~2017 年京津冀移动电话普及率

资料整理：根据 2002~2018 年《中国城市统计年鉴》整理。

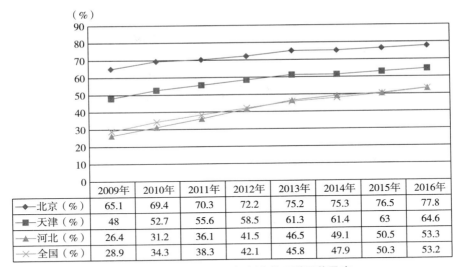

（%）	2009年	2010年	2011年	2012年	2013年	2014年	2015年	2016年
北京（%）	65.1	69.4	70.3	72.2	75.2	75.3	76.5	77.8
天津（%）	48	52.7	55.6	58.5	61.3	61.4	63	64.6
河北（%）	26.4	31.2	36.1	41.5	46.5	49.1	50.5	53.3
全国（%）	28.9	34.3	38.3	42.1	45.8	47.9	50.3	53.2

图 5 – 68　2009～2016 年京津冀互联网普及率

资料整理：根据 2002～2018 年《中国城市统计年鉴》整理。

（3）教育资源。教育资源方面，2019 年京津冀三地各级学校生师比如图 5 – 69 所示，生师比值越高，说明每一名教师对应的学生数量越多，该地区的教师资源越短缺。图 5 – 69 显示，河北师生比值高于全国平均水平，北京、天津生师比值低于全国平均水平，京津冀区域整体教育资源配置不均。

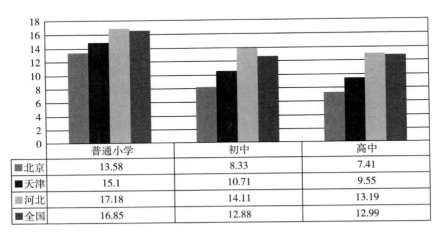

	普通小学	初中	高中
北京	13.58	8.33	7.41
天津	15.1	10.71	9.55
河北	17.18	14.11	13.19
全国	16.85	12.88	12.99

■北京　■天津　□河北　■全国

图 5 – 69　京津冀各级学校生师比

资料来源：根据 2020 年《中国统计年鉴》整理。

第六章　结论与政策建议

第一节　研究结论

为深入探究科技进步与经济增长之间的关系，落实创新驱动发展战略，推动京津冀协同创新发展，本书系统梳理了科技进步理论体系与经济增长理论体系，对较为常用的科技进步贡献率测算方法进行了整理，并分析、总结和改进。系统性地演示了科技进步贡献率测算指标的选择、确定过程以及详细的运算过程，为政府及相关学者持续测算科技进步贡献率，制定相应政策，提供科学指导和重要参考。

一、京津冀科技进步贡献率呈上升趋势

通过改进后的索洛余值法测算，结果显示，2017 年京津冀科技进步贡献率分别为 47.92%、39.90%、45.48%。利用多种直线趋势外推预测法、加权直线趋势外推预测法、指数平滑法预测 2018～2025 年京津冀各要素贡献率的走势，预测到 2025 年京津冀科技进步贡献率分别为 82.06%、68.65%、59.04%。未来几年内，京津冀科技进步贡献率呈上升趋势。

二、三地功能定位是影响京津冀科技进步贡献率差异的主要原因

造成京津冀科技进步贡献率差异的原因主要是，京津冀协同发展规划中三省市的功能定位不同。近几年，根据京津冀区域协同发展规划，疏解北京非首都功能，向天津、河北转移产业；作为科技创新中心，北京势必以科技创新作为经济社会发展的主要推动力。天津、河北承接北京的产业流出，作为产业密集分布区，近几年仍需大量资金和人力投入，因此预测结果比北京低。

三、京津冀科技发展仍存在差距，整体协同效应不明显

从京津冀科技活动产出情况上看，北京与天津在规模以上工业企业科技产出、高校科技产出、高技术产业新产品销售收入上存在协同效应。北京、天津、河北之间规模以上工业企业科技产出差距较小，科技协同效应明显，但在 R&D 研发机构、高等学校、高技术产业科技活动产出方面仍存在较大差距，尚未形成协同效应。京津冀区域整体科技发展差距仍然较大，整体协同效应不明显。京津冀区域科技协同效应较差的原因，来自地区间经济发展差距、产业结构差距、科技发展水平差距对外开放程度、政府支持和公共服务资源配置不均等。

第二节　对未来的思考

一、测算方法改进要与科技发展环境及趋势相适应

当前一些学者的科技进步贡献率测算结果引起了不少质疑，这不是科技进步贡献率测算方法本身出了问题，相反地，为了适应社会经济发展趋势，测算方法一直在改进，目前科技进步贡献率测算方法依旧是度量科技进步对经济社会发展贡献程度的最佳途径，只不过随着社会的快速发展，社会结构及外部环境发生了巨大变化。

世界上正在兴起的第四代产业革命，其基本特征是数字化、智能化、网络化、信息化，这将极大地改变我们目前的生产方式、生活方式、交流方式等。未来生产、生活所需要的基础设施，不再是厂房、机器设备、交通道路，而是大数据、人工智能、云计算、区块链等，它们将嵌入每一个角落，无时无刻不在影响着我们。物质资本存量、劳动都将与科技发展相融合，任何生产总量、经济增长的产生都必然有科技进步在发挥作用。准确测量科技进步贡献率，必须要对测算方法进行改进，符合科技发展趋势，高度匹配当时经济社会发展情况。应划分具体产业部门，利用大数据、云计算等技术，计算产业部门投入要素的产出弹性；将科技进步"内生化"，估计科技进步在改善投入要素生产效率、利用方式，减少浪费等方面的影响作用。

从当前流行的测算方法上来说，主要围绕改变测算方法的前提假设、对投入要素进行细致划分、模型推广应用、创新测算视角等方面进行创新。第一，调整测算方法的前提假设。基于 C－D 生产函数的索洛余值要求满足市场完全竞争、

规模报酬不变、要素充分利用以及规模效益纳入科技进步中四个假设条件；CES测算方法突破了报酬不变的假定，数学形式上更加完美，推理也更严谨，且也没有特别多假设条件约束，CES生产函数中规模报酬系数是可变的，更符合实际情况。第二，对于投入要素研究的层层深入越发细致。索洛余值法视劳动为同质的，而丹尼森将劳动投入增长按质量和数量割裂开，在考虑到要素差异性后，将要素投入量进行折合加权。第三，对于测算模型的层层推广。索洛余值实际上是超越对数函数在二次项为零时的一种特殊形式，超越对数生产函数引入二次项后增长速度方程不再是线性，能使估计的参数精度提高，更具普适性，只是在参数估计上也会变得更加复杂。第四，对于测算视角的层层拓展。开辟了新的测算研究视角，如对于劳动价值理论的引入，以距离函数而不是生产函数为基本工具定义的测算等。

二、客观认识科技进步贡献率的作用和局限

任何统计指标都不是万能的，都有其作用，也必然存在局限性。科技进步贡献率本质是增长率比值指标，也有相对指标共性和局限，受于思维思考方式关系，容易理解为两个绝对量比值性指标。它并非越高越好，也很难做到逐年提高，之所以如此，是因为科技进步贡献率是结构性指标，而结构性的指标本身存在此消彼长的问题。科技进步贡献数值是通过资本和人力贡献份额的"降"得到本身的"升"，但对于科技水平本身是如何改变的需要进一步的研究和评判，发展是一回事，水平是另一回事。例如，一个成熟的潜力挖尽的系统可能有很高的投入产出比，但科技进步贡献率不一定很高。相反地，一个新建的或原有基础较差的经济系统，在一定时期内可能会有较高的科技进步贡献率。

三、模型细化与其他指标的搭配使用

当今时代人力资本反映出来不少科技性作用，当今时期企业类型发生了极大变化。如一些科技型企业，对资金投入在很大部分投给了人，在实际中发挥效应也是由人来实现的，这就属于科技效应层面，属于无形人力资本范畴。为此，如从知识累计量、品质等方面考究，建立起无形人力的测算内容体系，将是一个可研究和细化的领域。

科技进步贡献是一个增速比值性指标，把所有的注意力都集中在这个相对量其意义有限。单一指标无论本身含义再科学，也不能面面俱到，要注重整体数据运用和趋势变化。放眼全局，运筹帷幄，本书认为应适当提出"科技创新贡献指数"这一指标来对科技创新的产出成果进行衡量，从人才吸纳（专业技术人员及高等教育人员等）、知识与技术创造（论文及专利等）、创新价值实现（新产

品收入等）三个维度对科技创新贡献体系进行构建，以反映科技创新对于人力、资本及整体价值的贡献程度。结合科技进步贡献率的测算，可从数量和质量两方面同时考虑和分析，以期反映出更多事实，增加说服力。

四、现实发展对科技进步测算需求变化

自 1928 年 C－D 生产函数正式提出以来，随着时间的推移，测算科技进步贡献率的数据逐步累积，这是宝贵的数据财富。当时对科技进步贡献率的测算看重的是结果，而如今一方面科技所发挥的作用越发强大，另一方面科技所发挥作用的领域也越发广泛和深刻，在资本和人力中也能看到科技的"影子"。各方面测量需求加大，不再是唯"结果论"，而是酌情看待数据高低，重点在于整体和趋势变化；不再是唯"高深论"，而是更加注重合理性。此外，对科技进步贡献率的测算也需要有更加广阔的视野，如重视发达国家和国际组织的相关研究，对国际先进测算方法、统计标准及经验要加以借鉴等，都是现实发展对科技进步贡献率测算提出的新要求。此外，根据制度创新学派诺斯的观点，制度创新是对使创新者获得追加利益的现存制度安排的一种变革，当今制度创新对于科技进步的作用越来越重要，笔者也在思考如何从制度创新角度对科技进步贡献率进行改进和完善。

五、需要保持对科技进步贡献率的长期持续测算

从国内外各研究机构及不同学者对科技进步贡献率的测算结果看，存在很强的差异性，即使是同一地区、同一时间内的测算也有诸多差异，因此也导致不少质疑产生，究其原因，固然有模型运用、起始年份、数据处理等因素，但不可否认的是，这与没有进行持续测算有很大关系。

国内开展有关科技进步贡献率研究的多为专家学者，目的在于探索方法适用性，管理功能相对弱化。即使通过管理部门立项也多为一次性研究，偏学术性，且一次性测算往往缺乏数据、方法可比性，因此结论也缺乏可比性。而科技进步贡献率本身所表征的时间序列较长，它以"趋势"为主"数值"为辅，只有长期坚持，定期发布，才能彰显其作用，因此要保持测算数据和测算方法的稳定性并进行持续研究。和学术界研究测算不同，政府机构测算需要有一定稳定性和连贯性，这正是政府统计机构等定期发布和提供生产率资料所必要的。测算方法和过程简单明了十分重要，假设条件越少，结果就越接近实际情况。

六、京津冀科技协同发展是实现区域整体协同发展的重要步骤

京津冀是继长三角、珠三角之后，我国经济增长的第三极，到 21 世纪中期

京津冀城市群将成长为世界级城市群。近代以来，受历史、经济、政治等多种因素的影响，导致了京津冀地区长期的内部资源分布不够科学。随着科技、经济等的进一步发展，地区发展的新旧问题又发生了新的变化。北京、天津的"大城市病"等问题也越发严重起来，面临着人口、资源、生态和土地等问题，亟须解决。在外部经济环境总体趋紧、国内经济存在下行压力的大环境、大背景下，京津冀地区可以协同创新为重要抓手，促进产业转型和升级，实现经济的跨越式发展。

京津冀地区整体拥有着丰富的科技资源，如人才资源等，但是受于行政壁垒、利益等因素阻隔。京津冀地区还存着资源的流动障碍，尤其是科技资源流动障碍更是突出，北京依然具有较强的极化作用，没有发挥出其作为核心城市应有的强大辐射作用，其内部资源需要在京津冀地区进行广泛而有效的流动，从而找到资源最佳的配置地区、形式等，继而产生"1+1+1>3"的协同创新效应。

京津冀协同创新发展有利于在全球范围内进行资源优化配置和促进科技体制改革，有利于促进区域经济结构调整和产业转型升级，有利于发挥该地区的大城市辐射带动作用和打造"五位一体"的创新创业生态系统，有利于释放内生经济发展动力。

第三节　政策建议

一、进一步深化落实创新驱动发展战略

"十三五"时期，在经济发展进入新常态的形式下，依靠要素资本和投资驱动的传统发展方式已难以为继，固定资本投资和就业人员增速进一步放缓。要实现进入创新型国家前列的宏伟目标，必须坚定不移地实施创新驱动发展战略，京津冀乃至全国，都要坚持"转方式、调结构"，必须进一步释放科技创新潜能，提高科技进步贡献率，构建国家发展动力新引擎。

二、协调好京津冀协同创新过程中的分工与合作

要明确京津冀在区域协同创新中的分工与合作，就要在实际中有各自明确的定位，河北省要打造成为京津的创新成果孵化转化区、科技创新功能拓展、高技术产业发展集聚区及科技产业支撑产业转型升级示范区；北京则要打造成为技术创新总部集聚地、科技成果交易核心区和高端创新人才中心；天津将打造成高端

装备制造地、战略性新兴产业和现代服务业的集聚地。

京津冀要强化省市内产业链分工合作格局，并充分发挥共建功能区的示范作用，通过共建首都新机场临空经济区、天津泰达经济开发区、曹妃甸循环经济示范区等，构建跨区域创新创业生态系统。

北京要充分发挥中关村科技园区的品牌和智力优势，考虑改革政府科技创新项目课题申报主体，发挥企业在科技协同创新过程中的主体意识，使"创新围绕产业转""课题围绕产品转""产学研围绕市场转"，以期达到区域内协调发展，各方形成合力，吹响创新驱动的集结号；天津要加强高端装备制造能力，河北要充分发挥自身作为资源和制造业大省优势，积极参与到京津冀协同创新中来。

三、加大对科技创新活动的投入，促进科技资源共享和成果流动

在全国范围内，鼓励政府、企业等社会各界加大对科技含量高的新兴产业和基础设施的投资。中央和地方政府要充分发挥财政资金的引导作用，优化投资结构，全面提高我国知识资本，以投资结构调整推进经济发展方式的转变，提高科技进步对经济发展的贡献。京津冀区域内地方政府要加大研发投入力度，提升研发投入在京津冀的集聚程度，推动科技创新资源自由扩散和优化配置。京津冀三地可共建产业技术研究院、企业研发中心、高新技术园区等创新平台，合作开展关键的共性技术研发，促进三地科技资源共建共享。同时，要大力支持科技成果在京津冀范围内的流动。另外，要注意区域内知识产权保护，增加知识产权保护力度、执法力度。

四、释放科技人力资源红利

随着科技进步，地区经济发展越来越依靠科技的进步和彼此间的相互协同合作，京津冀也不例外，而科技的一个重要载体就是人才，尤其是那些掌握高尖端技术的科技型人才，其关键成果对地区科技和经济所带来的提升更是显而易见。我国正在进入科技人力资源红利期，京津冀地方政府可以设立专项资金，加大对科技人员的奖励力度，激励科技人员提升科技成果的质量和数量。京津冀区域内要推动科技人才在京津冀区域范围内流动，加强基础设施建设，改善生活环境，以促进进一步释放科技人力资源红利。

五、切实加强全面创新

科技创新要更加紧密地面向经济社会发展，推动科技成果加速转化应用，促进技术创新与商业模式、金融资本深度融合，开发新产品，形成新产业，创造新需求，引导新消费，为结构调整、充分就业和支撑经济社会高质量发展提供新的动力。

六、增加教育和专业培训支出

对专业知识的深度把握是创新的必要条件，增加教育培训支出，提高劳动力的专业素质、专业能力，增加人力资本，有利于创新的产生。要采取积极措施不断提高劳动力受教育水平，提升劳动力素质，促进高质量就业。

七、营造适宜创新创业的文化氛围

鼓励探索、容忍失败，创新活动本身就很容易有失败，不能因为结果失败就否认之前的付出；为科技进步创造人文环境，培育人们崇尚科学、求真务实的价值观念和创新意识，为创新奠定最广泛、最坚实的社会人文基础。